Python
编程终极指南

[英]Future 编辑部 编著　陈瀚 译

中国青年出版社

律师声明

侵权举报电话

全国"扫黄打非"工作小组办公室
010-65233456 65212870
http://www.shdf.gov.cn

中国青年出版社
010-59231565
E-mail: editor@cypmedia.com

策划编辑 张 鹏
责任编辑 张 军
封面设计 乌 兰

版权登记号　01-2019-7402

图书在版编目（CIP）数据

Python 编程终极指南／英国Future编辑部编著；陈瀚译
. 一 北京：中国青年出版社，2020. 8
书名原文：The Python Book Eighth Edition
ISBN 978-7-5153-6006-5

I.①P… II.①英… ②陈… III.①软件工具-程序设计-指南
IV.①TP311.561-62

中国版本图书馆CIP数据核字（2020）第067996号

Python 编程终极指南

[英] Future编辑部 / 编著　陈瀚 / 译

出版发行：中国青年出版社
地　　址：北京市东四十二条21号
邮政编码：100708
电　　话：（010）59231565
传　　真：（010）59231381
企　　划：北京中青雄狮数码传媒科技有限公司
印　　刷：北京瑞禾彩色印刷有限公司
开　　本：965 x 635 1/8
印　　张：22
版　　次：2020年10月北京第1版
印　　次：2020年10月第1次印刷
书　　号：ISBN 978-7-5153-6006-5
定　　价：89.80元（附赠独家秘料）

本书如有印装质量等问题，请与本社联系
电话：（010）59231565
读者来信：reader@cypmedia.com
投稿邮箱：author@cypmedia.com
如有其他问题请访问我们的网站：http://www.cypmedia.com

Welcome to

The Python Book

欢迎阅读Python的书

Python是一种令人难以置信，多才多艺且扩展性强的语言，由于它与日常语言相似，所以即便是对于没有经验的程序员来说，也非常容易学习。自从树莓派发展壮大以来，Python的受欢迎程度也大大增加了，因为Python是树莓派官方认可的编程语言。在这本书的新版本中，你会发现很多具有创意的项目，这些项目可以帮助你掌握如何将树莓派和Python进行强强联合，此外本书还有许多教程，这些教程侧重于利用Python充分发挥微型计算机的效能。通过本书，你会学到如何从0开始规范地使用Python编写代码，通过学习我们提供的大师级内容，你可以有效地巩固技能，帮助你自如地使用Python语言。通过学习教程，你将学习如何让Python为你工作，学习使用Django、Flask、Pygame以及很多实用的第三方框架。你只需要准备好，在认真学习完本书和观看FileSilo上的免费视频后，成为拥有丰富知识经验的真正的Python专家吧。

The Python Book Contents

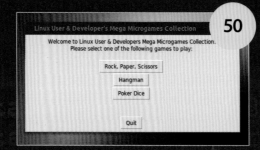

50

84

112

120

142

26

50 Python tips

R2D2 is © LucasFilm

168

开始使用 Python

是否一直在寻找机会想
学习编程？别再找借口了，
因为Python会是完美的开始！

Python对于初学者和专家来说都是一种非常好的编程语言。它的设计考虑到了代码的可读性，对尚未了解编程各种概念的初学者来说，Python是一个非常好的选择。

Python语言很流行，相比于其他语言，Python有众多的可用库，提供了各种功能，可供程序员选择使用，让程序员可以用相对较少的代码完成更多事情。

你可以在Python中制作各种应用程序：可以使用Pygame框架来编写简单的2D游戏；可以使用GTK库创建一个客户端窗口应用程序，或者可以尝试一些更有挑战性的东西，比如创建一个应用程序，使用Python的蓝牙和输入库，用于捕获USB键盘上的输入，并将输入事件通过蓝牙传输到Android手机。

对于本指南，我们将使用Python 2.x，因为这是当下Linux发行版上都会有的版本。

在后面的教程中，将学习如何使用Python创建流行的游戏。我们还将向大家展示如何在这些游戏中添加声音和AI。

Hello World

让我们开始投身于Python的学习。没有什么比程序员最好的朋友——"Hello World"应用程序更适合让我们开启学习Python之旅！从打开终端开始，当前的工作目录将是你的主目录。我们首先为即将在本教程中创建的文件创建一个目录，而不是在主目录中创建这些文件，这是一个文件管理的好习惯。可以使用命令mkdir Python，为Python创建一个名为Python的目录，然后需要使用命令cd Python更改当前目录为Python目录。

下一步是使用命令touch+空格+文件名创建一个空文件，我们使用命令touch hello_world.py。设置文件的最后也是最重要的步骤，是让它可以执行。hello_world.py必须是可以运行的代码，所以我们用命令chmod +x hello_world.py来达到这个目的。现在文件已经设置好了，我们可以继续在nano编辑器或选择的任何文本编辑器中打开它。Gedit是一个很好的编辑器，它有语法高亮显示支持，在任何Linux发行版上都可用。如果你还没有Gedit，可以使用包管理器安装。

```
[liam@liam-laptop ~]$ mkdir Python
[liam@liam-laptop ~]$ cd Python/
[liam@liam-laptop Python]$ touch hello_world.py
[liam@liam-laptop Python]$ chmod +x hello_world.py
[liam@liam-laptop Python]$ nano hello_world.py
```

我们的Hello World程序非常简单，只需要两行代码。第一行以井号（符号#!，也称为hash bang）开头，然后是 Python 解释器的路径。程序运行时，会加载对应的解释器，并使用对应的解释器对程序中的其余行进行解释与运行。如果你在IDE（如IDLE）中运行此操作，则不需要这行代码。

Python解释器实际读取的代码只有一行。在这一行，我们将值Hello World传递给print函数，传递的方式是在调用print函数时，将Hello World置于括号中，Hello World用引号括起来，表示它是一个文本值，不是需要被解释的源代码。运行结果如预期的那样，Python中的print函数将传递给它的任何值显示到控制台。

你可以使用组合键Ctrl+O，然后按下Enter键，对刚刚在nano中对文件所做的更改进行保存。按Ctrl+X退出nano。

```
#!/usr/bin/env python2
print("Hello World")
```

你可以运行Hello World程序，方法是在其文件名之前加上./，在当前情况下，可以输入：./hello_world.py。

```
[liam@liam-laptop Python]$ ./hello_world.py
Hello World
```

TIP

如果你使用的是图形编辑器（如Gedit），则只需执行使文件可执行的最后一步即可，只需将该文件标记为可执行文件一次。在文件完成标记为可执行后，就可以自由对文件进行编辑了。

变量和数据类型

变量是源代码中的名称，它与内存中可用于存储数据的区域相关联，然后可以在整个代码中调用这些区域。数据有很多种类型，见下表。

整型	存储整数
浮点型	存储十进制数字
布尔型	包含布尔值，True或False
字符串型	字符串存储一组字符。例如："Hello World"就是一个字符串

除了这些主要数据类型外，还有序列类型（从技术层面上讲，字符串也是序列类型，但由于字符串类型太过常用，所以我们将其归类为主要数据类型），见下表。

列表类型	包含了一组有特定顺序的数据
元组类型	包含了一组有特定顺序且不可变数据

元组用于类似坐标类型的数据，其中包含作为单个变量存储的x和y值，而列表通常用于存储较大的数据集合。存储在元组中的数据是不可变的，因为你无法更改元组中各个元素的值。但是，你可以在列表中执行改变元素的值的操作。

了解Python的字典类型也很有用。字典是映射的数据类型，它将数据存储在键值对中，这意味着可以使用存储在字典中的相应键来访问存储在字典中的值，这与使用列表执行此操作的方式不同。在列表中，将使用列表中的元素的索引（表示该元素在列表中的位置的数字）来访问该元素。

让我们做一个程序，用来演示如何使用变量以及不同的数据类型。值得注意的是，在Python中，使用变量之前不必事先声明变量的数据类型。随意使用任何代码编辑器，只要文件可执行，一切都会正常工作。我们将这个程序命名为variables.py。

> "变量是源代码中的名称，
> 它与内存中可用于
> 存储数据的
> 区域相关联"

解释型语言与编译型语言

像Python这样的解释型语言是指在每次程序运行时，都要将源代码转换为机器代码，然后执行的语言。这不同于编译型语言（比如C语言）。在C语言中，源代码只需被转换为机器代码一次，然后在每次程序运行时，直接执行生成的机器代码。

下面一行创建了一个名为hello_int的整型变量，其值为21。请思考，为什么这个变量的值不需要使用引号？

同样的道理，这一行创建了一个存储布尔值的变量hello_bool，值是True，值两侧也不需要引号。

我们通过示例的方式创建元组。

如示例所示，我们创建了列表变量hello_list。

我们来看另一种，可以创建相同的列表变量hello_list的方式。

同样，也可以创建字典变量hello_dict。请注意，我们是如何对齐下面的冒号，使代码整洁的。

请注意，现在打印元素时，将出现两个感叹号。

```python
#!/usr/bin/env python2

# 我们通过写一个我们起的变量名称，后面跟一个等号来创建一个变量
# 等号后面跟着我们想要存储在变量中的值
# 例如，以下行创建一个名为hello_str的变量
# 变量存储的值是字符串Hello World
hello_str = "Hello World"

hello_int = 21

hello_bool = True

hello_tuple = (21, 32)

hello_list = ["Hello,", "this", "is", "a", "list"]

# 此列表现在包含5个字符串。请注意，这些字符串之间没有空格。
# 因此如果要将它们连接起来组成句子，
# 则必须在每个元素之间添加空格。

hello_list = list()
hello_list.append("Hello,")
hello_list.append("this")
hello_list.append("is")
hello_list.append("a")
hello_list.append("list")

# 第一行创建一个空列表，
# 以下行使用list类的append函数将元素添加到列表中这种创建列表的方式，
# 在你事先知道组成列表的字符串时，不是非常有用，
# 但在处理动态数据（如用户输入）时它非常有用。
# 此列表将覆盖第一个列表而不会发出任何警告，
# 因为我们使用的列表变量名称与上一个列表相同。

hello_dict = {"first_name" : "Liam",
        "last_name" : "Fraser",
        "eye_colour" : "Blue"}

# 下面让我们访问集合中的一些元素，
# 我们首先更改hello_list中最后一个字符串的值，
# 在值的结尾添加一个感叹号，"list"字符串是列表中的第5个元素。
# 但Python中的列表的索引是从0开始的，
# 这意味着第一个元素的索引值为0。

print(hello_list[4])
hello_list[4] += "!"
# The above line is the same as
hello_list[4] = hello_list[4] + "!"
print(hello_list[4])
```

"Python文件中#字符后面的
任何文本都将被忽略"

```
print(str(hello_tuple[0]))
# 我们无法像我们刚刚对列表所做的那样，改变元组里元素的值。
# 注意，使用str函数，在打印之前
# 将元组内的整数显式地转换为字符串。

print(hello_dict["first_name"] + " " + hello_dict["last_name"] + " has " +
    hello_dict["eye_colour"] + " eyes.")

print("{0} {1} has {2} eyes.".format(hello_dict["first_name"],
                    hello_dict["last_name"],
                    hello_dict["eye_colour"]))
```

请记住，元组是不可变的，虽然我们可以像这样访问它的元素。

让我们使用字典变量hello_dict中的数据创建一个句子。

与上一行代码相比，更简洁的方法是使用Python的字符串格式化方式。

控制结构

在编程中，控制结构指的是可以更改代码执行路径的任何类型的语句。例如，如果数字小于等于5，则决定结束程序的控制结构如下所示：

```python
#!/usr/bin/env python2

import sys # 需要使用到sys模块中的sys.exit函数

int_condition = 5

if int_condition < 6:
    sys.exit("int_condition must be >= 6")
else:
    print("int_condition was >= 6 - continuing")
```

代码的执行路径将取决于整型变量int_condition的值。只有在条件int_condition<6为真的情况下，才会执行"if"块中的代码。import语句用于加载Python系统库，该库提供sys.exit退出函数，允许退出程序，并打印错误消息。请注意，缩进（在本例中为每个缩进四个空格）用于指示代码块所包含的语句。

"If"语句可能是最常用的控制结构，没有之一。其他控制结构包括：

- "For"语句，它允许遍历集合中的所有项，或重复执行特定次数的一段代码；
- "While"语句，在条件为真的情况下持续循环执行代码。

我们将编写一个程序，接受用户输入，以演示控制结构的工作原理。我们命名脚本为construct.py。

"For"循环使用当前值的本地副本，这意味着在循环中的任何更改都不会对列表产生影响。但是，"While"循环是直接访问列表中的元素，因此，如果你希望更改列表，则可以在"While"循环体中进行更改。稍后我们将更详细地讨论可变作用域，下页中程序的输出如本页右侧所示：

更多关于Python列表的知识

Python列表类似于其他语言中的数组。Python中的列表（或元组）可以包含多种类型的数据，而其他语言中的数组通常不是这样的。因此，我们建议你仅将同一类型的数据存储在列表中。由于列表中对数据的处理方式的性质，这项法则总是适用的。

谈谈缩进

如前所述，缩进的级别决定了代码块所包含的语句。在Python中，缩进是组织代码块的唯一格式，而在其他语言中，多用大括号组织代码块。因此，Python中必须使用一致的缩进样式。四个空格通常用于表示 Python中的单个缩进级别，也可以使用一个Tab作为一级缩进，但不建议两者混用，而且对于Tab缩进在不同的代码编辑器中定义是不同的，这会导致在多个编辑器中打开同一个含有Tab缩进的文件时，出现内容不一致的情况。

> **"'For'循环使用本地副本，因此循环中的更改不会对列表产生影响"**

```
[liam@liam-laptop Python]$ ./construct.py
How many integers? acd
You must enter an integer

[liam@liam-laptop Python]$ ./construct.py
How many integers? 3
Please enter integer 1: t
You must enter an integer
Please enter integer 1: 5
Please enter integer 2: 2
Please enter integer 3: 6
Using a for loop
5
2
6
Using a while loop
5
2
6
```

获取用户希望保存在列表中元素的个数。

```
#!/usr/bin/env python2

# 我们将编写一个程序，要求用户输入任意数量的整数，
# 将它们存储在一个集合中，
# 然后演示如何将该集合用于各种控制结构。

import sys # 需要使用到sys模块中的sys.exit函数

target_int = raw_input("How many integers? ")

# 目前为止，变量target_int包含用户输入值的字符串表示形式。
# 我们需要尝试将其转换为整数，
# 尝试失败，则需要准备好处理错误，
# 否则程序将崩溃。
try:
    target_int = int(target_int)
except ValueError:
    sys.exit("You must enter an integer")
```

创建用于存储整数的列表。

```
ints = list()
```

这是用来计数（count）我们目前有多少整数。

```
count = 0
```

```
# 在我们获得所需数量的数字之前，将继续询问。
while count < target_int:
    new_int = raw_input("Please enter integer {0}: ".format(count + 1))
    isint = False
    try:
```

若上面的成功，则将变量isint设置为true: isint = True。

```
        new_int = int(new_int)

    except:
        print("You must enter an integer")

    # 只有在我们从用户处获取了一个整数时才进行下一个循环，否则我们将再次循环。
    # 注意下面使用了符号 ==，这与符号 = 不同，
    # 单个=是赋值运算符，而==是比较运算符。

    if isint == True:
        # 在集合中增加整型数据
        ints.append(new_int)
        # 让count变量自增1
        count += 1
```

到现在，用户要么放弃了，要么我们有了一个充满整数的列表。我们可以通过几种方式遍历这个列表。第一种是for循环。

```
print("Using a for loop")
for value in ints:
    print(str(value))
```

```
# 或者使用while循环：
print("Using a while loop")
# 我们从上面的代码中知道了列表元素个数，len函数也可以完成同样功能，
# 这是非常有用的。
total = len(ints)
count = 0
while count < total:
    print(str(ints[count]))
    count += 1
```

函数和作用域

在编程中使用函数可以将程序分解为较小的块，这通常会使代码更易于阅读。如果以特定的方式设计，函数还可以被重用。函数，我们可以将变量传递给它们。Python中的变量通常按值传递，这意味着变量的副本被传递给函数，仅在函数范围内有效。对函数中的原始变量所做的任何更改都作用于函数内。但是，函数也可以返回值，所以函数中的变量作用域在函数内不构成问题。函数使用关键字 def 定义，后跟函数的名称，可以传递的任何变量都放在函数名称后面的括号中，多个变量用逗号分隔。这些括号中的变量的

名称是它们将在函数范围内使用的名称，而不考虑传递给函数的变量是什么。下面我们来看一下这一点如何运作。

相反的程序的输出如下所示。

> "编程中使用函数，
> 可以用于分解程序"

```
#!/usr/bin/env python2

# 下面是一个名为modify_string的函数，
# 它接受一个在函数范围内生效的
# 称为original的变量，在函数定义下
# 缩进4个空格的任何内容都在该函数范围内
def modify_string(original):
    original += " that has been modified."
    # 目前只修改了此字符串的本地副本

def modify_string_return(original):
    original += " that has been modified."
    # 但是，我们可以将本地副本
    # 返回给调用函数的程序，
    # 一旦return语句生效，函数就会结束。
    return original

test_string = "This is a test string"

modify_string(test_string)
print(test_string)

test_string = modify_string_return(test_string)
print(test_string)

# 函数的返回值存储在变量test_string中，
# 这覆盖了变量test_string的原始值，
# 从而更改了被打印的值。
```

我们现在在函数 modify_string 的范围之外，因为我们减少了缩进的级别。

此代码不会更改变量test_string。

可以这样调用函数。

```
[liam@liam-laptop Python]$ ./functions_and_scope.py
This is a test string
This is a test string that has been modified.
```

作用域非常重要，你需知道其中的窍门，否则它可能会让你养成一些坏习惯。让我们编写一个简单的程序来演示这一点。程序定义了名为cont的布尔变量，该变量将决定是否将一个数字分配给"if"语句块中的变量var。但是"if"语句块范围外该变量var在其他任何地方都没有定义。我们将通过尝试打印变量来观察结果。

```
#!/usr/bin/env python2
cont = False
if cont:
    var = 1234
print(var)
```

在上面的代码中，Python将在打印整数之前将其转换为字符串。但是，显式地将内容转换为字符串始终是一个好主意，尤其是在要将整数与字符串连接在一起时。如果尝试在字符串和整数上使用 + 运算符，会出现错误，因为 + 运算符通常用于两个整数相加。我们前面演示过的Python字符串格式化程序是一种更为实用的方法。你能看到这个程序的问题吗？var仅在"if"语句块内定义，这意味着当我们试图访问var时，会出现非常严重的错误。

```
[liam@liam-laptop Python]$ ./scope.py
Traceback (most recent call last):
  File "./scope.py", line 8, in <module>
    print var
NameError: name 'var' is not defined
```

如果cont被设置为True，则程序将创建该变量var，我们可以正常地访问它。然而，这是一个糟糕的处理方式。正确的方法是在"if"语句的范围之外初始化变量var。

```
#!/usr/bin/env python2

cont = False

var = 0
if cont:
    var = 1234

if var != 0:
    print(var)
```

这次，变量var在"if"语句范围之外就定义了，并且仍然可以通过"if"语句访问。对"if"语句内的var所做的任何更改，都会贯穿程序始终。这个例子除了说明潜在的问题外，并没有真正起到任何作用，但我们运行程序可能遇到的最坏的情况，已经从程序崩溃变成了打印0。即使这样，打印0的情况也不会发生，因为我们在打印var之前添加了一个额外的语句来测试var的值。

比较运算符

Python 中提供的常用比较运算符包括：

<	小于
<=	小于等于
>	大于
>=	大于等于
==	等于
!=	不等于

代码风格

花一点时间来讨论代码风格是非常有必要的。编写整洁的代码很简单，关键是一致性。例如，应始终以相同的方式命名变量。不管你是想使用驼峰法还是像我们一样使用下划线，一个关键的事情是让变量名副其实，让变量的名称就能说明变量的用途。不应陷入猜测变量是干什么的漩涡。与此对应的另一件事是，始终对代码进行注释。这将帮助其他阅读你的代码的人，甚至便于未来对代码的维护，这个习惯也会帮助你自己。在代码文件的顶部设置一个简短的摘要，描述应用程序的功能，或者如果应用程序由多个文件组成，则将注释作为应用程序的一部分也很有用。

总结

前面我们介绍了Python编程的基础知识。希望你已经习惯了Python程序的语法、缩进和外观。下一步是学习如何提出你想解决的问题，将其分解为足够小的步骤，并且可以用编程语言来实现。

Google或任何其他搜索引擎都是非常有帮助的。如果你有疑问，或者出现你无法解决的错误消息，那就到网上去查找，这样你就离解决问题更近了。例如，如果我们搜索"play mp3 file with python"，第一个链接将我们带到Stack Overflow，其中包含大量有用的回复。不要害怕陷入困境——编程的真正乐趣在于一次解决一个可控的问题。

让我们快乐地编程吧！

50

个基本的

PYTHON

命令

Python是一种非常庞大的语言，拥有很多模块，几乎可以做任何事情。在这里，我们只研究每个人都需要知道的核心功能。

Python有一个庞大的第三方模块库，可以提供数百种不同学科所需的功能。但是，每种编程语言都有一组核心功能，这些核心功能，每个人都应该知道，以便完成工作。Python在这方面也没有什么不同。在这里，我们将研究50个命令，这些命令对于用Python编程至关重要。其他人可能会选择稍有不同的集合，但这个列表是其中最棒的。

我们将介绍所有基本命令，从在程序开始时导入模块，到在结束时将值返回到调用环境。我们还将研究一些在了解Python中交互模式下非常有用的命令，例如已定义列表变量以及内存的使用方式。

因为Python环境涉及使用大量额外的模块，所以我们还将研究一些Python之外的命令。我们将了解如何安装第三方模块，以及如何为不同的开发项目管理多个环境。由于这将是一个命令列表，因此假定你已经知道如何使用循环和条件控制结构的基础知识。这篇文章的目的是帮助你记住以前知道、见过的命令，还希望介绍一些你可能还没用过的命令。

虽然我们已经尽了最大的努力将你可能需要的一切都打包成50个提示，但Python是一种可扩展的语言，所以我们将一些命令排除在外。一旦你掌握了这些，再花点时间了解一下这里没有提到的那些命令吧。

```
File Edit View Search Terminal Help
                    ~$ python
Python 2.7.6 (default, Mar 22 2014, 22:59:56)
[GCC 4.8.2] on linux2
Type "help", "copyright", "credits" or "license" for more information.
>>> import scipy
>>> scipy.sin(45.6)
0.99890009074502106
>>> reload(scipy)
<module 'scipy' from '/usr/lib/python2.7/dist-packages/scipy/__init__.pyc'>
```

01 导入模块

Python优势在于它能够通过模块进行扩展。许多程序的第一步是导入所需模块，最简单的导入语句是调用"import modulename"。在这种情况下，被导入模块所提供的函数和对象不在常规命名空间中，需使用完整的名称（modulename. methodname）才能调用它们。可通过使用命令"import modulename as mn"用mn来替代modulename，这么做可以缩短调用语句的长度。可使用命令"from modulename import*"来避免调用时必须使用模块名称的麻烦，这个命令会从给定的模块中导入所有内容。然后可直接调用这些模块提供的功能。若只需要该模块中提供的几个函数或对象，而非全部内容，则可通过将"*"替换为所需的函数或对象名称，来有选择地导入它们。

02 重新加载模块

首次导入模块时，会进行初始化，初始化可能涉及到创建数据对象或启动连接。但是，初始化只会在第一次模块被导入时执行，再次导入相同的模块，不会重新执行初始化。如果要重新运行初始化，则需要使用reload命令。格式为"reload(modulename)"。需要记住的是，reload之前导入的字典不会被转存，而只会被写入。这意味着import和reload之间已更改的任何定义都会正确更新。但是，如果删除了一个定义，那么旧的定义也会存在，并且仍然可以访问，这可能引发其他问题，因此请务必谨慎使用。

03 安装新模块

虽然我们正在研究的大多数命令都是在Python交互模式中执行的Python命令，但有一些基本命令需要在Python之外执行。第一个是pip，用于安装模块包括下载源代码，并编译任何包含的外部代码。幸运的是，有一个存储库，其中包含数百个Python模块，可在http://pypi.python.org查询。可以使用"pip install modulename"命令安装新模块，而不是手动执行所有操作。此命令还将执行依赖项检查，并在安装请求的模块之前安装任何缺少的、被依赖的模块。如果要在计算机的全局库中安装新模块，则可能需要管理员权限。在linux计算机上，只需使用sudo运行pip命令。否则，可以通过添加命令行选项"—user"将其安装到个人库目录中。

> "每种编程语言都有一组众所周知的核心功能，这样才能完成实际工作。Python也不例外"

04 执行脚本

在模块文件中，通过导入其他模块可以运行被导入模块代码，通过Python引擎中的模块维护代码执行此操作，此模块维护代码还涉及会运行模块的初始化代码。如果只希望获取Python脚本并在当前会话中执行原始代码，则可以使用"execfile（"filename. py"）命令，其中主要参数是我们要加载和执行的Python文件名的字符串。默认情况下，任何定义都将加载到当前会话的局部和全局中。还有两个额外参数，这两个参数都是字典类型，一个是针对一组不同的局部的字典，另一种是一组不同的全局字典，如果你只交一个额外参数，它就被认为是一本全局字典。此命令的返回值为"None"。

05 增强型shell

默认交互式shell是通过命令"python"提供的，但功能有限。增强的shell由命令"ipython"提供，它为代码开发人员提供了大量额外的功能，提供了一个完整的历史记录系统，让你不仅可以访问当前会话中的命令，还可以访问以前会话中的命令。还有一些命令提供了与当前Python会话交互的增强方式。对于更复杂的交互，还可以创建和使用宏。还可以轻松地监视Python会话的内存并对Python代码进行反编译，甚至可以创建配置文件，以便能够处理每次使用iPython时可能需要执行的初始化步骤。

```
File Edit View Search Terminal Help
                    ~$ python
Python 2.7.6 (default, Mar 22 2014, 22:59:56)
[GCC 4.8.2] on linux2
Type "help", "copyright", "credits" or "license" for more information.
>>> import scipy
>>> mysin = scipy.sin(45.6)
>>> eval(mysin)
0.99890009074502106
>>>
```

06 eval()函数

有时可能会有一些代码块，这些代码块作为字符串放在一起，可以使用命令eval("code_string")来执行这些代码块。代码块字符串中的任何语法错误都会报告为异常。默认情况下，此代码块在当前会话中使用当前全局和局部字典执行。"eval"命令还可以采用另外两个可选参数，在这些参数中，可以为全局和局部提供一组不同的字典。如果只有一个附加参数，则假定它是一个全局字典。可以选择提供使用编译命令而不是代码字符串创建的代码对象，此命令的返回值为"None"。

07 assert断言

在某些时候，我们需要调试试图编写的一段代码，其中非常有用的工具之一就是assert断言。断言assert命令检验Python表达式，检查它是否为True，若为True，则执行将正常继续。若不是True，则会引发断言错误（AssertionError）。这样做，你可以检查代码中的假设。你可以选择将第二个参数包含到断言assert命令中。第二个参数是在断言assert失败时执行的Python表达式。通常，第二个参数写的是某种详细错误消息，并打印出来。或者你可能希望在断言失败后进行清理代码等恢复动作。

08 map()函数

在现代程序中，需要完成的一项常见任务是对整个元素列表都进行相同的函数计算。Python提供函数"map()"来执行此操作。map返回对整个元素列表都进行相同的函数计算之后的结果列表。map实际上可对多个用于计算的函数和多个可迭代列表进行映射，如果给出了多个用于计算的函数，则返回元组列表，元组的每个元素都包含每个函数的结果。若有多个可迭代列表，则map假定函数需要多个参数，因此它将从给定的迭代中获取这些参数。这里有一个隐式假设，即迭代列表的大小都相同，且它们都是给定用于计算的函数所必需的参数。

09 虚拟环境

由于Python环境的复杂性，开发不同项目时，最好设置一个清爽的环境，在该环境中只安装被开发项目所需的模块。在这种情况下，可以使用virtualenv命令初始化这样的环境。如创建名为"ENV"的目录，则可使用命令"virtualenv ENV"创建新环境，这一操作将创建子目录bin、lib和include，并使用初始环境填充它们。然后可以通过脚本"ENV/bin/activate"开始使用此新环境，该脚本将更改多个环境变量，如PATH。完成后，可以运行脚本"ENV/bin/deactivate"，将 shell 的环境重置回以前的状态。通过这种方式，可拥有仅具有当前项目所需模块的清爽环境。

> "虽然不是严格意义上的命令，但每个人都需要知道如何处理循环。两种主要类型的循环是固定数量的迭代循环（for）和条件循环（while）"

10 循环

虽然不是严格意义上的命令，但每个人都需知道如何处理循环。两种主要类型的循环是固定数量的迭代循环(for)和条件循环(while)。在 for 循环中，循环访问了一些系列值，一次从列表中拉出一个值，并将它放在一个临时变量中，继续，直到处理了每个元素，或程序已满足break命令的条件。在循环进行中，只要某个测试表达式的计算结果为True，就会继续遍历该循环。While循环也可通过使用break命令提前退出，也可通过使用"continue"命令有选择地停止当前循环，并转到下一次循环，从而跳过循环中的代码片段。

12 reduce()函数

有很多计算类型，其中之一就是需要做reduction计算，会获取包含一些值的列表，首先头两个值参与给定函数的计算，并将得到的结果与下一个元素再进行给定函数的计算，如此迭代下去，在Python中的的函数写法是"reduce(function，iterable)"。举个例子，如果要做求和函数的reduce操作，应用于包含了1–5，共5个整数的列表，则会得到结果((((1 + 2) + 3) + 4) + 5)。还可选择添加第三个参数作为初始化参数，初始化参数在可迭代的任何元素之前加载，若可迭代列表为空，则作为默认值返回。可使用lambda函数作为用于计算的函数来reduce，这样会让代码尽可能地紧凑。在这种情况下，请记住，函数应该只有两个输入参数。

11 filter()函数

如果map()函数为可迭代的每个元素返回指定函数的计算结果，filter()函数只有在指定函数计算结果返回值为True时，filter()才会返回结果。这意味着你可以用filter()创建一个新的元素列表，其中只包含满足某些条件的元素。例如，如果计算用函数检查值是否为0到10之间的数字，则filter()函数将创建一个没有负数和超过10的新数字列表。当然，这可以通过for循环来完成，但filter方法要简洁得多。如果提供给filter的计算函数是"None"，则假定它是标识函数。这意味着只有那些计算结果为True的元素才会作为新列表的一部分返回。迭代工具模块中提供了可迭代版本的筛选器。

```
●                                   ~
File  Edit  View  Search  Terminal  Help
                    ~$ python
Python 2.7.6 (default, Mar 22 2014, 22:59:56)
[GCC 4.8.2] on linux2
Type "help", "copyright", "credits" or "license" for more information.
>>> my_bools = [True, True, False, False]
>>> all(my_bools)
False
>>> any(my_bools)
True
>>> my_list = [0,1,2,3]
>>> all(my_list)
False
>>> any(my_list)
True
>>> my_list2 = ['a', 'b', 'c']
>>> all(my_list2)
True
>>> any(my_list2)
True
>>>
```

13 你的列表有多少个True？

在某些情况下，可能在列表中收集了很多元素，这些元素可以转换为True或False。例如：做了多次计算，并创建了一个列表保存计算结果。你可以使用函数"any(list)"来检查列表中的元素是否有True的。如果需要检查所有元素是否为True，则可以使用命令"all(list)"。如果满足假设条件，这两个命令都会返回True，如果不满足，则返回False。但是，如果列表为空，它们的结果就不同了，如果列表为空，则函数"all"返回True，函数"any"返回False。

```
File  Edit  View  Search  Terminal  Help
                    ~$ python
Python 2.7.6 (default, Mar 22 2014, 22:59:56)
[GCC 4.8.2] on linux2
Type "help", "copyright", "credits" or "license" for more information.
>>> my_list = ['a','b','c']
>>> my_enums = enumerate(my_list)
>>> my_enums
<enumerate object at 0x7f0865b0acd0>
>>> list(my_enums)
[(0, 'a'), (1, 'b'), (2, 'c')]
>>>
```

14 enumerate()函数

有时我们同时需要列表中元素以及列表内元素的索引，以便后续对其进行处理。为此，可以显式循环访问每个元素并生成枚举列表。enumerate命令只需一行即可执行此操作。它需要可迭代对象作为参数，并创建一个元组列表作为结果。每个元组都有元素的列表索引，以及元素本身。你可以选择，通过可选的第二个参数，从其他某个值开始索引。例如，可以枚举names列表，使用命令"list(enumerate(names, start=1)"，在本例中，我们决定在1而不是0启动索引。

15 类型转换

Python中的变量没有任何类型信息，因此可用于存储任何类型的对象。但是，实际上数据一定是属于某一种类型的。许多运算符（如加法）都假定输入值属于同一类型。通常情况下，使用的运算符足够智能，可根据所需的计算进行类型转换。如果需要显式地将数据从一种类型转换为另一种类型，则可以使用函数来执行此转换过程。最可能使用的是"abs""bin""bool""chr""complex""float""hex""int""long""oct"以及"str"。对于基于数字的类型转换函数，有一个优先级顺序，其中某些类型是其他类型的子集。例如，int比float的优先级"更低"。转换时，最终值不应发生任何更改。转换时，通常会丢失一定数量的信息，例如，当从float转换为int时，Python将小数部分归零。

16 这个对象是什么类？

Python中的所有内容都是对象。可以使用命令"isinstance(object，class)"来检查此对象的实例是什么类。此命令会返回一个布尔值。

17 这是子类吗？

函数"issubclass(class1，class2)"检查class1是否为class2的子类。如果class1和class2相同，也会返回为True。

18 全局对象

可以使用函数"globals()"以字典形式获取当前模块下的所有全局变量。

19 局部对象

可以使用函数"locals ()"以字典类型返回当前全部局部变量。

20 变量

函数"vars(object)"以字典形式返回对象的可写属性和属性值。如果使用"vars()"，它的作用就像"locals ()"。

21 创建一个全局变量

通过命令"global names"，names会成为整个代码块的全局变量。

22 非当前作用域的变量

在Python 3. x中，可以使用命令"nonlocal names"在函数或作用域中访问最临近外层非全局作用域的names变量，并将其绑定到本地作用域。

```
File  Edit  View  Search  Terminal  Help
                    ~$ python
Python 2.7.6 (default, Mar 22 2014, 22:59:56)
[GCC 4.8.2] on linux2
Type "help", "copyright", "credits" or "license" for more information.
>>> l = 0
>>> while l<10:
...     print l
...     if l == 3:
...         raise(Exception)
...     l = l+1
...
0
1
2
3
Traceback (most recent call last):
  File "<stdin>", line 4, in <module>
Exception
>>>
```

23 抛出异常

当确认了一个错误的情形，可使用"raise"命令报异常，内容可以包括异常的类型和值。

24 处理异常

异常可以通过try-except捕获。如果try块中的代码引发异常，则会运行except块中的代码。

25 静态方法

可用命令"staticmethod(function_name)"创建类似于Java或C++中的静态方法。

```
File Edit View Search Terminal Help
                          :~$ python
Python 2.7.6 (default, Mar 22 2014, 22:59:56)
[GCC 4.8.2] on linux2
Type "help", "copyright", "credits" or "license" for more information.
>>> a = range(1,5)
>>> a
[1, 2, 3, 4]
>>> a[2]
3
>>> b = xrange(2,6)
>>> b
xrange(2, 6)
>>> b[2]
4
>>> b
xrange(2, 6)
>>>
```

26 range()函数

你可能需要一个数字列表，比如在"for"循环中，函数"range()"可以创建一个可迭代的整数列表，只使用一个参数时，它从0迭代到给定的数字，你还可以提供可选参数、起始编号以及步长，负数的步长代表倒计。

27 xrange

range的一个问题是，所有元素都需要提前计算并存储在内存中。命令"xrange ()"采用相同的参数并提供相同的结果，但xrange只是一个生成器。

28 iter()函数

迭代是一种备受Python推崇的运算方式。对于本来不可迭代的对象，可以使用命令"iter(object_name)"把对象包装，并提供可迭代接口，以便与其他函数和运算符一起使用。

29 列表排序

可以使用命令"sorted(list1)"对列表的元素进行排序。可以为其提供自定义的比较函数，对于更复杂的元素，可以包括一个key函数，该函数从每个元素中提取一个排名属性进行比较。

```
File Edit View Search Terminal Help
                          :~$ python
Python 2.7.6 (default, Mar 22 2014, 22:59:56)
[GCC 4.8.2] on linux2
Type "help", "copyright", "credits" or "license" for more information.
>>> a = ['a','b','c']
>>> b = [1,2,3,4]
>>>
>>> c = range(5)
>>>
>>> sum(a)
Traceback (most recent call last):
  File "<stdin>", line 1, in <module>
TypeError: unsupported operand type(s) for +: 'int' and 'str'
>>> sum(b)
10
>>> sum(c)
10
>>>
```

30 sum()

从上图我们看到对可迭代对象进行求和。这种对特定可迭代类型进行求和是非常常见的，可用命令"sum (iterable_object)"。可以在此处包含第二个参数，该参数将提供一个起始值。

31 with模块

"with"命令提供了使用context manage定义的方法包装代码块的功能，这有助于清理代码并使其更容易阅读。使用"with"的典型示例是处理文本文件。可以使用with open（"myfile.txt"，"r"）as f:，这将打开文件并准备阅读，然后可以使用"data = f.read()"读取代码块中的文件。这种操作之所以成为最佳实践，是因为无论何种原因退出代码块时，文件都将被自动关闭。因此，即使代码块抛出异常，也不必担心将文件作为异常处理程序的一部分关闭。如果有一个需要更复杂的"with"案例，可以创建一个context manage class来实现。

32 Print

将结果输出的最直接方法是使用print命令，此命令将向控制台发送文本。如果你使用的是 Python 2. X版本，有几种方法可以使用打印命令，最常见的方法就是简单地将命令写成print "Some text"；还可以对print使用与任何其他函数相同的写法，因此，上面的例子也可以写成：print（"Some text"）。后面这种写法是在Python 3. X版本中唯一可用的。如果对print使用函数写法，还可以添加额外的参数，以便更好地控制输出。例如，可以给出参数"file = myfile.txt"，从print命令中获取转储到给定文本文件中的输出。print还接受某些字符串表示形式的对象。

> "使用'with'的一个典型示例是处理文本文件，这样做成为最佳实践的原因是，无论出于何种原因退出代码块时，文件将自动关闭"

```
File Edit View Search Terminal Help
                          :~$ python
Python 2.7.6 (default, Mar 22 2014, 22:59:56)
[GCC 4.8.2] on linux2
Type "help", "copyright", "credits" or "license" for more information.
>>> a = "Hello World"
>>> b = memoryview(a)
>>> b
<memory at 0x7f7994f85938>
>>> list(b)
['H', 'e', 'l', 'l', 'o', ' ', 'W', 'o', 'r', 'l', 'd']
>>> b[5]
' '
>>> b[6]
'W'
>>>
```

33 memoryview()函数

有时会需要访问某些对象的原始数据，作为字节缓冲区。例如：你可以复制数据并将其放入bytearray中，这意味着你将使用额外的内存，对大型对象可能不会这么做。命令"memoryview(object_name)"对支持缓冲区协议的数据打包，传递给调用命令的对象，并提供接口，在不需要复制对象基础上允许访问。它一次可以访问这些字节的一个元素，在多数情况下，元素是一个字节的大小，但根据对象的具体情况，你最终可能会得到比这更大的元素，可以使用属性"itemsize"找出元素的大小（以字节为单位），创建内存视图后，可以像从列表中获取元素一样访问各个元素（例如，mem_view [1]）。

34 文件对象

处理文件时，需要创建一个文件对象来与之交互。处理文件的命令，采用具有文件名和位置的字符串作为参数，并创建一个文件对象的实例，然后你可以调用文件对象方法，如"open""read"和"close"，从文件中获取数据。如果正在执行文件处理，也可以使用"readline"方法。打开文件时，有一个显式的"open ()"函数来简化该过程。file需要一个具有文件名的字符串，以及一个字符串用于定义打开模式的可选参数，默认值是以只读（"r"）的方式打开文件。还可以打开它进行写入（"w"）和追加（"a"）。打开文件后，将返回一个文件对象，以便可以进一步与之交互。然后可以对其进行读取写入，最后关闭。

35 Yield命令

在许多情况下，函数可能需要将执行的结果提供给其他函数，生成器的情况就是如此。生成器的首选方法是，它将仅在通过方法"next ()"请求时，才计算下一个值。命令"yield"保存生成器函数的当前状态，并将执行控制返回到调用函数。这样，生成器的保存状态就会重新加载，生成器就会从中断的位置拾取，以便计算下一个请求的值。这样，你只需要有足够的内存来存储当前的数据，就可以计算下一个所需的值，而不必一次将所有可能的值存储在内存中，这样的优点就是能节约大量的内存。

36 弱引用

有时需要对对象进行引用，在需要时，还要能够销毁该对象。弱引用是可以通过垃圾回收器销毁的。如果留给 n 对象的唯一引用是弱引用，则允许垃圾回收器销毁该对象并回收空间以供其他用途。这在有大型数据集的缓存或映射的情况下非常有用，这些缓存或映射不一定要保留在内存中。如果一个弱引用的对象最终被销毁，并且你尝试访问它，它将显示为无。如果你认为这是必要的步骤，则可以测试此条件，然后重新加载数据。

37 Pickling data

当需要将检查点结果保存到磁盘时，有几种不同的序列化内存的方法。其中之一被称为pickling。pickle实际上是一个完整的模块，而不仅仅是一个命令。若要将数据存储在硬盘驱动器上，可以使用转储方法将数据写出来。如果要在将来的某个时间点重新加载相同的数据，可以使用load方法读取数据并取消对其进行选择。pickle的一个问题是它的速度。还有第二个模块cpickle，提供相同的基本功能。但因为它是用C编写的，所以它的速度可以比pickle快1000倍。有一点需要注意的是，pickle并不存储对象的任何类信息，而只存储其实例信息。这意味着，当你取消选取对象时，如果类定义在过渡期间发生了变化，它可能会具有不同的方法和属性。

38 Shelving data

虽然pickling允许保存数据并重新加载数据，但有时需要在Python会话中持久性地使用更多的结构化对象。使用shelve模块，可以创建一个对象存储，在这里可以存储任何可以pickle的内容。驱动器上存储的后端可以由多个系统之一（如dbm或gdbm）处理。打开shelf后，可以使用键值对对其进行读取和写入。完成后，需要确保显式关闭shelf，以便它与文件存储同步。由于数据可能会存储在后备数据库中，最好不要在Python中的shelve模块之外打开相关文件。还可以在"写回"设置为True的情况下打开shelf。如果是这样，可以显式调用同步方法写出缓存的更改。

39 线程

可以在Python中执行多个线程。"thread ()"命令可以为你创建一个新的执行线程。它遵循与POSiX线程相同的技术。首次创建线程时，需要提供函数名称以及函数所需的任何参数。需要记住的一点是，这些线程的行为与POSiX线程相似。这意味着几乎所有的事情都是程序员的责任。你需要处理互斥锁（使用"acquire"和"release"方法），以及使用方法"allocate_lock"创建原始互斥体。完成后，需要"退出"线程，以确保它得到适当清理，并且不会残留任何资源。你还可以对线程进行细粒度控制，比如能够为新线程设置堆栈大小等内容。

40 input()函数

有时我们需要收集最终用户的输入，"input()"可以采用提示字符串向用户显示提示，然后等待用户键入响应。一旦用户完成输入并按下Enter键，文本字符串将返回到程序。如果在调用input之前加载了readline模块，则可以增强行编辑和历史记录功能。此命令首先将文本传递给eval，因此可能会导致未捕获的错误。如果有任何疑问，可以使用命令"raw_input ()"跳过此问题，此命令只是返回用户输入的未更改的字符串。同样，你可以使用readline模块来获得增强的行编辑。

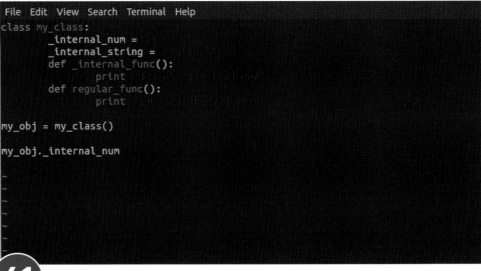

```
File  Edit  View  Search  Terminal  Help
class my_class:
        _internal_num =
        _internal_string =
        def _internal_func():
                print
        def regular_func():
                print

my_obj = my_class()

my_obj._internal_num
```

41 内部变量

对于熟练应用其他编程语言的人，有一个概念，即某些变量或方法仅在对象内部可用。在Python中，则没有这样的概念。对象的所有元素都是可访问的。但是，有一个样式规则可以模仿这种类型的行为。任何以下划线开头的名称都应被视为内部名称，并保留为对象的私有名称。但是，它们不是隐藏的，并且对这些变量或方法没有明确的保护。它是由程序员出于尊重作者的意图，而不改变任何这些内部名称。不过，如果有必要，可以自由地进行这些类型的更改。

43 切片

虽然不是真正的命令，但切片是一个非常重要的概念，更不用说在这个50个基本命令列表中了。数据结构中的索引元素（如列表）是Python中最常见的元素之一。可以通过给出单个索引值来选择单个元素。更有趣的是，可以通过给出用冒号分隔的一个起始索引和一个结束索引来选择一系列元素。这将作为一个新列表返回，可以将其保存在一个新的变量名中。你甚至可以更改步长，允许跳过一些元素。因此，可以使用如"a[1::2]"从列表a中获取从索引值1开始，一直到最后，然后步长为2的每个元素。切片索引值可以为负值，这时从列表的末尾开始，向前计数。

```
File  Edit  View  Search  Terminal  Help
                         ~$ python
Python 2.7.6 (default, Mar 22 2014, 22:59:56)
[GCC 4.8.2] on linux2
Type "help", "copyright", "credits" or "license" for more information.
>>> str1 = "Hello World"
>>> str2 = str1
>>> str3 = "Hello World"
>>> str1 == str2
True
>>> str1 == str3
True
>>> cmp(str1, str2)
0
>>> cmp(str1, str3)
0
>>> str1 is str2
True
>>> str1 is str3
False
>>>
```

42 比较对象

有好几种方法可以比较Python中的对象，但有几个注意事项。首先，你可以在对象之间测试两项内容：==和is。is测试，是测试两个名称是否真的引用了同一个实例对象，可以通过命令"cmp(obj1，obj2)"来完成，还可以使用"is"关键字测试，例如，"obj1 is obj2"。如果要测试==，则是确定这两个名称所引用的对象中的值是否相等。此测试由运算符"=="处理，如"obj1 == obj2"中所示。对于更复杂的对象，测试相等性可能会变得非常复杂。

"Python是一种解释型语言，这意味着编写的源代码需要编译为字节代码格式，然后此字节代码被输入到实际的Python引擎中"

```
File  Edit  View  Search  Terminal  Help
                    :~$ python
Python 2.7.6 (default, Mar 22 2014, 22:59:56)
[GCC 4.8.2] on linux2
Type "help", "copyright", "credits" or "license" for more information.
>>> sqr1 = lambda x: x*x
>>>
>>> sqr1(10)
100
>>> sqr1(6)
36
>>> def gen_func(x):
...     return lambda y: y**x
...
>>> cubic = gen_func(3)
>>> cubic(2)
8
>>>
```

44 lambda表达式

由于对象以及指向它们的名称确实是不同的两回事，因此可以有一个没有被引用的对象。一个实例是lambda表达式。使用此选项，可以创建匿名函数，这样便可以在Python中使用函数编程技术。格式是关键字"lambda"，后面是参数列表，然后是冒号和函数代码。例如，使用lambda表达式构建自己的函数，计算数字的平方："lambda x:x * x"。这样就拥有了一个以编程方式创建的新函数，并将它们返回到调用它们的代码。使用此功能，可以创建函数生成器，使其具有自修改程序。唯一的限制是它们被限制在一个表达式中，所以不能生成非常复杂的函数。

45 编译代码对象

Python是一种解释型语言，这意味着编写的源代码需要编译为字节代码格式，然后这个字节代码被输入到实际的Python引擎中，以逐步完成指令。在程序中，你可能需要自己控制将代码编译为字节代码，并运行获得结果的过程。也许你想建立自己的REPI。函数"compile()"采用一个字符串对象，该对象包含Python代码的集合，并返回一个表示此代码的字节代码转换的对象。然后，可以将这个新对象传递给实际运行的"eval()"或"exec()"。你可以使用参数"mode="来告诉编译正在编译的代码类型。"single"模式是单个语句，"eval"是单个表达式，"exec"是一个完整的代码块。

```
File  Edit  View  Search  Terminal  Help
                    :~$ python
Python 2.7.6 (default, Mar 22 2014, 22:59:56)
[GCC 4.8.2] on linux2
Type "help", "copyright", "credits" or "license" for more information.
>>> class myClass:
...     def __init__(self):
...         print "Created"
...
>>> myObj = myClass()
Created
>>>
```

46 __init__ 方法

当创建新类时，可以包括在创建类的新实例时，调用的私有初始化方法。当新对象实例需要在新对象中加载一些数据时，此方法很有用。

47 __del__ 方法

当实例对象即将被销毁时，将调用__del__方法。这会让你有机会执行任何可能需要的清理动作，如关闭文件，或断开网络连接等。完成此代码后，最终将销毁对象并释放资源。

```
File  Edit  View  Search  Terminal  Help
      ?quit
          ExitAutocall
          <IPython.core.autocall.ExitAutocall object at 0x7f04556a3e5b>
          /usr/lib/python2.7/dist-packages/IPython/core/autocall.py
          quit self

An autocallable object which will be added to the user namespace so that
exit, exit() , quit or quit() are all valid ways to close the shell.
          quit self

      import sys

      ?sys.exit
          builtin_function_or_method
          <built-in function exit>

exit([status])

the interpreter by raising SystemExit(status).
```

48 退出程序

Python中，有两个可以从Python解释器退出的伪命令："exit()"和"quit()"。它们都采用一个可选参数，用于设置进程的退出代码。如果要退出脚本，最好使用 sys 模块中的exit函数"sys.exit (exit_code)"。

49 返回值

函数可能需要向调用自己的代码返回一些值。因为本质上变量没有类型，所以函数也是没有类型的，因此，函数可以使用"return"命令将任何对象返回给调用方。

```
File  Edit  View  Search  Terminal  Help
                    :~$ python
Python 2.7.6 (default, Mar 22 2014, 22:59:56)
[GCC 4.8.2] on linux2
Type "help", "copyright", "credits" or "license" for more information.
>>> str1 = "Hell"
>>> str2 = str1 + "o W"
>>> str3 = "orld"
>>> str1 + str2 + str3
'HellHello World'
>>> str1 + " " + str2 + str3
'Hell Hello World'
>>> str1 + str(15)
'Hell15'
>>>
```

50 字符串连接

我们将在大多数列表的开头以–符号进行字符串连接。构建字符串的最简单方法是使用"+"运算符。若要包括其他项（比如数字），可使用"str()"转换函数将其转换为字符串对象。

Python
基础知识

"Python是最流行的
编程语言之一"

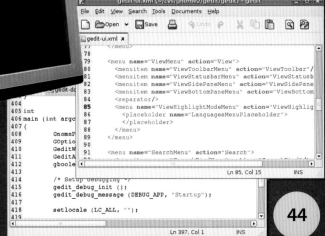

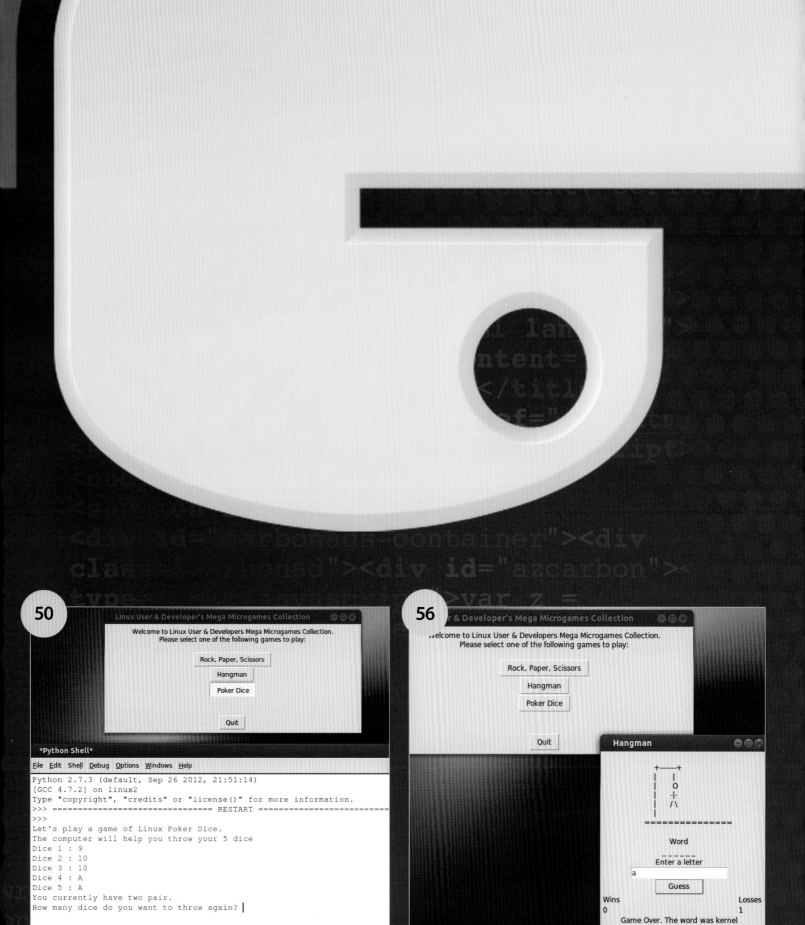

50个Python技巧

Python是一种编程语言，可让你更快地工作并更有效地集成系统。如今，Python是开源领域最流行的编程语言之一。纵览编程领域，你会发现到处都有它的身影，从各种配置工具到XML解析。这里总结了50条黄金法则，会让你体会Python值得拥有……

基础

开始尝试编程和使用所有Python命令，只需在命令提示符（>>>）后面逐一输入相应的命令，结果就会即刻显示出来。

Python解释器可以通过发出以下命令来启动：

```
$ python
kunal@ubuntu:~$ python
Python 2.6.2 (release26-maint, Apr
19 2009, 01:56:41)
[GCC 4.3.3] on linux2
Type "help", "copyright", "credits"
or "license" for more information.
>>> <type commands here>
```

在本文中，所有从 >>>符号开始的代码都是在Python解释器交互模式下给出的。 重要的一点是，Python对缩进的要求非常严格。因此，如果你收到任何提及缩进的错误，请及时更改缩进。

01 运行 Python脚本

在大多数UNIX系统中，都可以在命令行运行Python脚本。

```
$ python mypyprog.py
```

02 通过Python 解释器交互运行 Python程序

Python交互式解释器使你可以轻松地

03 动态键入

在Java、C++和其他静态语言中，必须指定函数返回值的数据类型和每个函数参数。Python是一种动态类型化的语言，你永远不必显式指定任何内容的数据类型。基于分配的值，Python将在内部保持数据类型与被分配的值一致。

04 Python语句

Python使用回车来分隔单独的语句，冒号和缩进用于分隔代码块。大多数编译的编程语言（如C和C++）使用分号分隔语句，用大括号分隔代码块。

05 == 和 = 运算符

Python使用"=="进行比较，"="用于赋值。Python不支持行内联分配，因此在比较值时，不能同时进行赋值。

06 连接字符串

可以使用"+"来连接字符串。

```
>>> print 'kun'+'al'
kunal
```

07 __init__方法

一旦类被实例化了的对象，就会运行__init__方法。该方法可用于执行要对对象执行的任何初始化。__init__ 方法类似于C++、C#或Java中的构造函数。

示例：

```
class Person:
  def __init__(self, name):
    self.name = name
  def sayHi(self):
    print 'Hello, my name is', self.
name
p = Person('Kunal')
p.sayHi()
```

输出：

```
[~/src/python $:] python initmethod.py
Hello, my name is Kunal
```

08 模块

为了使程序在不断增长的同时易于管理，你可能希望将它们拆分为多个文件。Python允许将多个函数放入文件中，并将其用作可导入到其他脚本和程序中的模块。这些文件的扩展名必须是 .py。

示例：

```
# file my_function.py
def minmax(a,b):
 if a <= b:
 min, max = a, b
 else:
 min, max = b, a
 return min, max
Module Usage
import my_function
x,y = my_function.minmax(25, 6.3)
```

09 模块定义的名称

示例：

内置函数"dir ()"可用于找出模块定义的名称，它返回包括名称字符串的排序列表。

```
>>> import time
>>> dir(time)
['__doc__', '__file__', '__name__',
'__package__', 'accept2dyear',
'altzone', 'asctime', 'clock',
'ctime', 'daylight', 'gmtime',
'localtime', 'mktime', 'sleep',
'strftime', 'strptime', 'struct_
time', 'time', 'timezone', 'tzname',
'tzset']
```

10 模块内部文档

可以通过查看. __doc__ 来查看模块的内部文档（如果该模块有内部文档）。

示例：

```
>>> import time
>>> print time.clock.__doc__
clock() -> floating point number
```

此示例返回自进程启动以来或自第一次调用clock()以来的CPU时间或实际时间。这与系统记录一样精确。

11 将参数传递给Python脚本

Python允许你在调用脚本时访问传递给脚本的任何内容。"命令行"内容存储在sys.argv列表中。

```
import sys
print sys.argv
```

12 启动时加载模块或命令

通过使用环境变量$PYTHON-STARTUP，可以在任何Python脚本启动时加载预定义的模块或命令。可以将环境变量$PYTHONSTARTUP设置为包含加载必要模块或命令的文件。

13 将字符串转换为日期对象

可以使用函数"DateTime"将字符串转换为日期对象。

示例：

```
from DateTime import DateTime
dateobj = DateTime(string)
```

14 将列表转换为字符串以显示

可以通过以下任意方式将列表转换为字符串。

第一种方法：

```
>>> mylist = ['spam', 'ham', 'eggs']
>>> print ', '.join(mylist)
spam, ham, eggs
```

第二种方法：

```
>>> print '\n'.join(mylist)
spam
ham
eggs
```

15 Python解释器中的Tab自动补全

可以在Python解释器中实现自动补全代码，只需将这些行添加到.pythonrc文件（或供Python在启动时读取的文件）中。

```
import rlcompleter, readline
readline.parse_and_bind('tab: complete')
```

这将使你在Python中按Tab键时自动补全部分类型的函数、方法和变量名。

16 Python文档工具

可以用以下命令弹出一个图形界面，搜索Python文档。

```
$ pydoc -g
```

为了完成这项工作，需要python-tk包。

17 Python文档服务器

可以在本地计算机上的给定端口启动HTTP服务器，这将使你能够对所有Python文档（包括第三方模块文档）进行体验更好的访问。

```
$ pydoc -p <portNumber>
```

18 Python开发相关软件

有很多工具可以帮助我们进行Python开发。以下是一些关键的软件：

IDLE： 它是Python内置的IDE，具有自动补全、函数签名帮助弹出和脚本文件编辑功能。

IPython: 另一个具有Tab自动补全和其他功能的增强型Python shell。

Eric3: 带有自动完成、类浏览器、内置shell和调试器的图形化Python IDE。

WingIDE: 商业Python IDE，具有免费许可证，可供开源开发人员使用。

内置模块

19 在Python解释器终止时执行的函数

可以使用"atexit"模块在Python解释器终止时执行函数。

示例:

```
def sum():
        print(4+5)
def message():
        print("Executing Now")
import atexit
atexit.register(sum)
atexit.register(message)
```

输出:

```
Executing Now
9
```

20 从整数转换为二进制、十六进制和八进制

可以使用bin()、hex()和oct()分别将整数转换为二进制、十六进制和八进制格式。

示例:

```
>>> bin(24)
'0b11000'
>>> hex(24)
'0x18'
>>> oct(24)
'030'
```

21 将任何字符集转换为UTF-8

可以使用以下函数将任何字符集转换为UTF-8。

```
data.decode("input_charset_here").
encode('utf-8')
```

22 从列表中删除重复项

如果要从列表中删除重复项,只需将每个元素作为键,创建字典(如用"无"作为值),然后导出dict. keys()。

```
from operator import setitem
def distinct(l):
    d = {}
    map(setitem, (d,)*len(l), l, [])
    return d.keys()
```

23 While循环

由于Python还没有do-while或do-until循环控制结构,你可以使用以下方法来实现类似的结果。

```
while True:
    do_something()
    if condition():
        break
```

24 检测操作系统

若要执行针对特定操作系统的函数,首先需要检测Python解释器运行的操作系统。可以使用"sys.platform"来查询当前操作系统。

示例:

在Ubuntu Linux 下

```
>>> import sys
>>> sys.platform
'linux2'
```

在 Mac OS X Snow Leopard 下

```
>>> import sys
>>> sys.platform
'darwin'
```

25 禁用和启用垃圾回收

可能希望在运行时启用或禁用垃圾回收器,此时可以使用"gc"模块来实现。

示例:

```
>>> import gc
>>> gc.enable
<built-in function enable>
>>> gc.disable
<built-in function disable>
```

26 使用基于C的模块以获得更好的性能

许多Python 模块附带对应的基于C的模块。使用这些基于C的模块将在复杂的应用程序中显著提高性能。

示例:

```
cPickle instead of Pickle, cStringIO
instead of StringIO .
```

27 计算任何列表或可迭代对象的最大值、最小值和总和

可以使用以下内置函数。

max: 返回列表中最大的元素。

min: 返回列表中最小的元素。

sum: 此函数返回列表中所有元素的总和。它接受可选的第二个参数:求和时开始的索引值(默认值为 0)。

28 表示分数

可用以下构造函数创建分数实例:

```
Fraction([numerator [,denominator]])
```

29 通过math进行运算

math工作的对象是整数和浮点数,不包含复数。对于复数,使用另一个模块"cmath"。

示例:

```
math.acos(x): Return arc cosine of x.
math.cos(x): Returns cosine of x.
math.factorial(x) : Returns x
factorial.
```

30 使用数组

"array"模块提供了一种在程序中使用数组的有效方法。"array"模块定义了以下类型:

```
array(typecode [, initializer])
```

创建数据对象后,例如名为myarray,就可以对其应用一组方法。以下是一些重要的方法:

```
myarray.count(x): Returns the number
of occurrences of x in a.
myarray.extend(x): Appends x at the
end of the array.
myarray.reverse(): Reverse the order
of the array.
```

31 对项目进行排序

以下函数对列表排序。

```
bisect.insort(list, item [, low [,
high]])
```

将项目插入到已经排序的列表中。如果项目已在列表中,则新项目将插入到现有项的右侧。

```
bisect.insort_left(list, item [, low
[, high]])
```

将项目插入到已经排序的列表中。如果项目已在列表中,则新条目将插入到任何现有项的左侧。

32 使用正则表达式进行搜索

可以将函数"re.search()"与正则表达式一起使用。请查看下面的示例。

示例：

```
>>> import re
>>> s = "Kunal is a bad boy"
>>> if re.search("K", s): print
"Match!" # 匹配字母
...
Match!
>>> if re.search("[@A-Z]", s): print
"Match!" # 匹配字母类
... # 匹配符号@或大写字母
Match!
>>> if re.search("\d", s): print
"Match!" # 匹配数字类
...
```

33 使用 bzip2 (.bz2) 压缩格式

可以使用模块"bz2"，使用bzip2 压缩算法读取和写入数据。

```
bz2.compress() : For bz2
compression
bz2.decompress() : For bz2
decompression
```

示例：

```
# File: bz2-example.py
import bz2
MESSAGE = "Kunal is a bad boy"
compressed_message = bz2.
compress(MESSAGE)
decompressed_message = bz2.
decompress(compressed_message)
print "original:", repr(MESSAGE)
print "compressed message:",
repr(compressed_message)
print "decompressed message:",
repr(decompressed_message)
```

输出：

```
[~/src/python $:] python bz2-
example.py
original: 'Kunal is a bad boy'
compressed message: 'BZh91AY&SY\xc4\
x0fG\x98\x00\x00\x02\x15\x80@\x00\
x00\x084%\x8a  \x00"\x00\x0c\x84\r\
x03C\xa2\xb0\xd6s\xa5\xb3\x19\x00\
xf8\xbb\x92)\xc2\x84\x86 z<\xc0'
decompressed message: 'Kunal is a
bad boy'
```

34 将SQLite数据库与Python一起使用

SQLite正迅速成为一个非常受欢迎的嵌入式数据库，因为它不需要配置，并且性能水平不错。可以使用"sqlite3"模块来使用SQLite数据库。

示例：

```
>>> import sqlite3
>>> connection = sqlite.connect('test.
db')
>>> curs = connection.cursor()
>>> curs.execute('''create table item
... (id integer primary key, itemno
text unique,
... scancode text, descr text, price
real)''')
<sqlite3.Cursor object at 0x1004a2b30>
```

35 使用zip文件

你可以使用模块"zipfile"来处理zip文件。

```
zipfile.ZipFile(filename [, mode [,
compression [,allowZip64]]])
```

打开一个zip文件，其中该文件可以是文件的路径（字符串形式），也可以是类似文件的对象。

```
zipfile.close()¶
```

关闭存档文件。必须先调用"close()"，然后才能退出程序，否则记录不会被写入。

```
zipfile.extract(member[, path[,
pwd]])
```

从存档中提取成员到当前目录，"member"必须是其全名（或一个zipinfo对象）。"path"指定要提取到的目录位置。"member可以是文件名或一个zipinfo对象。"pwd"是用于加密文件的密码。

36 使用UNIX样式的通配符搜索文件名

可以使用模块"glob"根据UNIX shell使用的规则，将匹配使用通配符.*、?和用[]表示的字符范围，查找与模式匹配的所有路径名。

示例：

```
>>> import glob
>>> glob.glob('./[0-9].*')
['./1.gif', './2.txt']
>>> glob.glob('*.gif')
['1.gif', 'card.gif']
>>> glob.glob('?.gif')
['1.gif']
```

37 执行基本文件操作（复制、删除和重命名）

可以使用模块"shutil"执行基本的文件操作。此模块适用于常规文件，不适用于特殊文件，如命名管道、块设备等。

shutil.copy(src,dst)

将文件src复制到文件或目录dst。

shutil.copymode(src,dst)

将文件权限从src复制到dst。

shutil.move(src,dst)

将文件或目录移动到dst。

shutil.copytree(src, dst, symlinks [,ignore])

在src上递归复制整个目录。

shutil.rmtree(path [, ignore_errors [, onerror]])

删除整个目录。

38 从Python执行UNIX命令

这在Python 3中不可用，在Python 3中需要使用模块"子进程"。

示例：

```
>>> import commands
>>> commands.getoutput('ls')
'bz2-example.py\ntest.py'
```

39 读取环境变量

可以使用模块"os"收集特定于操作系统的信息。

示例：

```
>>> import os
>>> os.path <module 'posixpath'
from '/usr/lib/python2.6/posixpath.
pyc'>>>> os.environ {'LANG': 'en_
IN', 'TERM': 'xterm-color', 'SHELL':
'/bin/bash', 'LESSCLOSE':
'/usr/bin/lesspipe %s %s',
'XDG_SESSION_COOKIE':
'925c4644597c791c704656354adf56d6-
1257673132.347986-1177792325',
'SHLVL': '1', 'SSH_TTY': '/dev/
pts/2', 'PWD': '/home/kunal',
'LESSOPEN': '| /usr/bin
lesspipe
......}
>>> os.name
'posix'
>>> os.linesep
'\n'
```

40 发送电子邮件

你可以使用模块"smtplib"使用SMTP（Simple Mail Transfer Protocol）协议的客户端接口发送电子邮件。

```
smtplib.SMTP([host [, port]])
```

示例(用Google Mail SMTP server发送一封邮件):

```python
import smtplib
# Use your own to and from email
address
fromaddr = 'kunaldeo@gmail.com'
toaddrs  = 'toemail@gmail.com'
msg = 'I am a Python geek. Here is
the proof.!'
# Credentials
# Use your own Google Mail
credentials while running the
program
username = 'kunaldeo@gmail.com'
password = 'xxxxxxxx'
# The actual mail send
server = smtplib.SMTP('smtp.gmail.
com:587')
# Google Mail uses secure connection
for SMTP connections
server.starttls()
server.login(username,password)
server.sendmail(fromaddr, toaddrs,
msg)
server.quit()
```

41 访问FTP服务器

"ftplib"是一个Python完全成熟的FTP客户端模块。若要建立FTP连接，可以使用以下函数。

```
ftplib.FTP([host [, user [, passwd
[, acct [, timeout]]]]])
```

示例:

```python
host = "ftp.redhat.com"
username = "anonymous"
password = "kunaldeo@gmail.com"
import ftplib
import urllib2
ftp_serv = ftplib.
FTP(host,username,password)
# Download the file
u = urllib2.urlopen ("ftp://
ftp.redhat.com/pub/redhat/linux/
README")
# Print the file contents
print (u.read())
```

输出:

```
[~/src/python $:] python
```

```
ftpclient.py
```

红帽Linux的旧版本已被移除。

ftp://archive.download.redhat.com/pub/redhat/linux/

42 使用默认web浏览器启动网页

"webbrowser"模块提供了一种使用系统默认web浏览器启动网页的便捷方法。

示例(使用系统默认web浏览器启动google.co.uk):

```python
>>> import webbrowser
>>> webbrowser.open('http://google.
co.uk')
True
```

43 创建安全的哈希

"hashlib"模块支持大量的安全哈希算法。

示例(创建给定文本的十六进制摘要):

```python
>>> import hashlib
# sha1 Digest
>>> hashlib.sha1("MI6 Classified
Information 007").hexdigest()
'e224b1543f229cc0cb935a1eb9593
18ba1b20c85'
# sha224 Digest
>>> hashlib.sha224("MI6 Classified
Information 007").hexdigest()
'3d01e2f741000b0224084482f905e9b7b97
7a59b480990ea8355e2c0'
# sha256 Digest
>>> hashlib.sha256("MI6 Classified
Information 007").hexdigest()
'2fdde5733f5d47b672fcb39725991c89
b2550707cbf4c6403e fdb33b1c19825e'
# sha384 Digest
>>> hashlib.sha384("MI6 Classified
Information 007").hexdigest()
'5c4914160f03dfbd19e14d3ec1e74bd8b99
dc192edc138aaf7682800982488daaf540be
9e0e50fc3d3a65c8b6353572d'
# sha512 Digest
>>> hashlib.sha512("MI6 Classified
Information 007").hexdigest()
'a704ac3dbef6e8234578482a31d5ad29d25
2c822d1f4973f49b850222edcc0a29bb89077
8aea807a0a48ee4ff8bb18566140667fbaf7
3a1dc1ff192febc713d2'
# MD5 Digest
>>> hashlib.md5("MI6 Classified
Information 007").hexdigest()
'8e2f1c52ac146f1a999a670c826f7126'
```

44 随机数种子

可以使用模块"random"生成各种各样的随机数。最常用的是"random.seed([x])"。它初始化基本的随机数生成器。如果省略x或None，则使用当前系统时间；当前系统时间用于在首次导入模块时初始化生成器。

45 使用CSV(用逗号分隔的值)文件

CSV文件是在网络上非常流行的数据交换文件。使用模块"csv"，可以读取和写入CSV文件。

例如:

```python
import csv
# write stocks data as comma-
separated values
writer = csv.writer(open('stocks.
csv', 'wb', buffering=0))
writer.writerows([
('GOOG', 'Google, Inc.', 505.24, 0.47,
0.09),
('YHOO', 'Yahoo! Inc.', 27.38, 0.33,
1.22),
('CNET', 'CNET Networks, Inc.', 8.62,
-0.13, -1.49)
])
# read stocks data, print status
messages
stocks = csv.reader(open('stocks.
csv', 'rb'))
status_labels = {-1: 'down', 0:
'unchanged', 1: 'up'}
for ticker, name, price, change, pct
in stocks:
    status = status_
labels[cmp(float(change), 0.0)]
    print '%s is %s (%s%%)' % (name,
status, pct)
```

46 使用setup tools安装第三方模块

"setuptools"是一个Python软件包，它允许你轻松下载、生成、安装、升级和卸载软件包。

要使用"setuptools"，需要从发行版本的包管理器安装。安装后，可以使用命令"easy_install"来执行Python包管理任务。

示例(使用setuptools安装simplejson):

```
kunal@ubuntu:~$ sudo easy_install
```

第三方模块

```
simplejson
Searching for simplejson
Reading http://pypi.python.org/simple/
simplejson/
Reading http://undefined.org/
python/#simplejson
Best match: simplejson 2.0.9
Downloading http://pypi.python.
org/packages/source/s/simplejson/
simplejson-2.0.9.tar.gz#md5=af5e67a39c
a3408563411d357e6d5e47
Processing simplejson-2.0.9.tar.gz
Running simplejson-2.0.9/setup.py
-q bdist_egg --dist-dir /tmp/easy_
install-FiyfNL/simplejson-2.0.9/egg-
dist-tmp-3YwsGV
Adding simplejson 2.0.9 to easy-
install.pth file
Installed /usr/local/lib/python2.6/
dist-packages/simplejson-2.0.9-py2.6-
linux-i686.egg
Processing dependencies for simplejson
Finished processing dependencies for
simplejson
```

47 记录到系统日志

可以使用模块"syslog"写入系统日志。"syslog"充当UNIX系统日志库的接口。

示例：

```
import syslog
syslog.syslog('mygeekapp: started
logging')
for a in ['a', 'b', 'c']:
  b = 'mygeekapp: I found letter '+a
  syslog.syslog(b)
syslog.syslog('mygeekapp: the script
goes to sleep now, bye,bye!')
```

输出：

```
$ python mylog.py
$ tail -f /var/log/messages
Nov  8 17:14:34 ubuntu -- MARK --
Nov  8 17:22:34 ubuntu python:
mygeekapp: started logging
Nov  8 17:22:34 ubuntu python:
mygeekapp: I found letter a
Nov  8 17:22:34 ubuntu python:
mygeekapp: I found letter b
Nov  8 17:22:34 ubuntu python:
mygeekapp: I found letter c
Nov  8 17:22:34 ubuntu python:
mygeekapp: the script goes to sleep
now, bye,bye!
```

48 生成PDF文档

"ReportLab"是一个非常流行的模块，用于从Python生成PDF。

执行以下步骤安装ReportLab：

```
$ wget http://www.reportlab.org/ftp/
ReportLab_2_3.tar.gz
$ tar xvfz ReportLab_2_3.tar.gz
$ cd ReportLab_2_3
$ sudo python setup.py install
```

成功安装，可以看到如下消息：

```
###########SUMMARY INFO##########
################################
#Attempting install of _rl_accel,
sgmlop & pyHnj
#extensions from '/home/kunal/python/
ReportLab_2_3/src/rl_addons/rl_accel'
################################
#Attempting install of _renderPM
#extensions from '/home/kunal/python/
ReportLab_2_3/src/rl_addons/renderPM'
# installing with freetype version 21
################################
```

示例：

```
>>> from reportlab.pdfgen.canvas import
Canvas
# Select the canvas of letter page size
>>> from reportlab.lib.pagesizes import
letter
>>> pdf = Canvas("bond.pdf", pagesize =
letter)
# import units
>>> from reportlab.lib.units import cm,
mm, inch, pica
>>> pdf.setFont("Courier", 60)
>>> pdf.setFillColorRGB(1, 0, 0)
>>> pdf.drawCentredString(letter[0] /
2, inch * 6, "MI6 CLASSIFIED")
>>> pdf.setFont("Courier", 40)
>>> pdf.drawCentredString(letter[0] /
2, inch * 5, "For 007's Eyes Only")
# Close the drawing for current page
>>> pdf.showPage()
# Save the pdf page
>>> pdf.save()
```

输出：

```
@image:pdf.png
@title: PDF Output
```

49 使用Twitter API

可以使用"Python-Twitter"模块连接到推特。

执行以下步骤以安装Python-Twitter：

```
$ wget http://python-twitter.
googlecode.com/files/python-twitter-
0.6.tar.gz
$ tar xvfz python-twitter*
$ cd python-twitter*
$ sudo python setup.py install
```

示例（获取关注者列表）：

```
>>> import twitter
# Use you own twitter account here
>>> mytwi = twitter.Api(username='kunald
eo',password='xxxxxx')
>>> friends = mytwi.GetFriends()
>>> print [u.name for u in friends]
[u'Matt Legend Gemmell', u'jono wells',
u'The MDN Big Blog', u'Manish Mandal',
u'iH8sn0w', u'IndianVideoGamer.com',
u'FakeAaron Hillegass', u'ChaosCode',
u'nileshp', u'Frank Jennings',..']
```

50 搜索雅虎新闻

可以使用雅虎搜索SDK从Python访问雅虎搜索API。

执行以下步骤进行安装：

```
$ wget http://developer.yahoo.com/
download/files/yws-2.12.zip
$ unzip yws*
$ cd yws*/Python/pYsearch*/
$ sudo python setup.py install
```

示例：

```
# Importing news search API
>>> from yahoo.search.news import
NewsSearch
>>> srch = NewsSearch('YahooDemo',
query='London')
# Fetch Results
>>> info = srch.parse_results()
>>> info.total_results_available
41640
>>> info.total_results_returned
10
>>> for result in info.results:
... print "'%s', from %s" %
(result['Title'], result['NewsSource'])
...
'Afghan Handover to Be Planned at
London Conference, Brown Says', from
Bloomberg
.................
```

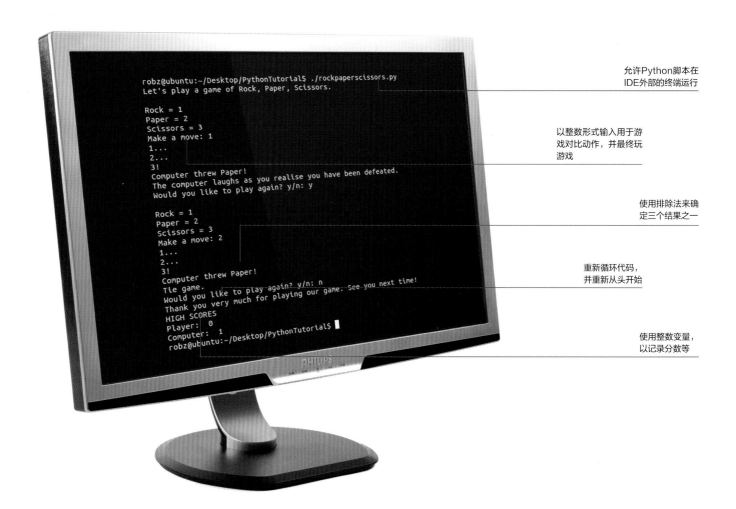

允许Python脚本在
IDE外部的终端运行

以整数形式输入用于游
戏对比动作，并最终玩
游戏

使用排除法来确
定三个结果之一

重新循环代码，
并重新从头开始

使用整数变量，
以记录分数等

编写剪刀、石头、布的游戏

在了解了如何做一些Python基础编程之后，
我们做一个简单的剪刀、石头、布游戏。

本教程将指导你在Python中制作剪刀、石头、布游戏。本代码应用了大师班的部分内容，并扩展了其中部分内容。本代码不需要任何额外的Python模块来运行，例如Pygame。

剪刀、石头、布是一个完美的游戏，可以更详尽地展示Python到底能做什么。在制作游戏时，会使用到人工输入、比较、随机选择和大量的循环。它也很容易

随着你的想法扩展、增加规则和结果，甚至可以加一个基本的AI。

对于这个教程，我们建议使用IDLE。IDLE功能强大，在大多数Linux发行版本中都很容易获得，默认情况下在树莓派的Raspbian上就可以使用。它通过高亮任何可能存在问题的代码来帮助你，并允许轻松地运行，以确保其正常工作。

资源

Python2: www.python.org/download
IDLE: www.python.org/idle

01 本节介绍我们代码所需的额外Python库——它们仍然是标准Python库的一部分，只是不是默认环境的一部分。

02 在这里创建游戏的初始规则。包括正在使用的三个变量，并定义其关系。还提供了可以用于保存比赛的比分变量。

03 我们通过定义每局开始来启动游戏代码。无论我们是否想再来一局，每局结束后都会从这里重新开始。

04 实际上游戏包含在这里，要求玩家输入选择，获取计算机输入选择，并传递这些选择得到的结果。最后，会询问是否再玩一次。

05 玩家的输入在这里完成。我们向玩家提供有关如何玩这个版本游戏的基础信息，然后允许他们输入自己的选择。我们也有一些防错机制，以防他们输入无效的选项。

06 当我们展示结果时，会设计一些情节。首先，通过延迟增加一些紧张气氛，在一些打印的文本中通过附加变量来组成结果，然后比较玩家和计算机各自的选项。通过if语句选择要打印的输赢结果，以及更新分数。

07 现在要求用户输入文本，通过文本表达是否想再玩一次。根据用户的输入，我们回到开始，或者结束游戏，并显示结果。

```python
#!/usr/bin/env python2

# Linux User & Developer presents: Rock, Paper, Scissors: The Video Game

import random
import time

rock = 1
paper = 2
scissors = 3

names = { rock: "Rock", paper: "Paper", scissors: "Scissors" }
rules = { rock: scissors, paper: rock, scissors: paper }


player_score = 0
computer_score = 0

def start():
    print "Let's play a game of Rock, Paper, Scissors."
    while game():
        pass
    scores()

def game():
    player = move()
    computer = random.randint(1, 3)
    result(player, computer)
    return play_again()

def move():
    while True:
        print
        player = raw_input("Rock = 1\nPaper = 2\nScissors = 3\nMake a move: ")
        try:
            player = int(player)
            if player in (1,2,3):
                return player
        except ValueError:
            pass
        print "Oops! I didn't understand that. Please enter 1, 2 or 3."

def result(player, computer):
    print "1..."
    time.sleep(1)
    print "2..."
    time.sleep(1)
    print "3!"
    time.sleep(0.5)
    print "Computer threw {0}!".format(names[computer])
    global player_score, computer_score
    if player == computer:
        print "Tie game."
    else:
        if rules[player] == computer:
            print "Your victory has been assured."
            player_score += 1
        else:
            print "The computer laughs as you realise you have been defeated."
            computer_score += 1

def play_again():
    answer = raw_input("Would you like to play again? y/n: ")
    if answer in ("y", "Y", "yes", "Yes", "Of course!"):
        return answer
    else:
        print "Thank you very much for playing our game. See you next time!"


def scores():
    global player_score, computer_score
    print "HIGH SCORES"
    print "Player: ", player_score
    print "Computer: ", computer_score

if __name__ == '__main__':
    start()
```

详细说明

01 代码的开头，我们需要在这里告诉程序Python解释器的路径。这允许我们在终端内或在特定的Python IDE（如IDLE）之外运行程序。请注意，对于此特定脚本，还在使用Python 2而不是Python 3，这需要在代码中指定，以确保它从系统中调用正确的Python解释器。

02 我们在标准Python代码的基础上导入两个额外的模块，以便在整个代码中使用一些额外的函数。我们将使用random模块来确定计算机的选择，以及在关键点暂停代码运行的time模块。time模块还可用于应用日期和时间，或者显示日期和时间。

03 我们将剪刀、石头、布设置为一个特定的数字，以便玩家在游戏中进行选择，特定的数字将等同于该特定变量，这使得后面的代码更加容易读。如果你愿意，还可以在这里添加除了剪刀、石头、布之外的选项。

```python
01
#!/usr/bin/env python2

# Linux User & Developer presents: Rock, Paper, Scissors: The Video Game
02
import random
import time
03
rock = 1
paper = 2
scissors = 3
04
names = { rock: "Rock", paper: "Paper", scissors: "Scissors" }
rules = { rock: scissors, paper: rock, scissors: paper }
05

06
player_score = 0
computer_score = 0
```

04 在这里，我们指定游戏的规则，以及在每次猜剪刀、石头、布时出招的文本表示形式。当被请求时，我们的脚本将打印这三个动作中任何一个的名称，主要告诉玩家计算机出得是什么。这些名称仅在需要时等同于我们设置的变量，分配给每个变量的数字不会改变。

05 类似于定义变量的文本名称，并仅在需要时使用，规则也以这样的方式完成，即在比较结果时变量会被暂时修改。在后续的代码中，将通过代码解释正在发生的事情，但在确定是否有平局之后，将确认计算机选择是否会输给玩家的选择。如果电脑选择等于玩家的选择所克的项目（比如电脑选择剪刀，玩家选择石头，石头克剪刀），玩家就赢了。

06 很简单，这里将创建变量，可以在整个代码中使用，用来跟踪分数。我们现在需要从零开始记录它，这样它就存在了，否则，如果我们在函数中定义它，那么它只在该函数中起作用。该代码根据轮次的结果给计算机或玩家添加一分，尽管我们在此特定版本中没有对平局的游戏进行评分。

Python模块

可以在Python导入模块，一些主要的模块显示在右边。当然，还有标准模块包含在Python中。

string	执行常见的字符串操作
datetime 和 calendar	其他与时间有关的模块
math	高级数学函数
json	JSON编码器和解码器
pydoc	文档生成器和在线帮助系统

07 在这里，我们用名为"start"的函数定义了代码的开始。功能很简单，打印我们对玩家的问候，然后开始一个游戏循环，这将让我们只要想玩就能够持续多次玩游戏。pass语句允许在我们完成操作后停止while循环，若愿意还可使用它来执行许多其他任务。如果我们真的停止玩游戏，那么score函数就被调用——当看到score函数的时候，我们会去研究它的作用。

08 我们特意让game函数保持简单，这样就可以在代码中更容易地分解每一步。这个函数被start函数调用，首先通过调用下面的move函数来确定玩家的选择。一旦玩家完成选择，它就会让计算机进行选择。它使用random模块的randint函数来获取1到3（1，3）之间的整数。然后它将玩家和计算机各自的选择（以整数形式）传递给我们用来查找结果的result函数。

```python
07  def start():
        print "Let's play a game of Rock, Paper, Scissors."
        while game():
            pass
        scores()

08  def game():
        player = move()
        computer = random.randint(1, 3)
        result(player, computer)
        return play_again()

09  def move():
        while True:
            print
            player = raw_input("Rock = 1\nPaper = 2\nScissors = 3\nMake a move: ")

10          try:
                player = int(player)
                if player in (1,2,3):
                    return player
            except ValueError:
                pass
            print "Oops! I didn't understand that. Please enter 1, 2 or 3."
```

```
*Python Shell*
File  Edit  Shell  Debug  Options  Windows  Help
Python 2.7.3 (default, Sep 26 2012, 21:51:14)
[GCC 4.7.2] on linux2
Type "copyright", "credits" or "license()" for more information.
>>> ================================ RESTART ================================
>>>
Let's play a game of Rock, Paper, Scissors.

Rock = 1
Paper = 2
Scissors = 3
Make a move: 5
Oops! I didn't understand that. Please enter 1, 2 or 3.

Rock = 1
Paper = 2
Scissors = 3
Make a move: 1
```

09 我们通过在move函数中放入一个while循环来启动它。move函数的目的是从玩家那里获得一个1到3之间的整数，所以while循环允许我们对玩家解释该如何输入。接下来，我们将设置要使用raw_imput从玩家获取输入并赋值给player变量。我们在raw_input函数中打印了指引文本，在文本中使用"\n"添加了换行符，这样指令将显示为列表样式。

10 try语句用于清理代码、处理错误或其他异常。我们解析玩家输入的内容，方法是使用int()将其转换为整数。我们使用if语句来检查它是否是1、2或3三者之一，如果是，move函数返回对应的值到game函数。如果它抛出一个ValueError，我们使用except不执行任何操作。代码会打印一条错误消息，然后重新开始循环。在没有做出系统可接受的输入时，就会发生这种情况。

11 result函数只需要参数去引入玩家和计算机在猜剪刀、石头、布时给出的选择，这就是为什么我们在定义result函数时写成result(player, computer)的原因。result函数在公布结果前会先进行倒计时，倒计时通过导入的time模块中的sleep方法来实现。显示的数字是让用户感知到倒计时，同时我们让程序通过导入time模块中的sleep方法让程序停止相应的时间。sleep方法会让程序暂停括号中的秒数。我们在每秒倒计数之间暂停了一秒，然后在显示结果前暂停了0.5秒。

12 为了让玩家知道电脑在该轮游戏中选择的结果，我们使用的是string.format()。string中的 {0} 是我们插入可变部分的占位符。我们之前把计算机的选择定义为随机数字，所以使用names[computer]，在字典names中查到对应的值，我们告诉程序这个值插入到{0} 所在的位置。

13 这一步，我们只是调用之前定义的玩家和计算机的得分变量。使用global关键字，允许在函数之内更改和使用在当前函数之外定义的全局变量，特别是在我们要将本轮的得分追加到分数时。

```python
11  def result(player, computer):
        print "1..."
        time.sleep(1)
        print "2..."
        time.sleep(1)
        print "3!"
        time.sleep(0.5)
12  print "Computer threw {0}!".format(names[computer])
13  global player_score, computer_score
14  if player == computer:
        print "Tie game."
15  else:
        if rules[player] == computer:
            print "Your victory has been assured."
            player_score += 1
16      else:
            print "The computer laughs as you realise you have been defeated."
            computer_score += 1
```

14 使用排除法检查结果。首先检查玩家和电脑的选择是否相同，这是最简单的部分。我们把它放在一个if语句中，这样如果玩家和电脑的选择是一样的，if代码就会在这里结束。然后打印平局信息，并返回到游戏功能的下一步。

15 如果不是平局，需要继续检查，因为对双方来说这可能是一场胜利，也可能是一场失败。通过else分支开始了另一个if语句。在这里，使用早期的规则列表，看看输给玩家的选择是否与电脑的选择相同。如果是这样的话，打印你赢了的消息，并为玩家的得分+1。

16 如果到这一步，则玩家输了。打印电脑赢了的消息，并给电脑加一分，然后结束结果函数，返回游戏功能。

```
*Python Shell*
File  Edit  Shell  Debug  Options  Windows  Help
Python 2.7.3 (default, Sep 26 2012, 21:51:14)
[GCC 4.7.2] on linux2
Type "copyright", "credits" or "license()" for more information.
>>> ============================ RESTART ============================
>>>
Let's play a game of Rock, Paper, Scissors.

Rock = 1
Paper = 2
Scissors = 3
Make a move: 5
Oops! I didn't understand that. Please enter 1, 2 or 3.

Rock = 1
Paper = 2
Scissors = 3
Make a move: 1
1...
2...
3!
Computer threw Rock!
Tie game.
```

运行中的代码

17 游戏的下一部分，是定义play_again函数。像move函数一样，我们也有需要玩家输入的部分，询问玩家是否愿意通过文本输入raw_input来决定是否再来一局，并提示通过"y/n"的输入，试图获得符合预设的玩家响应。

18 给用户一个"y/n"提示作为选项，期待用户按照预设做出回应。if语句检查是否输入了我们提示的那种响应。由于Python区分大写或小写，我们需要确保程序同时接受y和Y。如果遇到玩家选择了y/Y以及其他类似的信息，确认要再玩一次的情况，游戏将再次启动。

19 如果没有得到y/Y以及其他类似的玩家确认要再玩一次的回应，我们会假设玩家不想再玩了。此时会打印一条告别消息，结束此功能。这也会导致程序移动到下一步，而不是重新开始游戏。

```
17  def play_again():
        answer = raw_input("Would you like to play again? y/n: ")
18  if answer in ("y", "Y", "yes", "Yes", "Of course!"):
            return answer
19  else:
            print "Thank you very much for playing our game. See you next time!"

20  def scores():
        global player_score, computer_score
        print "HIGH SCORES"
        print "Player: ", player_score
        print "Computer: ", computer_score

21  if __name__ == '__main__':
        start()
```

```
Python Shell

File  Edit  Shell  Debug  Options  Windows  Help

Python 2.7.3 (default, Sep 26 2012, 21:51:14)
[GCC 4.7.2] on linux2
Type "copyright", "credits" or "license()" for more information.
>>> =============================== RESTART ===============================
>>>
Let's play a game of Rock, Paper, Scissors.

Rock = 1
Paper = 2
Scissors = 3
Make a move: 5
Oops! I didn't understand that. Please enter 1, 2 or 3.

Rock = 1
Paper = 2
Scissors = 3
Make a move: 1
1...
2...
3!
Computer threw Rock!
Tie game.
Would you like to play again? y/n: n
Thank you very much for playing our game. See you next time!
HIGH SCORES
Player:  0
Computer:  0
>>>
```

运行中的代码

ELIF

IF也有ELIF(else if)运算符，该运算符可以用来代替我们使用的第二个IF语句。它通常用于保持代码的简洁，但执行相同的功能。

20 回到start函数，比赛结束后我们进入统计分数的环节。本节定义scores函数(结果是整数)，然后分别在玩家和计算机标签后打印分数。就玩家而言，这就是游戏的结果。目前，代码不会永久保存分数，但如果需要，可以让Python将分数写入文件以保存。

21 最后一部分脚本表明，本脚本允许以两种方式使用。首先，我们可以在命令行中直接执行它，它将直接运行start函数。另外，我们可以将脚本当作模块，导入到另一个Python脚本中，以便将它作为游戏添加到游戏集合中。这样，它将不会在导入时直接执行代码。

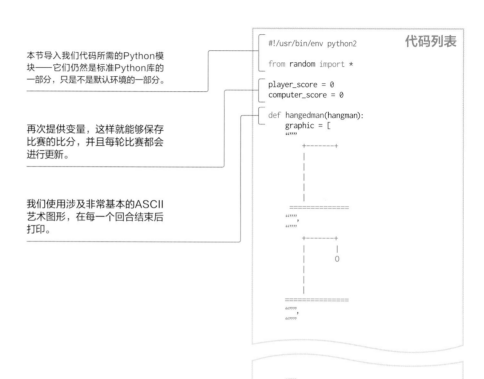

本节导入我们代码所需的Python模块——它们仍然是标准Python库的一部分，只是不是默认环境的一部分。

再次提供变量，这样就能够保存比赛的比分，并且每轮比赛都会进行更新。

我们使用涉及非常基本的ASCII艺术图形，在每一个回合结束后打印。

编写一个 Hangman游戏

让我们通过一个简单的Hangman（刽子手背单词）游戏，更深入地了解Python编程。

资源

Python2: www.python.org/download
IDLE: www.python.org/idle

学习Python的最佳方法之一是创建大量简单的项目，这样你就能够更多地了解所用的编程语言了。 这次我们研究Hangman，这是一个多轮游戏，依靠if和while循环和多种方式处理文本字符串。我们还将使用上一次用过的一些技术，以便在这些技术的基础上更上一层楼。

Hangman游戏仍然不需要Pygame系列模块，但它比石头、剪刀、布要先进一些。这次我们会用到更多变量，依然会用到比较、随机选择和玩家输入，以及拆分字符串、编辑列表，甚至显示基本图形。

这里我们继续使用IDLE。正如前面提到的，它的内置调试工具简单而有效，可以在任何Linux系统以及树莓派上使用。

游戏从这里开始，有一个while循环，让你一旦开始，就可以不断地玩游戏，直到决定不完了，然后结束程序。

在这里记录游戏规则，包括词汇表的设计、跟踪猜词次数的变量和错误答案的记录等。

每轮比赛都在这里进行，要求用户输入字母，然后告诉用户是否正确。会打印出图形并更改需要更新的变量，尤其是对于那些不正确和正确的猜测。

每轮猜测结束后，代码都会检查你是赢还是输——胜利的条件是你猜对了组成这个词的所有字母，而如果你做了累计6次错误的猜测，那就输了。

游戏中玩家输入的字母变成代码可以使用的变量。它在前面的代码块中进行验证，然后反馈，你是否输入了并不是计算机选出的英文单词的构成字母，或输入了已经猜过的字母。

与剪刀、石头、布用过的相同的类，它允许你选择是否希望再次玩这个游戏。

退出游戏后，将给出玩家和计算机在比赛期间获得的分数。还像以前一样，用if_ _name_ _代码结束脚本。

代码高亮显示

IDLE会自动高亮显示代码，使阅读代码变得更容易一些。它还允许你在IDLE的首选项中更改颜色和高亮显示，以便因为特殊原因，需要使用不同的配色方案。

代码列表（续）

```python
def start():
    print "Let's play a game of Linux Hangman."
    while game():
        pass
    scores()

def game():
    dictionary = ["gnu","kernel","linux","mageia","penguin","ubuntu"]
    word = choice(dictionary)
    word_length = len(word)
    clue = word_length * ["_"]
    tries = 6
    letters_tried = ""
    guesses = 0
    letters_right = 0
    letters_wrong = 0
    global computer_score, player_score

    while (letters_wrong != tries) and ("".join(clue) != word):
        letter=guess_letter()
        if len(letter)==1 and letter.isalpha():
            if letters_tried.find(letter) != -1:
                print "You've already picked", letter
            else:
                letters_tried = letters_tried + letter
                first_index=word.find(letter)
                if first_index == -1:
                    letters_wrong +=1
                    print "Sorry,",letter,"isn't what we're looking for."
                else:
                    print"Congratulations,",letter,"is correct."
                    for i in range(word_length):
                        if letter == word[i]:
                            clue[i] = letter
        else:
            print "Choose another."

        hangedman(letters_wrong)
        print " ".join(clue)
        print "Guesses: ", letters_tried

        if letters_wrong == tries:
            print "Game Over."
            print "The word was",word
            computer_score += 1
            break
        if "".join(clue) == word:
            print "You Win!"
            print "The word was",word
            player_score += 1
            break
    return play_again()

def guess_letter():
    print
    letter = raw_input("Take a guess at our mystery word:")
    letter.strip()
    letter.lower()
    print
    return letter

def play_again():
    answer = raw_input("Would you like to play again? y/n: ")
    if answer in ("y", "Y", "yes", "Yes", "Of course!"):
        return answer
    else:
        print "Thank you very much for playing our game. See you next time!"

def scores():
    global player_score, computer_score
    print "HIGH SCORES"
    print "Player: ", player_score
    print "Computer: ", computer_score

if __name__ == '__main__':
    start()
```

ASCII图形应用

下面是我们用于Hangman的7个阶段的特写镜头。你可以自己更改它们，但需要确保引号都在正确的位置上，以便将该图像作为要打印出来的文本字符串。

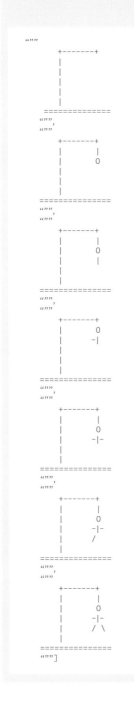

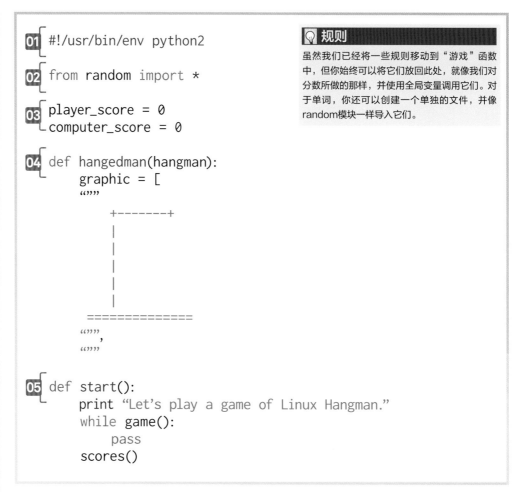

```
01  #!/usr/bin/env python2

02  from random import *

03  player_score = 0
    computer_score = 0

04  def hangedman(hangman):
        graphic = [
    """

      +-------+
      |
      |
      |
      |
      |
    ==============
    """,
    """

    def start():
        print "Let's play a game of Linux Hangman."
        while game():
            pass
        scores()
```

01 代码一开始，我们需要从这里告诉程序Python解释器的路径。这允许我们在终端内或在特定的Python IDE（如IDLE）之外运行程序。请注意，我们对此特定脚本使用Python 2，因为它默认安装在大多数Linux系统上，这将确保兼容性。

02 这次我们导入的"random"模块的方式略有不同，从random导入模块包含的所有函数的实际名称，而不仅仅是导入random模块本身。这使我们能够不再使用像random.function这样的语法去使用函数。星号代表从random导入了所有函数，你可以将其换成random模块下的任何特定函数名称。我们将使用random模块下的一个函数来完成选择一个单词供玩家猜测的功能。

03 很简单，这将创建两个全局变量，可以在整个代码中使用，以跟踪记录计算机和玩家的分数。我们现在需要从零开始，如果我

们在函数中定义它们，它们将只存在于函数中。代码会根据游戏每一个回合的结果为计算机或玩家加一分。

04 我们用简单ASCII图形，包括一个系列共7个上吊的阶段。我们将ASCII图形作为字符串对象的列表存储在函数中，这样可以通过将不正确的猜测次数传递给它来调用对应的图像。总共有7个图形，与用笔在纸上玩这个游戏的版本一样。在函数中还包括了打印命令，所以当它被调用，将全权处理上吊的图形选择与显示，第一个字母被猜测后打印第一个图形。

05 在这里，我们用"start"函数定义了代码的真正开始。功能很简单，打印我们对玩家的问候，然后开始一个while循环，只要我们愿意，将能够持续玩游戏很多次。Pass 语句允许在我们完成后停止while循环，如果你愿意也可以用其他语句来替换，从而执行许多其他任务。如果我们真的停止玩游戏，那么scores函

```
06  def game():
        dictionary = ["gnu","kernel","linux","mageia","penguin","ubuntu"]  07
        word = choice(dictionary)
        word_length = len(word)
        clue = word_length * ["_"]
08      tries = 6
        letters_tried = ""
        guesses = 0
        letters_right = 0
        letters_wrong = 0
        global computer_score, player_score

09      while (letters_wrong != tries) and ("".join(clue) != word):
            letter=guess_letter()  10
            if len(letter)==1 and letter.isalpha():
                if letters_tried.find(letter) != -1:
                    print "You've already picked", letter
```

数就被调用了——当讲到这个scores函数的时候，我们会仔细研究它的作用。

为0，我们也在这里导入全局变量computer_score和player_score。

06 因为没有那么多需要拆分的代码，所以我们把大部分游戏代码放在了"game"函数中。如果你愿意，可以使用剪刀、石头、布中学到的方法将其进一步拆分，它可以使代码更干净，帮助你更深入地了解构建模块。

07 前四行很快就设置了词典，并从词典中抽取了单词，供玩家猜测。我们在这里的字典列表中只有一小部分单词，其实可以通过HTML导入或扩展。choice用于从词典列表中随机选择一个单词，choice来自于我们导入的random模块。最后，我们确定要猜测的单词的长度，然后创建具有该长度数量的多个下划线的clue变量，clue变量用于根据玩家的猜测创建单词时显示该单词。

08 我们开始设置规则和各个变量，以便在游戏中使用。在上吊被绘制完之前，玩家只有五次猜错的机会，所以我们将尝试变量设置为6个。我们将通过letters_tried保存已经猜过的字母，这样确保了不仅玩家会知道自己猜过哪些字母，而且用于检查所猜的字母是否被重复猜测的代码也会知道。最后，我们为猜测次数、字母正确数和字母不正确数创建变量并赋值

09 启动一个while循环执行获取玩家选择的字母并检查游戏所处的状态，此循环一直持续到分出胜负。它首先检查猜错次数是否已用完，通过letter_wrong是否等于tries判断。由于每次错误尝试只会给letter_wrong增加一点，所以错误次数永远不会大于6次。然后它把"clue"拼接成字符串，并判断拼接好的字符串是否不同于计算机所选择的单词。如果这两个返回的结果都是True，那就继续循环。

10 调用用来输入一个字母的函数，并将结果赋值给变量"letter"。我们首先检查它返回的内容，确保它只是一个字母，len (letter) == 1用于检查字符长度是否为1，然后使用letter.isalpha()来检查它是否是字母表中26个字母之一。如果这些条件都得到满足，这个if语句块得以执行并判断玩家是否在之前未选择过这个字母，以确保这是一次新的猜测操作，否则就要重新选择。如果这是一次有效的猜测，将转到代码的下一步，查看所选择字母是否是正确的。

💡 缩进

虽然IDLE将自动检查代码中的缩进，但如果你使用文本编辑器编写了一些Python，则必须确保正确使用缩进。Python对缩进是否正确地被使用非常敏感，毕竟，缩进有助于提升代码的可读性。

继续

此代码仍然是我们在上一页开始的游戏功能的一部分，因此，如果你不使用IDLE，请确保缩进是对的。如果你计划拆分此代码，我们建议从单词选择和结果开始。

```python
11  else:
        letters_tried = letters_tried + letter
        first_index=word.find(letter)
        if   first_index == -1:
            letters_wrong +=1
            print "Sorry,",letter,"isn't what we're looking for."
        else:
            print"Congratulations,",letter,"is correct."  12
13          for i in range(word_length):
                if letter == word[i]:
                    clue[i] = letter
    else:
        print "Choose another."  14

    hangedman(letters_wrong)
    print " ".join(clue)
    print "Guesses: ", letters_tried

15  if letters_wrong == tries:
        print "Game Over."
        print "The word was",word
        computer_score += 1
        break
    if "".join(clue) == word:
        print "You Win!"
        print "The word was",word
        player_score += 1
        break
    return play_again()  16
```

11 如果认为玩家的猜测是可以接受的新字母，首先要做的就是将其添加到尝试的字母列表中。这只是通过将字符串连接到一起来完成的。然后我们使用find命令在计算机所选单词的字符串中搜索玩家输入的字母，如果找到，将返回该字母在字符串中首次的出现的位置；如果找不到该字母，将返回-1，我们在下一个if语句块中使用该值，以查看first_index变量是否为-1。若是这样，错误的字母数自加1，然后打印一条消息，让玩家知道本次是不正确的猜测。

12 如果已经排除了这么多字母不正确的情况，那可以判定该字母是正确的。通过这样一个简单的排除过程，我们首先打印一条信息，让玩家知道已经成功猜中了一个字母，然后对其进行记录。

13 将在这里开始一个小循环，这样就可以用玩家猜对的字母更新clue变量。使用range函数来告诉代码，我们希望使用单词的长度作为循环次数。然后我们检查看看哪个字母已经被正确地猜到，并在clue的对应位置填上该字母，以便它可以打印出来被玩家看到，并让我们检查游戏是否结束。

14 如果玩家输入的不是一个字母，我们告诉玩家输入其他。在玩家继续下一轮选择之前，按玩家选错的次数打印对应的上吊图形，方法是调用列表中与所做的错误猜测次数相对应的图形。然后我们打印clue目前的情况，在每个字符之间有一个空格，再打印已猜测的次数。

15 这里通过比较letter_wrong所代表的试错次数是否等于程序设定的最大错误次数检查游戏是否结束。如果比较结果是True，打印信息提示游戏已经结束，揭晓正确答案单词，并给计算机加1分，然后跳出循环。下一个循环检查连接好的clue是否与原来的单词相同，如果比较结果是True，打印玩家获胜的信息，揭晓完整正确答案单词，并在跳出循环之前给玩家加1分。这也可以用ifs和elifs来完成，从而避免使用跳出循环的操作。

```
17  def guess_letter():
        print
        letter = raw_input("Take a guess at our mystery word:")
        letter.strip()
        letter.lower()
        print
        return letter

18  def play_again():
        answer = raw_input("Would you like to play again? y/n: ")
19      if answer in ("y", "Y", "yes", "Yes", "Of course!"):
            return answer
20      else:
            print "Thank you very much for playing our game. See you next time!"

21  def scores():
        global player_score, computer_score
        print "HIGH SCORES"
        print "Player: ", player_score
        print "Computer: ", computer_score

22  if __name__ == '__main__':
        start()
```

16 我们通过再次调用play_again来结束整个game函数循环，在play_again函数完成后，我们将game函数的返回值传递到start函数。

17 玩家猜字母的函数，首先打印空行，并输出一个raw_input消息。一旦玩家输入字母，函数将对其进行处理，以便与代码的其余部分一起使用玩家输入的字母。首先，strip用于从给定的玩家输入中删除任何空白，我们不需要给它任何额外的参数。然后，我们用lower将其转换为小写字母，因为Python是大小写敏感的。然后打印空行，并将处理过的输入返回到游戏。

18 游戏功能的最后一部分是询问玩家是否希望再玩一次。play_again函数使用一个简单的消息获取玩家的输入，然后分析玩家的输入，以便知道要如何处理。

19 给玩家一个选择y/n选项，If语句检查玩家是否输入了我们预设的响应。由于Python对大小写敏感，要确保程序同时接受y和Y及其相近的回复内容。如果是这种情况，将返回要继续游戏的answer，游戏将再次启动。

20 如果没有得到预设的回应，我们会假设玩家不想再玩了，将打印一条告别消息，结束游戏。这也会让start函数触发下一步，而不是重新来一局。

21 回到start函数，比赛结束后我们会进入结果宣布环节。这部分非常简单，它调用scores函数，分数是整数，在玩家和计算机标签后分别打印玩家和计算机的分数。就玩家而言，这就是脚本的结局。目前的代码做不到永久保存分数，但如果需要保存，可以修改脚本，让Python将分数写入文件以保存分数。

作业

既然你已经完成了代码，为什么不自己做一些改变的尝试呢？例如：增加单词数；创建不同的、可选择的单词类别；甚至让玩家猜出完整的单词。在当前代码和之前的教程中，有执行此操作的所需的所有工具。

22 代码的最后一部分允许通过两种方式使用脚本。首先，可以在命令行中执行，它将正常工作。其次，可以将其导入到另一个Python脚本中，比如你想将其作为游戏添加到集合中，就可以这么做，它不会在被导入时执行代码。

使用Python玩扑克骰子

带上扑克和骰子，试试手气，
因为这里要用扑克骰子游戏磨练你的编程技巧。

资源

Python2: www.python.org/download
IDLE: www.python.org/idle

前面学习了如何编写剪刀、石头、布，也学习了猜单词游戏。 现在尝试一下玩扑克骰子吧。我们将继续Python游戏教程，并介绍一些扑克骰子的玩法。

我们再次使用了一些已经学过的生成随机数、列表的创建和修改、玩家输入、规则设置、评分等内容。我们也将在本教程中增加一些新技能。也就是说，我们将创建和附加带有随机数的列表，并在一个代码块中重复使用函数来减少代码量。

同样，我们建议使用IDLE，仍然使用Python 2，以确保与更多种类的Linux的发行版（包括树莓派）兼容。希望运气常伴你左右，胜利的永远是你！

"开始"
在这里，我们做一些小的设置，这样可以让代码导入一些不包含在基础环境中的一些额外模块。

规则
为每个骰子起了名字，以便能够向玩家更好地介绍它们——记名字肯定比记数字要有趣得多。

成绩
设置了一些基本的变量，可以记录比赛的分数。

脚本
游戏在这里开始，将流程传递到下一个函数，让游戏开始，也处理游戏的结束。

游戏
通过这里访问完整的游戏循环，此处允许还想玩的情况下再玩一次。

投掷
throws函数首先处理了获得初始牌的动作。此函数处理游戏中的所有玩家决策，同时将骰子最终结果传递到另一个函数。

牌面情况
还有一个特殊的功能，我们可以告诉玩家他们拿到的牌面。

做决定
这个版本的扑克骰子游戏有两轮，可以选择希望在这个小循环中重新掷出多少骰子，通过代码确保输入了正确的数字。

代码列表

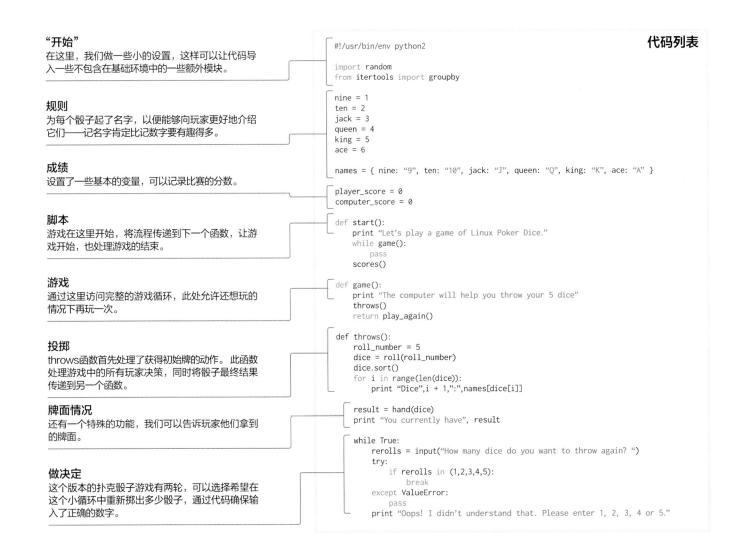

```python
#!/usr/bin/env python2

import random
from itertools import groupby

nine = 1
ten = 2
jack = 3
queen = 4
king = 5
ace = 6

names = { nine: "9", ten: "10", jack: "J", queen: "Q", king: "K", ace: "A" }

player_score = 0
computer_score = 0

def start():
    print "Let's play a game of Linux Poker Dice."
    while game():
        pass
    scores()

def game():
    print "The computer will help you throw your 5 dice"
    throws()
    return play_again()

def throws():
    roll_number = 5
    dice = roll(roll_number)
    dice.sort()
    for i in range(len(dice)):
        print "Dice",i + 1,":",names[dice[i]]

result = hand(dice)
print "You currently have", result

while True:
    rerolls = input("How many dice do you want to throw again? ")
    try:
        if rerolls in (1,2,3,4,5):
            break
    except ValueError:
        pass
    print "Oops! I didn't understand that. Please enter 1, 2, 3, 4 or 5."
```

重掷骰子

通过调用与之前相同的功能进行第二轮游戏，并在这里开启结束游戏，如果选择不重掷骰子，也意味着游戏结束。

骰子

在这里，我们发现玩家想要重新摇的骰子，同时也要验证他们的输入，确保是一个有效的数字。我们时刻都在打印一些提示，只是为了确保玩家知道他们在做什么。

第二手牌面

改变并显示新的骰子牌面并结束游戏。一定要告诉玩家他们最后到手的牌是什么。

掷骰子

重用的roll函数，使用一个简单的while循环来滚动虚拟骰子。这样能够控制代码数量。

分析

在扑克骰子中有8种可能的牌面，可以使用一些逻辑来判断牌面属于哪一种，而不是检查所有可能的7776种结果——事实上，我们只需要特别检查两种情况。

问题

通过简单的"play_again"函数分析玩家的输入，这样就可以重玩或结束游戏了。

结束

分数显示在脚本的末尾，最后一部分允许我们将本代码作为模块导入到其他Python脚本中。

💡 函数说明

将操作拆分为函数，不仅可以更轻松地多次执行它们，还可以有效地减少代码量。在较大的项目中，这可以帮助提升开发速度。

代码列表(续)

```python
if rerolls == 0:
    print "You finish with", result
else:
    roll_number = rerolls
    dice_rerolls = roll(roll_number)
    dice_changes = range(rerolls)
    print "Enter the number of a dice to reroll: "
    iterations = 0
    while iterations < rerolls:
        iterations = iterations + 1
        while True:
            selection = input("")
            try:
                if selection in (1,2,3,4,5):
                    break
            except ValueError:
                pass
            print "Oops! I didn't understand that. Please enter 1, 2, 3, 4 or 5."
        dice_changes[iterations-1] = selection-1
        print "You have changed dice", selection

    iterations = 0
    while iterations < rerolls:
        iterations = iterations + 1
        replacement = dice_rerolls[iterations-1]
        dice[dice_changes[iterations-1]] = replacement

    dice.sort()
    for i in range(len(dice)):
        print "Dice",i + 1,":",names[dice[i]]

    result = hand(dice)
    print "You finish with", result

def roll(roll_number):
    numbers = range(1,7)
    dice = range(roll_number)
    iterations = 0
    while iterations < roll_number:
        iterations = iterations + 1
        dice[iterations-1] = random.choice(numbers)
    return dice

def hand(dice):
    dice_hand = [len(list(group)) for key, group in groupby(dice)]
    dice_hand.sort(reverse=True)
    straight1 = [1,2,3,4,5]
    straight2 = [2,3,4,5,6]

    if dice == straight1 or dice == straight2:
        return "a straight!"
    elif dice_hand[0] == 5:
        return "five of a kind!"
    elif dice_hand[0] == 4:
        return "four of a kind!"
    elif dice_hand[0] == 3:
        if dice_hand[1] == 2:
            return "a full house!"
        else:
            return "three of a kind."
    elif dice_hand[0] == 2:
        if dice_hand[1] == 2:
            return "two pair."
        else:
            return "one pair."
    else:
        return "a high card."

def play_again():
    answer = raw_input("Would you like to play again? y/n: ")
    if answer in ("y", "Y", "yes", "Yes", "Of course!"):
        return answer
    else:
        print "Thank you very much for playing our game. See you next time!"

def scores():
    global player_score, computer_score
    print "HIGH SCORES"
    print "Player: ", player_score
    print "Computer: ", computer_score

if __name__ == '__main__':
    start()
```

```
01  #!/usr/bin/env python2

02  import random
    from itertools import groupby

03  nine = 1
    ten = 2
    jack = 3
    queen = 4
    king = 5
    ace = 6

    names = { nine: "9", ten: "10", jack: "J", queen: "Q", king: "K", ace: "A" }

04  player_score = 0
    computer_score = 0

05  def start():
        print "Let's play a game of Linux Poker Dice."
        while game():
            pass
        scores()

06  def game():
        print "The computer will help you throw your 5 dice"
        throws()
        return play_again()
```

💡 回收

一些变量在整个代码中都有重复，虽然我们一直小心地确保它们能够在需要的地方出现，但这并不是好的代码习惯，变量的名称并不是特别重要，以你理解的bug修复和其他人能够阅读的方式标记它们即可。

01 开始
和前面的案例一样，使用此行告知Python解释器的路径。这允许我们在终端内运行程序，或者在IDLE之类的特定于Python的IDE之外运行程序。请注意，还是将Python 2用于此脚本。

02 导入
除了为掷骰子导入的random模块之外，还需要指定分组的groupby函数，这样我们就可以在告诉玩家他们拥有什么样的牌面时，让玩家更易阅读，更容易分析他们手上的牌面如何。

03 牌
虽然我们使用掷骰子的方式生成的随机数字，但除非我们为每个数字分配正确的牌，否则玩家将无法明确地知道他们已经掷到了什么，以及怎样才能构成更好的牌面。我们将每张牌设置为一个数字，然后将这些牌打印出来。

04 分数
与之前一样，我们分别设定了玩家和计算机的分数变量，并赋值为0，这样我们可以随时更新他们的分数。虽然在这个版本的代码中没有使用它们，但它们很容易被扩展，可以添加电脑参与游戏掷骰子，或增加有限的AI。

05 开始
使用"start"函数启动代码的交互部分。它向玩家打印问候语，然后启动一个while循环，让玩家按照自己的意愿决定是否再玩一次。pass语句允许在完成后停止while循环。如果真的停止游戏，那么scores函数就会被调用。

06 游戏
就像剪刀、石头、布的代码，def game将其他功能导入游戏，其主要功能是允许我们通过将玩家传递到play_again函数来继续重复游戏。

07 掷骰子
第一次掷骰子，我们希望有五个随机骰子。我们在这里设置了一个变量来传递给throw函数，允许稍后使用玩家选择的不同数字重用它。我们从函数返回的列表中得到五个随机数，使用sort对它进行排序，使其对于玩家更具可读性，稍后对于hand函数也是如此。

08 骰子显示
打印出每个骰子，对它们进行编号，以便玩家知道哪个骰子是哪个，并对应脚本开头设置的名称。此处使用了循环，因为骰子列表很长，使用range(len(dic))参数。每回合都会增加i，并打印出特定数量的骰子列表。

09 手上的牌面
我们希望在游戏过程中知道玩家拥有的牌面，因此设置一个特定的函数来处理。我们将玩家所掷出的一系列骰子传递给这个函数，并打印出来。

```
07  def throws():
        roll_number = 5
        dice = roll(roll_number)
        dice.sort()
08      for i in range(len(dice)):
            print "Dice",i + 1,":",names[dice[i]]

09      result = hand(dice)
        print "You currently have", result

10      while True:
            rerolls = input("How many dice do you want to throw again? ")
            try:
                if rerolls in (1,2,3,4,5):
                    break
            except ValueError:
                pass
            print "Oops! I didn't understand that. Please enter 1, 2, 3, 4 or 5."
11      if rerolls == 0:
            print "You finish with", result
12      else:
            roll_number = rerolls
            dice_rerolls = roll(roll_number)
            dice_changes = range(rerolls)
            print "Enter the number of a dice to reroll: "
            iterations = 0
            while iterations < rerolls:
                iterations = iterations + 1
                while True:
                    selection = input("")
                    try:
                        if selection in (1,2,3,4,5):
                            break
                    except ValueError:
                        pass
13                  print "Oops! I didn't understand that. Please enter 1, 2, 3, 4 or 5."
            dice_changes[iterations-1] = selection-1
            print "You have changed dice", selection
```

缩进

在我们拆分else函数时再次观察缩进。以下页面的代码与代码中的roll_number、dice_rerolls和dice_changes处于同一级别。

空行

在throws最后的if函数，在各个部分之间没有空行——你可以根据需要添加空行，以便在视觉上将代码分解为更小的块，从而帮助调试。

10 再掷一次

在进行第二轮投掷骰子之前，需要知道玩家想要再次掷哪个骰子。通过询问玩家想要重掷多少颗骰子开始，这允许我们创建一个自定义while循环来询问用户想重掷多少颗骰子来决定正确循环的次数。

我们还必须确保它是在骰子个数范围内的一个数字，这就是为什么我们使用try函数进行检查，并打印出一条消息，告诉玩家他们是否输入错误。

11 坚持

我们在这些教程中尝试做的事情之一是指出逻辑，如何通过简单地执行排除或遵循流程图来减少大量代码。如果用户想要重新掷0个骰子，那么这意味着他们对自己的牌感到满意，因此就是游戏的结果。我们打印一条消息来表明这一点，并再次显示他们的牌面。

12 重掷骰子

这是开始第二轮掷骰子和游戏结束的地方，使用刚刚开始的if语句的else分支。首先要确保设置变量roll_number等于玩家期待重掷骰子的个数，传递到roll函数，并创建与重掷骰子的个数相同长度的列表，这要归功于range(rerolls)。

13 解析

要求玩家输入希望重新掷骰子的数值。通过设置迭代变量，可以将while循环与想要重新掷骰子的数值相同，方法是将它与reroll变量进行比较。我们检查玩家的每个输入以确保它是可以使用的数字，并将有效选项添加到dice_changes列表中。我们在这里使用iterations-1，因为Python列表从0开始而不是1。这里还打印一条消息，以便玩家知道是否成功。

```
14  iterations = 0
    while iterations < rerolls:
        iterations = iterations + 1
        replacement = dice_rerolls[iterations-1]
        dice[dice_changes[iterations-1]] = replacement

15  dice.sort()
    for i in range(len(dice)):
        print "Dice",i + 1,":",names[dice[i]]

    result = hand(dice)
    print "You finish with", result

16  def roll(roll_number):
        numbers = range(1,7)
17      dice = range(roll_number)
        iterations = 0
18      while iterations < roll_number:
            iterations = iterations + 1
            dice[iterations-1] = random.choice(numbers)
        return dice
```

8种牌面从高到低排序

哪种牌面最好？在游戏中获得某些牌面的概率是多少？答案令人惊讶，因为扑克骰子游戏基于不同牌面有不同的赔率。下面列出了将牌面从最高到最低的排序。

五张相同的牌…………… 6/7776
四张相同的牌………… 150/7776
三张相同和两张相同的牌………
………………………… 300/7776
顺子………………… 240/7776
三张相同…………………1200/7776
两对…………………………1800/7776
一对…………………………3600/7776
大牌………………… 480/7776

---

14 新骰子

重置iterations变量来执行while循环，对原始的骰子变量做重掷操作。这个while循环体主要是使用iterations-1变量从dice_changes列表中查找数字，并使用它来更改骰子列表中的特定位置并替换对应的数字，以此来完成重掷。因此，如果dice_changes列表中的第1项是2，那么骰子列表中的第2项将更改为我们要替换的数字。

15 排序

我们以与第1次投掷结束时基本相同的方式结束throws函数。首先，重新排序骰子列表，以便所有数字按升序排列。然后打印出骰子对应的牌，再将它传递给hand函数，这样就可以完全确定玩家所拥有的牌。我们打印出结果并结束这个功能，把整个结果发回game函数，询问玩家是否想再玩一次。

16 掷骰子

对于掷骰子，roll函数在代码中被用了两次。能够多次使用相同的代码，意味着我们可以在脚本的其余部分减少代码行

数，如此可以让代码运行得更快，正如我们已经提到的那样。在这种情况下，如果想将游戏更改为3轮，或者将其修改为真正的扑克游戏，也可以再次使用roll函数。

17 重掷的次数

我们将roll_number变量引入roll函数，这是因为在游戏刚开始时，掷骰子的次数总是5次，而第2次可以在1至5之间。我们创建一个列表，其中的元素个数和用户选择重掷所需的次数一样，并用作while循环所设置的迭代变量。

18 记忆运行

如目前为止其余代码中的while循环一样，这种循环将重复运行，直到iterations与roll_number相同。骰子列表中的每个元素都使用random模块替换为随机数。choice函数将生成numbers变量的范围内的随机数，即骰子上的1点到6点。完成此操作后，将dice变量返回到throws函数。

19 牌面分析

虽然这个游戏没用真正的扑克牌，但扑克的术语仍然适用。我们通过设置一些参数开始这个函数。第一部分使用导入的group by函数——用于计算构成dice变

量的数字，比如有三个2，一个4和一个5，它将返回[3,1,1]。我们通过它来确定玩家拥有什么样的牌。由于group by的输出不会按任何特定顺序排列，所以需要使用sort函数对其进行排序。但是，这里我们使用reverse = TRUE参数使分析更容易。

20 顺子

在扑克骰子游戏中，顺子或大牌的骰子个数是奇数，因为构成顺子或者大牌的牌不存在任何重复。但是，只有两种可能性，可以在扑克骰子中构成顺子，所以我们在这里创建了两个包含这两种情况的列表。然后我们可以先检查骰子是否满足这两种情况，如果不满足，那么玩家手里牌面肯定是大牌。

21 玩家的牌面

虽然看似冗长，但这一段实际上就是一个简单的if语句。正如我们前面所说，先检查它是否是两个顺子的情况之一。然后检查列表中的第一项是否为5，这种情况就是牌面是5张一样的；类似地，如果第一项是4，则牌面肯定是4张一样的。如果第一个数字是3，那么它的牌面构成可能是一组三张一样和一组两张一样，或者可能是只有一组三张一样其余两张不同的，所以我们嵌套了一个if语句。同样，我们对牌

```
19   def hand(dice):
         dice_hand = [len(list(group)) for key, group in groupby(dice)]
         dice_hand.sort(reverse=True)
20       straight1 = [1,2,3,4,5]
         straight2 = [2,3,4,5,6]

21       if dice == straight1 or dice == straight2:
             return "a straight!"
         elif dice_hand[0] == 5:
             return "five of a kind!"
         elif dice_hand[0] == 4:
             return "four of a kind!"
         elif dice_hand[0] == 3:
             if dice_hand[1] == 2:
                 return "a full house!"
             else:
                 return "three of a kind."
         elif dice_hand[0] == 2:
             if dice_hand[1] == 2:
                 return "two pair."
             else:
                 return "one pair."
         else:
             return "a high card."

22   def play_again():
         answer = raw_input("Would you like to play again? y/n: ")
         if answer in ("y", "Y", "yes", "Yes", "Of course!"):
             return answer
         else:
             print "Thank you very much for playing our game. See you next time!"

23   def scores():
         global player_score, computer_score
         print "HIGH SCORES"
         print "Player: ", player_score
         print "Computer: ", computer_score

24   if __name__ == '__main__':
         start()
```

文本编辑器

除了我们建议的IDE，你也应该尝试在文本编辑器中编码。有些文本编辑器非常简洁，格式代码类似于IDE的方式，按颜色分隔函数和字符串等。这里推荐几款文本编辑器，比如经典的gedit，一个来自GNOME桌面的流行文本编辑器；Geany，它有一些IDE特色功能；TEA，多功能文本编辑和项目管理；Jedit，命令行文本编辑器，用于最小化资源使用。这些编辑器也可以与多种编程语言一起使用，因此你可以习惯一下用它们来使用Python，然后进行切换。

作业

此版本的游戏目前没有得分。尝试添加电脑作为玩家，或创建需要特定的牌面规则，甚至可以让它成为一个双人游戏。

面有对牌的执行此操作，可能有一对对牌或两对对牌。如果所有其他可能性都排除了，那么，它只能是一副大牌。我们对结果以文本字符串形式发送回throws函数，以便可以打印它。

22 再玩一次
和以前一样，会询问并通过玩家输入来判定是否希望再玩一次。我们假设玩家会根据指定的文本选择yes响应，如果没有收到这些预设的回应，会打印消息感谢

他们玩游戏，然后结束游戏。

23 最终得分
回到start函数，比赛结束后会进入结果宣布环节。这部分非常简单，它调用scores函数，分数是整数形式，然后打印玩家和计算机的分数。就玩家而言，这就是脚本的结束。目前的代码做不到永久保存分数，如果需要保存。可以修改脚本，让Python将分数写入文件以保存分数。

24 模块
代码的最后一部分允许通过两种方式使用脚本。首先，可以在命令行中执行，它将正常工作。另外，我们可以将其导入到另一个Python脚本中，如果你想将其作为游戏添加到集合中，就可以这么做，它不会在导入时执行代码。

为Python游戏创建图形界面

使用Python GUI将所有内容结合在一起，
并在规划自己的软件时迈出下一步。

到目前为止，我们在Python中制作的三个游戏都是在命令行中运行的，或者通过Python IDE运行。 虽然这三个游戏展示了使用Python代码的不同方法，但实际上还没有向你展示如何呈现它。在本教程中，我们将把三个游戏都放到一个整齐统一的图形界面中。

为此，我们将利用在前面每个游戏教程底部添加的代码行，让我们可以将它们作为模块导入到主图形脚本中。我们还将修改现有代码以添加一些图形元素。为了做到这一切，我们将使用Tkinter，这是Python中的一个默认模块，允许使用非常简单的代码创建窗体。

本教程所需要的只是Python的最新副本，来自发行方的存储库或网站，以及IDLE开发环境。这也适用于树莓派的发行版，例如Raspbian。

资源

Python2: www.python.org/download
IDLE: www.python.org/idle

开始
在这里，我们做了一些小的设置，包括导入一个新的模块Tkinter，帮助我们创建一个简单的图形界面。

导入模块
导入在前面的教程中创建的三个游戏，这样我们就可以调用或使用它们。

创建窗口
创建一个图形窗口，并给它一个名称，这样我们就可以向它添加一些函数。

框架
定义窗口的尺寸，并为对象在其中的位置提供参数。

欢迎界面
在窗口中打印消息并将其放置在特定的位置，这与print的工作方式略有不同。

按钮
本教程的重点是让剪刀、石头、布在图形界面中工作，所以我们正在调用一个我们创建的新函数。

接口
创建和格式化按钮，以在命令行或在shell中启动其他两个教程中学到的游戏。

退出
在这里我们创建一个按钮，退出窗口并结束脚本。我们还专门把它放在窗口的底部。

循环
主循环允许主窗口持续工作，并在不退出程序的情况下进行更新，除非你有其他安排。

主接口代码列表

```python
#!/usr/bin/env python2

#Linux User & Developer presents: Mega Microgrames Collection

from Tkinter import *

import rockpaperscissors
import hangman
import pokerdice

root = Tk()
root.title ("Linux User & Developer's Mega Microgames Collection")

mainframe = Frame(root, height = 200, width = 500)
mainframe.pack_propagate(0)
mainframe.pack(padx = 5, pady = 5)

intro = Label(mainframe, text = """Welcome to Linux User & Developers Mega
Microgames Collection.
Please select one of the following games to play:
""")
intro.pack(side = TOP)

rps_button = Button(mainframe, text = "Rock, Paper, Scissors", command =
rockpaperscissors.gui)
rps_button.pack()

hm_button = Button(mainframe, text = "Hangman", command = hangman.start)
hm_button.pack()

pd_button = Button(mainframe, text = "Poker Dice", command = pokerdice.start)
pd_button.pack()

exit_button = Button(mainframe, text = "Quit", command = root.destroy)
exit_button.pack(side = BOTTOM)

root.mainloop()
```

新导入的模块

导入新模块，使我们能够创建剪刀、石头、布的GUI部分，删除了不再需要的模块。

新接口

新的主函数允许玩家在按下rps_button时调用游戏脚本，其中包含游戏组件和图形组件。

新的start函数

我们更改了start函数，使其在完成后不再进入分数功能。我们还删除了score函数，因为我们对分数进行了不同方式的记录，确保可以正确显示。

新的game函数

我们改变了game函数，现在它从图形界面获取玩家的输入。我们使用一个新的变量来实现与GUI一起工作，否则它的工作方式和以前大致相同。

新result函数

result函数基本保持不变，只是现在它将结果消息发送到我们用于接口的变量，并且通常使用新的GUI变量。

新窗体

由于已经有一个"mainloop"根窗口，我们用另一种方法创建了一个游戏窗口。我们也给它一个名字，以便能够正确识别它。

新的变量

我们设置了新变量，以便它们可以正确地与游戏代码和界面代码进行交互。我们还确保为玩家设置默认选项，以便代码正常运行。

新框架

使用与以前不同的方法确定游戏窗口的大小和布局。我们还允许将元素锚定在窗口周围的某些位置。

新的选择

在这里，我们将单选按钮放置在窗口中，使玩家可以在三种选择中选择一个。然后将其传递给变量并由游戏代码使用。

新的猜拳

在这里，我们将计算机的选择显示在"Computer"标签下。

新按钮

按下play按钮，我们将从这里开始运行游戏脚本，打印出分数，最后根据结果打印消息。

新的结尾

我们改变了代码的结尾，所以主脚本现在从gui函数开始，而不是从start函数开始。

修改后的剪刀、石头、布代码列表

```python
#!/usr/bin/env python2

# Linux User & Developer presents: Rock, Paper, Scissors: The Video Game: The Module

from Tkinter import *
from ttk import *
import random

def gui():

    rock = 1
    paper = 2
    scissors = 3

    names = { rock: "Rock", paper: "Paper", scissors: "Scissors" }
    rules = { rock: scissors, paper: rock, scissors: paper }

    def start():
        while game():
            pass

    def game():
        player = player_choice.get()
        computer = random.randint(1, 3)
        computer_choice.set(names[computer])
        result(player, computer)

    def result(player, computer):
        new_score = 0
        if player == computer:
            result_set.set("Tie game.")
        else:
            if rules[player] == computer:
                result_set.set("Your victory has been assured.")
                new_score = player_score.get()
                new_score += 1
                player_score.set(new_score)
            else:
                result_set.set("The computer laughs as you realise you have been defeated.")
                new_score = computer_score.get()
                new_score += 1
                computer_score.set(new_score)

    rps_window = Toplevel()
    rps_window.title ("Rock, Paper, Scissors")

    player_choice = IntVar()
    computer_choice = StringVar()
    result_set = StringVar()
    player_choice.set(1)
    player_score = IntVar()
    computer_score = IntVar()

    rps_frame = Frame(rps_window, padding = '3 3 12 12', width = 300)
    rps_frame.grid(column=0, row = 0, sticky=(N,W,E,S))
    rps_frame.columnconfigure(0, weight=1)
    rps_frame.rowconfigure(0,weight=1)

    Label(rps_frame, text='Player').grid(column=1, row = 1, sticky = W)
    Radiobutton(rps_frame, text ='Rock', variable = player_choice, value = 1).grid(column=1, row=2, sticky=W)
    Radiobutton(rps_frame, text ='Paper', variable = player_choice, value = 2).grid(column=1, row=3, sticky=W)
    Radiobutton(rps_frame, text ='Scissors', variable = player_choice, value = 3).grid(column=1, row=4, sticky=W)

    Label(rps_frame, text='Computer').grid(column=3, row = 1, sticky = W)
    Label(rps_frame, textvariable = computer_choice).grid(column=3, row=3, sticky = W)

    Button(rps_frame, text="Play", command = start).grid(column = 2, row = 2)

    Label(rps_frame, text = "Score").grid(column = 1, row = 5, sticky = W)
    Label(rps_frame, textvariable = player_score).grid(column = 1, row = 6, sticky = W)

    Label(rps_frame, text = "Score").grid(column = 3, row = 5, sticky = W)
    Label(rps_frame, textvariable = computer_score).grid(column = 3, row = 6, sticky = W)

    Label(rps_frame, textvariable = result_set).grid(column = 2, row = 7)

if __name__ == '__main__':
    gui()
```

Python基础知识

```
01  #!/usr/bin/env python2

    #Linux User & Developer presents: Mega Microgrames Collection

02  from Tkinter import *

03  import rockpaperscissors
    import hangman
    import pokerdice

04  root = Tk()
    root.title ("Linux User & Developer's Mega Microgames Collection")

05  mainframe = Frame(root, height = 200, width = 500)
    mainframe.pack_propagate(0)
    mainframe.pack(padx = 5, pady = 5)

06  intro = Label(mainframe, text = """"Welcome to Linux User & Developers Mega Microgames Collection.
    Please select one of the following games to play:
    """)
    intro.pack(side = TOP)

07  rps_button = Button(mainframe, text = "Rock, Paper, Scissors", command = rockpaperscissors.gui)
    rps_button.pack()

08  hm_button = Button(mainframe, text = "Hangman", command = hangman.start)
    hm_button.pack()

    pd_button = Button(mainframe, text = "Poker Dice", command = pokerdice.start)
    pd_button.pack()

09  exit_button = Button(mainframe, text = "Quit", command = root.destroy)
    exit_button.pack(side = BOTTOM)

    root.mainloop()
```

💡 主窗口

此代码创建的主界面窗口非常基础，但它包含了我们需要的功能。窗口退出按钮将执行与Quit Button相同的工作，并且Hangman和Poker Dice按钮将在Python shell中运行旧的游戏脚本。

01 第一行
开始，我们需要在这里告诉程序Python解释器的路径。这允许我们在终端内或在特定的Python IDE (如IDLE) 之外运行程序。请注意，我们还对此特定脚本使用Python 2。

02 导入图形库
Tkinter是我们正在使用的图形界面库，虽然它是标准的Python库，但需导入模块以便使用它。使用了"from [module] import*"方法，以便我们可以在用该模块中的函数时无需在开头添加Tkinter。

03 导入游戏
将三个游戏导入模块。我们在每个脚本的底部都添加了一行if__name__ == '__main__':……，以便我们可以执行此导入操作。为了确保区分每个游戏中的函数（三个游戏的代码中有相同的名称的函数），我们必须在使用函数时指定[module].[function]，确保代码不会发生错误。

04 "Root" 窗口
使用Tk()函数创建将要往里面放内容的窗口。我们暂时把它称为root，其实只要能保持一致，可以给它命名为任何你喜欢的名字。我们还使用Tkinter的title命令使用一串文本命名窗口。

05 主框架
第一行让我们在接口中将变量mainframe设置为Frame。我们已经将它附加root主窗口，并给它一个最小高度和宽度（单位是像素）。我们使用pack_propogate创建窗口，然后确保它是我们定义的大小。然后使用pack来填充边框，使窗口的内容不会碰到它的两侧。

06 介绍
我们创建intro变量作为需要实时显示在主框架中的信息。我们给它提供文本来介绍界面，使用三个双引号使其更好地跨越多行。然后我们使用pack来显示它，并告诉Tkinter将它放在界面的顶部。

```
#!/usr/bin/env python2

# Linux User & Developer presents: Rock, Paper, Scissors: The Video Game: The Module

from Tkinter import *
from ttk import *
import random

def gui():

    rock = 1
    paper = 2
    scissors = 3

    names = { rock: "Rock", paper: "Paper", scissors: "Scissors" }
    rules = { rock: scissors, paper: rock, scissors: paper }

    def start():
        while game():
            pass

    def game():
        player = player_choice.get()
        computer = random.randint(1, 3)
        computer_choice.set(names[computer])
        result(player, computer)
```

Python Shell

其他两款游戏按下按钮时，与之前的方式相同，将在shell中，或通过命令行运行。

07 剪刀、石头、布

我们使用Button函数为剪刀、石头、布游戏创建一个按钮。我们把这个按钮放在主框架中，使用按钮上text属性为其添加标签，使用command属性让它运行命令rockpaperscissors.gui。此处我们使用具有gui功能的修改过的rockpaperscissors.py代码。然后使用pack将它放在窗口中。

08 其他游戏

对于其他两个游戏，代码大致相同。但是，我们在两者中都调用了start函数。这将导致游戏在shell或命令行中运行，与它们以前运行的效果一样。

09 打破循环

exit_button与我们创建的其他按钮工作方式类似，它使用命令command = root.destroy。这个命令结束了用root.mainloop()创建的循环，root.mainloop()允许接口代码持续循环，允许不断使用它。我们将退出按钮放在窗口底部，通过代码

"side = BOTTOM"实现。

10 游戏代码

除了一些导入模块有变化之外，代码的开头没有其他改变。在命令行中运行它的代码仍然存在，只需进行一些修改，代码将独立于主界面运行。我们删除了不需要的time模块，不仅导入了Tkinter模块，还导入了ttk模块。ttk模块允许我们在网格中安排GUI，将更容易使用和理解。

11 游戏界面

我们对这个脚本所做的最大改变之一是将它全部包含在一个函数"def gui()"中。接口代码需要放入函数中，否则接口代码可能在导入期间运行。虽然我们选择将整个代码放在一个函数中，但你也可以尝试将图形界面代码放在单独的函数中。我们所有的变量都保存在这里，以便它们仍能正常工作。

12 游戏变量

变量保持不变，这样我们就可以与原始代码进行对比。我们已经将它们放入函数内，这样它们就不会影响其他导入的代码。因此当调用这个函数时，我们不需要使用global来引入它们。

13 start函数

我们已经从start函数中删除了调用score函数的部分，因为现在有接口处理得分。它仍然会调用游戏功能，将其置于一个循环中，以便可以连续使用。界面调用此功能，通过设置计算机选择，然后将其与玩家的选择进行比较来开始游戏。

14 游戏功能

游戏功能进行了一些修改，以确保它与界面同步。首先，使用我们创建的特殊变量player，存储通过player_choice.get()获取的玩家的选择。我们为计算机做了类似的事情，使用"set"来改变游戏界

```
15    def result(player, computer):
          new_score = 0
16        if player == computer:
              result_set.set("Tie game.")
          else:
              if rules[player] == computer:
                  result_set.set("Your victory has been assured.")
17                new_score = player_score.get()
                  new_score += 1
                  player_score.set(new_score)
              else:
                  result_set.set("The computer laughs as you realise you have been defeated.")
18                new_score = computer_score.get()
                  new_score += 1
                  computer_score.set(new_score)

19    rps_window = Toplevel()
      rps_window.title ("Rock, Paper, Scissors")

      player_choice = IntVar()
      computer_choice = StringVar()
20    result_set = StringVar()
      player_choice.set(1)
      player_score = IntVar()
      computer_score = IntVar()
```

游戏窗口

在默认状态下，游戏窗口将选择石头，不会显示任何消息。一旦玩家选择，该消息将显示在底部，并且将打印计算机的选择。此菜单上没有退出按钮，单击窗口退出将返回主界面。

面computer_choice值中的变量。我们仍然使用name变量来将computer_choice转化为文本。然后以与我们之前相同的方式传递player和computer变量。

15 result函数
result函数仍然需要与以前相同的两个变量作为参数，我们在game函数中传递了这两个变量。虽然从技术上讲我们可以使用为接口设置的变量，但这些变量不是严格的整数，如果处理不当会导致错误。考虑到这一点，我们创建了一个初始值为0的new_score变量，可以使用它来有效地清理接口值，然后再重新进行计算。

16 平局
确定结果的逻辑与以前相同。我们首先进行简单的检查——玩家和计算机变量的数值是否相同。这次改变的是我们使用Tkinter的set函数将"平局"信息发送到result_set变量，而不是打印文本。

17 玩家赢
if语句继续检查玩家是否赢了。与之前一样，使用设置的规则进行代码的比较。像在平局判定中一样设置result_set，向用户发送不同的消息。最后，我们将new_score变量设置为当前玩家得分，通过使用get函数进行获取，由于赢了加1分，然后再次使用set将其放回player_score变量。不能将+=与player_score变量一起使用，因为它不是标准的变量。

18 玩家输
整个if语句的这一部分与以前的工作方式相同，假设它不是平局或玩家胜利，那就是玩家输了。与新版本的窗口界面代码一样，它通过使用set来更改显示给玩家的消息，并通过将其放入new_score变量来调用和更改计算机分数。

19 新窗口
由于原始窗口是mainloop的一部分，我们不能像在主界面代码中那样使用Tk()创建窗口。我们使用Toplevel()来创建它。这允许窗口单独运行并在主窗口前运行。我们还给它起了一个名字，它不会在这个过程中改变主窗口的名称。

20 接口变量
这就是我们必须以不同方式调用和更改变量的原因。对于Tkinter，我们需要让接口知道变量是整数还是文本值。IntVar整数值和StringVar文本值分别定义了接口变量。我们还将player_choice变量设置为1，也就是将石头设置为默认选择。这样，在游戏启动时至少会有一个默认选择，不会导致错误。

21 游戏框架
游戏界面的框架，与我们为主界面创建的框架略有不同。我们使用网格来确保定位的方式对玩家更友好，而不是在主界面中使用pack命令。padding设置值，以确保框架中的项目不会触及窗口的边缘。然后使用.grid命令创建此框架。行和列变量允许行和列包含在窗口的结构中，

```
21  rps_frame = Frame(rps_window, padding = '3 3 12 12', width = 300)
    rps_frame.grid(column=0, row = 0, sticky=(N,W,E,S))
    rps_frame.columnconfigure(0, weight=1)
    rps_frame.rowconfigure(0,weight=1)

22  Label(rps_frame, text='Player').grid(column=1, row = 1, sticky = W)
    Radiobutton(rps_frame, text ='Rock', variable = player_choice, value = 1).grid(column=1, row=2,
    sticky=W)
    Radiobutton(rps_frame, text ='Paper', variable = player_choice, value = 2).grid(column=1, row=3,
    sticky=W)
    Radiobutton(rps_frame, text ='Scissors', variable = player_choice, value = 3).grid(column=1,
    row=4, sticky=W)

23  Label(rps_frame, text='Computer').grid(column=3, row = 1, sticky = W)
    Label(rps_frame, textvariable = computer_choice).grid(column=3, row=3, sticky = W)

24  Button(rps_frame, text="Play", command = start).grid(column = 2, row = 2)

25  Label(rps_frame, text = "Score").grid(column = 1, row = 5, sticky = W)
    Label(rps_frame, textvariable = player_score).grid(column = 1, row = 6, sticky = W)

    Label(rps_frame, text = "Score").grid(column = 3, row = 5, sticky = W)
    Label(rps_frame, textvariable = computer_score).grid(column = 3, row = 6, sticky = W)

    Label(rps_frame, textvariable = result_set).grid(column = 2, row = 7)

26  if __name__ == '__main__':
        gui()
```

skicky允许我们证明具有特定方向的项目——当前的选择是顶部、左侧、右侧和底部对齐。最后,我们确保对每个列和行进行相同的处理,通过赋予它们相同的权重并从零开始。

22 玩家的选择区

为Player创建一个标签,并将其分配到第1行第1列的网格位置。使用"sticky = W"让它靠左。然后我们为玩家的选择添加单选按钮,按钮位于同一列,依次下移1行。我们为每个选择命名,然后将其分配给player_choice变量。每个选择都具有与我们在规则中设定的不同选择对应的数值。

23 计算机的选择

我们在这里显示计算机的选择。首先,我们标记这是Computer的选择,然后创建第二个标签显示计算机的实际选

择,我们通过向Label添加textvariable参数,并使用我们之前在game函数中更新的computer_choice变量来完成此操作,打印文本,并左对齐。

24 点击Play按钮

代码的运行取决于Play按钮。这很简单:把它放在玩家和计算机之间,作为三列式系统的一部分;它使用command参数运行start函数。由于界面是循环的,如果想继续玩,可以按下按钮,而不需要play_again函数。退出窗口会返回主界面窗口,这意味着我们不需要特定的退出按钮。

25 计算得分

我们要显示两个分数:一个是玩家得分,另一个是计算机得分。我们标记得分与标记玩家和计算机选择的方式相同,将它们放在较低的行但仍在对应的列中。

所以,我们再次使用textvariable参数来获取分数。最后,我们创建另一个标签来显示游戏结果的消息。

26 结束游戏

代码的最后一部分允许主窗口使用该脚本,并允许它在命令行或shell中使用时自行运行。你需要执行一些修改才能使其自行运行,例如:将其作为主窗口而不是Toplevel窗口。但是,无需从主界面启动它就可以正常运行。

将图形带入
简单的Python游戏中

改写Hangman和扑克骰子代码的图形界面，完成三个游戏的合集。

现在我们已经为之前制作的三个Py-thon游戏创建了一个简单的选择器。该界面能够为石头、剪刀、布游戏启动GUI，并在终端中运行另外两个游戏。现在我们将转换Hangman和扑克骰子代码，让它们也可以用图形化的方式工作。

改造Hangman游戏的诀窍在于允许不同类型的输入，文本以及具有多轮游戏的能力。Tkinter允许文本输入，我们更少依赖

"while"循环来完整地玩游戏。扑克骰子需要保留骰子分析代码，以及使用复选框更改特定骰子的选项。

我们将修改大量的原始代码以适应新的图形方案。这主要涉及剪掉特定的部分并使用Tkinter-specific代码处理。本节页面中的代码列表包括修改后的代码——我们将在以下页面中讨论图形部分。

资源

Python2: www.python.org/download
IDLE: www.python.org/idle

1 导入
做一个设置，包括获取Tkinter 模块，以便创建一个简单的图形界面。

2 Word变量
保留了要被猜测的单词的变量，以便在代码中的任何地方都能访问。

3 gui函数
把大部分原始代码放到gui函数中。

4 分析
选择一个单词并对其进行分析，然后继续执行代码的其余部分。

5 图形
Hangedman函数基本保持不变，增加了新的代码，以便在图形界面上显示ASCII图形。

6 猜测
检查玩家猜错的次数，并调用gue-ss_letter函数来检查输入的字母。

```python
01  from Tkinter import *
    from ttk import *
    from random import *
02  word = 0
    word_length = 0
    clue = 0

03  def gui():
        global word, word_length, clue
04      dictionary = ["gnu","kernel","linux","magei
    a","penguin","ubuntu"]
        word = choice(dictionary)
        word_length = len(word)
        clue = word_length * ["_"]
        tries = 6

        def hangedman(hangman):
            graphic = [
    """
        +-------+
        |       |
        |       0
        |      -|-
        |      / \
05
    ===============
    """]
            graphic_set = graphic[hangman]
            hm_graphic.set(graphic_set)

        def game():
            letters_wrong = incorrect_guesses.get()
            letter=guess_letter()
            first_index=word.find(letter)
06          if  first_index == -1:
                letters_wrong +=1
                incorrect_guesses.set(letters_
    wrong)
            else:
                for i in range(word_length):
```

Hangman代码列表

```python
                if letter == word[i]:
                    clue[i] = letter
        hangedman(letters_wrong)
        clue_set = " ".join(clue)
        word_output.set(clue_set)
        if letters_wrong == tries:
            result_text = "Game Over. The word
    was " + word
            result_set.set(result_text)
            new_score = computer_score.get()
            new_score += 1
            computer_score.set(new_score)
        if "".join(clue) == word:
            result_text = "You Win! The word
    was " + word
            result_set.set(result_text)
            new_score = player_score.get()
            new_score += 1
            player_score.set(new_score)

    def guess_letter():
        letter = letter_guess.get()
        letter.strip()
        letter.lower()
        return letter

    def reset_game():
        global word, word_length, clue
        incorrect_guesses.set(0)
        hangedman(0)
        result_set.set("")
        letter_guess.set("")
        word = choice(dictionary)
        word_length = len(word)
        clue = word_length * ["_"]
        new_clue = " ".join(clue)
        word_output.set(new_clue)

if __name__ == '__main__':
    gui()
```

1 更多模块的导入

导入了新的模块，需要使用Tkinter工作，其他同理。

2 骰子列表

包含骰子的列表保存在主函数之外，以便在任何地方访问。

3 掷骰子

掷骰子roll函数也是如此，它不需要在gui函数内。

4 玩家决策

稍后要创建的图形代码中的复选框，提供可以让代码分析的数字。我们检索这些数字并找出用户希望重新投掷的骰子。

5 牌面

牌面分析hand函数是保留在gui函数之外的原始代码的最后一部分。这个函数和上面的函数都有返回值，然后被添加到新接口的新图形元素中。

6 玩家选择不重掷骰子

如果玩家没有选择任何骰子进行重掷，则hand函数输出将更改为显示最终消息。

7 玩家选择重掷骰子

这一部分几乎和以前一样——一组新的骰子被重掷，然后像以前一样插入骰子列表中，并重新排序，使牌面分析更容易。

8 更多函数

新的gui函数是对扑克骰子代码的最主要更改，包括Tkinter元素和原始代码的其他部分。

9 游戏开始

一个简单的函数，可以用来启动骰子的重掷。

10 新的牌面

新骰子的命名、分析，然后将一切都设置好，让gui函数显示最终结果。

11 重置

就像Hangman代码一样，有一个函数来重置所有变量，允许你在代码中的所有点再次访问游戏。Python 2不允许在嵌套函数中调用全局变量，而在Python 3中，则可能从外层的gui函数中找到。

扑克骰子代码列表

01
```python
from Tkinter import *
from ttk import *
import random
from itertools import groupby
```

02
```python
dice = 0
```

03
```python
def roll(roll_number):
    numbers = range(1,7)
    dice = range(roll_number)
    iterations = 0
    while iterations < roll_number:
        iterations = iterations + 1
        dice[iterations-1] = random.choice(numbers)
    return dice
```

04
```python
def hand(dice):
    dice_hand = [len(list(group)) for key, group in groupby(dice)]
    dice_hand.sort(reverse=True)
    straight1 = [1,2,3,4,5]
    straight2 = [2,3,4,5,6]
    if dice == straight1 or dice == straight2:
        return "a straight!"
    elif dice_hand[0] == 5:
        return "five of a kind!"
    elif dice_hand[0] == 4:
        return "four of a kind!"
    elif dice_hand[0] == 3:
        if dice_hand[1] == 2:
            return "a full house!"
        else:
            return "three of a kind."
    elif dice_hand[0] == 2:
        if dice_hand[1] == 2:
            return "two pair."
        else:
            return "one pair."
    else:
        return "a high card."
```

05
```python
def gui():
    global dice
    dice = roll(5)
    dice.sort()
    nine = 1
    ten = 2
    jack = 3
    queen = 4
    king = 5
    ace = 6
    names = { nine: "9", ten: "10", jack: "J", queen: "Q", king: "K", ace: "A" }
    result = "You have " + hand(dice)
```

06
```python
    def game():
        throws()

    def throws():
```

07
```python
        global dice
        dice1_check = dice1.get()
        dice2_check = dice2.get()
        dice3_check = dice3.get()
        dice4_check = dice4.get()
        dice5_check = dice5.get()
        dice_rerolls = [dice1_check, dice2_check, dice3_check, dice4_check, dice5_check]
```

08
```python
        for i in range(len(dice_rerolls)):
            if 0 in dice_rerolls:
                dice_rerolls.remove(0)
        if len(dice_rerolls) == 0:
            result = "You finish with " + hand(dice)
            hand_output.set(result)
        else:
```

09
```python
            roll_number = len(dice_rerolls)
            number_rerolls = roll(roll_number)
            dice_changes = range(len(dice_rerolls))
            iterations = 0
            while iterations < roll_number:
                iterations = iterations + 1
                dice_changes[iterations-1] = number_rerolls[iterations-1]
            iterations = 0
            while iterations < roll_number:
                iterations = iterations + 1
                replacement = number_rerolls[iterations-1]
                dice[dice_changes[iterations-1]] = replacement
            dice.sort()
            new_dice_list = [0,0,0,0,0]
            for i in range(len(dice)):
                new_dice_list[i] = names[dice[i]]
            final_dice = " ".join(new_dice_list)
            dice_output.set(final_dice)
```

10
```python
            final_result = "You finish with " + hand(dice)
            hand_output.set(final_result)
```

11
```python
    def reset_game():
        global dice
        dice = roll(5)
        dice.sort()
        for i in range(len(dice)):
            empty_dice[i] = names[dice[i]]
        first_dice = " ".join(empty_dice)
        dice_output.set(first_dice)
        result = "You have " + hand(dice)
        hand_output.set(result)

if __name__ == '__main__':
    gui()
```

```python
#!/usr/bin/env python2

from Tkinter import *
from ttk import *
from random import *
word = 0
word_length = 0
clue = 0

def gui():
    global word, word_length, clue
    dictionary = ["gnu","kernel","linux","mageia","penguin","ubuntu"]
    word = choice(dictionary)
    word_length = len(word)
    clue = word_length * ["_"]
    tries = 6

    def hangedman(hangman):
        graphic = [
        """

         +-------+
         |       |
         |       O
         |      -|-
         |      / \
         |
        ===============
        """]
        graphic_set = graphic[hangman]
        hm_graphic.set(graphic_set)

    def game():
        letters_wrong = incorrect_guesses.get()
        letter=guess_letter()
        first_index=word.find(letter)
        if  first_index == -1:
            letters_wrong +=1
            incorrect_guesses.set(letters_wrong)
        else:
            for i in range(word_length):
                if letter == word[i]:
                    clue[i] = letter
        hangedman(letters_wrong)
        clue_set = " ".join(clue)
        word_output.set(clue_set)
        if letters_wrong == tries:
            result_text = "Game Over. The word was " + word
            result_set.set(result_text)
            new_score = computer_score.get()
            new_score += 1
            computer_score.set(new_score)
        if "".join(clue) == word:
            result_text = "You Win! The word was " + word
            result_set.set(result_text)
            new_score = player_score.get()
            new_score += 1
            player_score.set(new_score)
```

01 导入模块
导入必要的模块random，随机抽取要使用的单词；Tkinter，使用图形界面代码；ttk，使用网格代码，用于进行界面布局，对齐不同的元素。

02 全局变量
将这三个变量保留在gui函数之外，以便在代码中随时访问。Python 2不允许在嵌套函数中调用全局变量，在

Python 3中则可从外层的gui函数中找到。

03 图形功能
将所有代码放入gui函数中，以便可以从主界面激活它们。这样可以在不弹出游戏窗口的情况下将Hangman代码导入接口，并且只有在激活gui函数时才运行它。

04 随机挑选词语
我们引入全局的三个变量，这样就可以在整个代码中修改它们，然后设置单词。与以前一样，从单词列表中选择一个随机项，并确定单词长度，设置显示clue。

05 Hangman图形
Hangman图形与之前最主要的区别在于，我们将在界面中显示它们，而不是将它们打印出来。当调用该函数并选择图形时，它将放置在为显示结果而在接口代码中设置的变量中。

06 游戏开始
对玩家输入的字母的所有分析都是在这个函数中完成的。为此，首先从设置的变量中获取那些不正确的猜测，以便接口可以在我们需要的时候访问它。然后获取界面中输入字段中的字母，以便它可以与其余代码一起使用。

07 检查字母
检查字母的代码基本不变——字母被取出来，并与查找的单词进行比较，以查看它是否与其中一个字母匹配。通过If 语句判断，如果不是单词中的字母，则不正确的猜测次数incorrect_guesses变量自增1；如果猜对了，则更新clue变量，并将字母添加到正确的位置。

08 更新界面
这三行设置了本轮的图形显示，将当前clue作为字符串连接在一起，然后将其设置在变量上，以便接口进行读取。

09 更新分数
和以前一样，检查player是赢还是输。输或赢都会显示一条消息来告知结果，并使用set更新图形界面中的胜负得分。

10 对玩家的输入进行"消毒"
guess_letter函数纯粹是从玩家输入变量中获取字母，去掉两边的空白，全

💡 **你输了**
当你的猜测次数用完了，游戏就会停止。如果你愿意，你也可以重置游戏再次玩。

```
10   def guess_letter():
         letter = letter_guess.get()
         letter.strip()
         letter.lower()
         return letter

     def reset_game():
         global word, word_length, clue
         incorrect_guesses.set(0)
         hangedman(0)
         result_set.set("")
         letter_guess.set("")
         word = choice(dictionary)
         word_length = len(word)
         clue = word_length * ["_"]
         new_clue = " ".join(clue)
         word_output.set(new_clue)

11   hm_window = Toplevel()
     hm_window.title ("Hangman")
     incorrect_guesses = IntVar()
     incorrect_guesses.set(0)
12   player_score = IntVar()
     computer_score = IntVar()
     result_set = StringVar()
     letter_guess = StringVar()
     word_output = StringVar()
     hm_graphic = StringVar()

13   hm_frame = Frame(hm_window, padding = '3 3 12 12', width = 300)
     hm_frame.grid(column=0, row = 0, sticky=(N,W,E,S))
     hm_frame.columnconfigure(0, weight=1)
     hm_frame.rowconfigure(0,weight=1)

14   Label(hm_frame, textvariable = hm_graphic).grid(column=2, row = 1)
     Label(hm_frame, text='Word').grid(column=2, row = 2)
     Label(hm_frame, textvariable = word_output).grid(column=2, row = 3)

15   Label(hm_frame, text='Enter a letter').grid(column=2, row = 4)
     hm_entry = Entry(hm_frame, exportselection = 0, textvariable = letter_guess).grid(column = 2, row = 5)
     hm_entry_button = Button(hm_frame, text = "Guess", command = game).grid(column = 2, row = 6)

16   Label(hm_frame, text = "Wins").grid(column = 1, row = 7, sticky = W)
     Label(hm_frame, textvariable = player_score).grid(column = 1, row = 8, sticky = W)
     Label(hm_frame, text = "Losses").grid(column = 3, row = 7, sticky = W)
     Label(hm_frame, textvariable = computer_score).grid(column = 3, row = 8, sticky = W)
     Label(hm_frame, textvariable = result_set).grid(column = 2, row = 9)
     replay_button = Button(hm_frame, text = "Reset", command = reset_game).grid(column = 2, row = 10)

     if __name__ == '__main__':
         gui()
```

原接口

你还需要前面教程中的接口代码，该代码已经适用于修改后的剪刀、石头、布代码。之前的方式意味着它无法使用新代码，因此你必须更改按钮中的命令，从 [game].start 到 [game].gui。

```
hm_button = Button(mainframe, text = "Hangman", command = hangman.gui)
hm_button.pack()

p1_button = Button(mainframe, text = "Poker Dice", command = pokerdice.gui)
p1_button.pack()
```

hangman图形用户界面

按更新的hangman按钮启动一个新窗口。在这里，我们有初始的图形、单词线索和与玩家互动的输入框。分数设置为零，并且由于尚未开始游戏，所以不会显示任何结果信息。

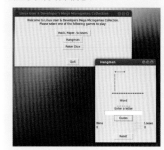

部改成小写，然后将其返回到game函数。这样就可以正确使用这个字母了。

11 新窗口
我们像上个次一样使用Tkinter的Toplevel命令来分隔主界面和游戏窗口。然后我们将它命名为Hangman。

12 接口变量
Tkinter只使用特定的变量，已经创建了需要或可以在这里使用的所有变量。IntVars整数型，StringVars字符串型。我们使用了get和set方法，在整个代码中与这些变量交换存储值。

框架设置与以前一样

13 框架窗口
框架的设置方式与之前相同。从窗口边缘填充框架，设置网格，设置靠哪边对齐，并允许设置在特定行和列的对象。

14 Hangman的clue
这些标签很简单，要么让它们显示固定文本，要么让它们显示特定文本变量的值，以便在玩游戏时对它们进行更新。

15 文本录入
设置了一个文本框便于玩家输入字母。exportselection参数可以立即将文本框中的字母复制到剪贴板，textvariable参数是指定保存文本框中内容的变量。该按钮激活game函数，分析玩家输入的字母。

16 结果和重置
代码的其余部分与之前执行的操作类似：显示特定的文本标签和更改的scores、result的文本。激活reset功能的按钮放在底部。最后两行允许我们将模块导入到其他代码中。

Python基础知识

17 重新开始

和其他代码一样，在这里确保命令行的兼容性并导入相关的模块。此处专门导入了groupby函数用于骰子分析。

18 外部骰子

该游戏在任何时候都只有一个变量显示，那就是骰子。同样，由于嵌套函数，并且使用的是Python 2，需要从这里调用全局函数，以确保游戏能正确被重置。

19 掷骰子

roll函数已从gui函数中删除，以免在某些变量中产生代码错误。它可以在嵌套函数中轻松调用，没有改变原来的代码。

20 牌面

判断牌面的功能没有改变，放置在gui函数之外。这意味着，如需要可以轻松地将此函数导入到另一个脚本中使用。

21 图形用户界面启动

将所有GUI代码放入一个函数中，以便可以在需要的时候调用它。在这种情况下，按下主界面中的扑克骰子按钮可以激活pokerdice.gui，这就是此函数。

22 第一掷

当窗口打开时，立即进行第一次掷骰子。然后对其进行排序，将每个数字映射为一张牌，创建结果并显示在主窗口中。这与以前的工作方式类似，但现在却在脚本快结束时将结果输入StringVars接口。

23 开始游戏

当点击启动游戏的按钮时，会立即执行代码的其余部分。从代码可以看出，如果你让按钮直接对接到throws函数，这也会起作用。为什么要这么做呢？因为如果你希望在启动游戏时运行更多功能，可以将其他函数添加到此部分。

24 玩家选择骰子

我们要做的第一件事就是找出玩家勾选了哪些复选框，然后将它们放在一个列表中，这样就可以更改正确的骰子了。我们还调用了roll函数，这样就可以检查当前的骰子牌面是什么。

```python
#!/usr/bin/env python2

from Tkinter import *
from ttk import *
import random
from itertools import groupby
dice = 0

def roll(roll_number):
    numbers = range(1,7)
    dice = range(roll_number)
    iterations = 0
    while iterations < roll_number:
        iterations = iterations + 1
        dice[iterations-1] = random.choice(numbers)
    return dice

def hand(dice):
    dice_hand = [len(list(group)) for key, group in groupby(dice)]
    dice_hand.sort(reverse=True)
    straight1 = [1,2,3,4,5]
    straight2 = [2,3,4,5,6]
    if dice == straight1 or dice == straight2:
        return "a straight!"
    elif dice_hand[0] == 5:
        return "five of a kind!"
    elif dice_hand[0] == 4:
        return "four of a kind!"
    elif dice_hand[0] == 3:
        if dice_hand[1] == 2:
            return "a full house!"
        else:
            return "three of a kind."
    elif dice_hand[0] == 2:
        if dice_hand[1] == 2:
            return "two pair."
        else:
            return "one pair."
    else:
        return "a high card."

def gui():
    global dice
    dice = roll(5)
    dice.sort()
    nine = 1
    ten = 2
    jack = 3
    queen = 4
    king = 5
    ace = 6
    names = { nine: "9", ten: "10", jack: "J", queen: "Q", king: "K", ace: "A" }
    result = "You have " + hand(dice)

    def game():
        throws()

    def throws():
        global dice
        dice1_check = dice1.get()
        dice2_check = dice2.get()
        dice3_check = dice3.get()
        dice4_check = dice4.get()
        dice5_check = dice5.get()
        dice_rerolls = [dice1_check, dice2_check, dice3_check, dice4_check, dice5_check]
```

💡 额外的游戏功能

game函数不一定需要现在就使用。你可以清理代码并将其删除，也可以添加额外的功能，例如能够随机选择新的骰子，或者改成双人游戏。大胆尝试你心中的想法吧！

💡 扑克骰子图形的玩家界面

有两项内容在最初的窗口中被打印出来。第一套按我们原来的方式，显示当前骰子构成的牌面。激活复选框选择骰子，使用"Reroll"按钮重新掷骰子。

```
      for i in range(len(dice_rerolls)):
25        if 0 in dice_rerolls:
              dice_rerolls.remove(0)
      if len(dice_rerolls) == 0:
26        result = "You finish with " + hand(dice)
          hand_output.set(result)
      else:
          roll_number = len(dice_rerolls)
          number_rerolls = roll(roll_number)
          dice_changes = range(len(dice_rerolls))
27        iterations = 0
          while iterations < roll_number:
              iterations = iterations + 1
              dice_changes[iterations-1] = number_rerolls[iterations-1]
          iterations = 0
          while iterations < roll_number:
              iterations = iterations + 1
              replacement = number_rerolls[iterations-1]
              dice[dice_changes[iterations-1]] = replacement
          dice.sort()
          new_dice_list = [0,0,0,0,0]
28        for i in range(len(dice)):
              new_dice_list[i] = names[dice[i]]
          final_dice = " ".join(new_dice_list)
          dice_output.set(final_dice)
          final_result = "You finish with " + hand(dice)
          hand_output.set(final_result)

   def reset_game():
       global dice
       dice = roll(5)
       dice.sort()
       for i in range(len(dice)):
           empty_dice[i] = names[dice[i]]
       first_dice = " ".join(empty_dice)
       dice_output.set(first_dice)
       result = "You have " + hand(dice)
       hand_output.set(result)

   pd_window = Toplevel()
   pd_window.title ("Poker Dice")
   dice_output = StringVar()
   empty_dice = [0,0,0,0,0]
   for i in range(len(dice)):
       empty_dice[i] = names[dice[i]]
   first_dice = " ".join(empty_dice)
   dice_output.set(first_dice)
   hand_output = StringVar()
29 hand_output.set(result)
   dice1 = IntVar()
   dice2 = IntVar()
   dice3 = IntVar()
   dice4 = IntVar()
   dice5 = IntVar()
   result_set = StringVar()
   player_score = IntVar()
   computer_score = IntVar()

   pd_frame = Frame(pd_window, padding = '3 3 12 12', width = 300)
   pd_frame.grid(column=0, row = 0, sticky=(N,W,E,S))
   pd_frame.columnconfigure(0, weight=1)
   pd_frame.rowconfigure(0,weight=1)
   Label(pd_frame, text='Dice').grid(column=3, row = 1)
   Label(pd_frame, textvariable = dice_output).grid(column=3, row = 2)
   Label(pd_frame, textvariable = hand_output).grid(column=3, row = 3)

   Label(pd_frame, text='Dice to Reroll?').grid(column=3, row = 4)
   reroll1 = Checkbutton(pd_frame, text = "1", variable = dice1, onvalue = 1, offvalue
= 0).grid(column=1, row = 5)
   reroll2 = Checkbutton(pd_frame, text = "2", variable = dice2, onvalue = 2, offvalue
= 0).grid(column=2, row = 5)
30 reroll3 = Checkbutton(pd_frame, text = "3", variable = dice3, onvalue = 3, offvalue
= 0).grid(column=3, row = 5)
   reroll4 = Checkbutton(pd_frame, text = "4", variable = dice4, onvalue = 4, offvalue
= 0).grid(column=4, row = 5)
   reroll5 = Checkbutton(pd_frame, text = "5", variable = dice5, onvalue = 5, offvalue
= 0).grid(column=5, row = 5)
   pd_reroll_button = Button(pd_frame, text = "Reroll", command = game).grid(column =
3, row = 6)
   replay_button = Button(pd_frame, text = "Reset", command = reset_game).grid(column
= 3, row = 7)

if __name__ == '__main__':
    gui()
```

💡 一个窗口

我们制作这些Tkinter接口的方法是让游戏在一个单独的窗口中启动。但通过将原始界面的标签和按钮放入不同的函数或类，可以将它们全部放在一个窗口中运行。请确保在游戏中添加一个退出按钮，让你能够返回到主页。

"复选按钮是新内容"

25 重掷骰子
如果未选中复选框，我们将其设置为0。我们希望从列表中删除它们，以便更改正确的骰子，因此我们使用**for**循环检查列表的每个元素，然后在元素等于0时使用删除函数。

26 提前完成
如果未选择要重新掷的骰子，则列表所有元素都是0，然后将其删除。这个列表的长度也将是0，这意味着如果玩家点击reroll，但没选择任何骰子，我们可以使用它来结束游戏。

27 新骰子
这个**else**函数的工作原理与之前大致相同。我们首先要获得需要重掷多少骰子的必要信息，并生成一个重新掷骰子的列表。然后重掷符合玩家要求的新骰子。

28 游戏结束
我们使用相同的**while**循环来替换原始列表中的数字，然后对骰子进行重新排序、分析、连接成字符串，再设置为接口的变量，最后的牌面信息被创建和设置。

29 图形变量
当我们在游戏启动时就掷过一次骰子，但界面代码直到最后才开始，你可以看到在创建必要的变量后，我们也会初始化它们。值得注意的是，在添加到变量之前，必须使用**for**循环将骰子分别制成一个字符串。

30 检查按钮
此代码的主要新增功能是带有**checkbutton**的复选按钮。你可以设置一个on和off值，默认值为0。我们已经对其进行了设置，以便check按钮返回与它们正在改变的骰子相同的数字。**variable**参数设置特定Tkinter变量的结果。

将Python嵌入到C语言中

在这里，我们将学习如何在C语言编写的程序中使用Python代码，以充分利用这两种语言。

有的时候，在C程序中，你可能想执行一段Python代码。例如，你可能希望能在程序中运行用户的代码。这意味着你可以让用户通过使用插件来扩展程序的功能。做到这一点的方法是将Python嵌入到C程序中。

这里我们将研究如何嵌入、如何运行Python代码，以及如何与你设置的 Python 解释器进行交互。这是Python本身内置的功能，因此除了Python和GCC的开发包之外，你不需要在树莓派上安装任何额外的功能。你需要使用以下命令安装它们。

```
sudo apt-get install python-dev gcc
```

安装完成后，你就拥有了编译代码所需的所有工具。

第一步是启动解释器。若要访问所需的函数，必须将以下行添加到C源代码文件的头部。

```
#include <Python.h>
```

现在可以开始嵌入Python了。你需要的第一个函数是void Py_Initialize()。在初始化解释器之前，可以调用的其他函数包括Py_SetPythonHome()、Py_SetProgramName()、PyEval_InitThreads()、PyEval_ReleaseLock()和PyEval_AcquireLock()。完成此功能后，就可以开始与此解释器进行交互了。这将启动解释器，并加载核心模块__builtin__、__main__和sys。对于其他模块，可以使用函数void Py_SetPython-Home(char *home)设置搜索路径，解释器将在其中查找模块。如果需要这些信息，可以使用char*Py_GetPythonHome()函数找到当前模块路径。

但是，它没有设置sys.argv。需要使用函数void PySys_SetArgvEx（int argc，char**argv，int updatepath）。这样你可以访问Python代码所需的任何命令行参数。你可以使用函数int Py_

IsInitialized()来检查解释器是否已正确初始化。它返回true（非零）或false（零）的整数。使用新解释器的最简单方法是使用函数int PyRun_SimpleString（const char*command）。此函数采用包含一些任意位代码的字符串。如果要运行多行代码，可以使用换行符\n分隔行。例如，你可以打印出角度的正弦值。

```
PyRun_SimpleString("import math\na
= math.sin(45)\nprint('The sine of
45 is ' + a)");
```

此函数是int PyRun_SimpleString-Flags(const char *command, Py-CompilerFlags *flags)的简化版本。这不仅需要命令字符串，还需要Python编译器的编译器标志结构。你需要在线检查开发文档以查看这些编译器标志的详细信息。假设你有一个更复杂的代码要执行，有相同的函数可以使用Python脚本文件，简化版本为int PyRun_SimpleFile(FILE*fp, const char*filename)。你实际上提交了两个对脚本的引用。第一个是从C函数fopen()获取的文件句柄，用于打开脚本文件，第二个是刚刚打开的脚本的名称。你需要使用读取权限打开脚本文件。现在还需要担心程序是否在文件系统上具有正确的文件权限才能打开此脚本。正确的编码意味着你应该检查此调用fopen()以验证它是否已完成并为你提供了有效的文件句柄。此简化版本不使用任何编译器标志，并在函数返回后关闭文件句柄。该函数的完整版本是int PyRun_SimpleFileExFlags（FILE const char*filename, int closeit, PyCompilerFlags*flags）。如果closeit为true，则关闭文件句柄。如果脚本是你想要多次运行的内容，请将closeit设置为false，以便文件句柄保持打开状态。你可以在flags结构中为Python解释器设置任何标志，类似于PyRun_Simple-StringFlags()函数调用。如果这种运行代码的简单方法不够强大，那么有一些方法可以更直接的方式与解释器进行交互。第

一步是学习如何在Python解释器和C程序主体之间来回发送数据。基本工作流程是将C变量转换为Python相同功能，然后调用你想要使用的Python函数，并将Python结果转换回C语言中的元素。Python是面向对象的语言，因此与之通信的核心解释器与Py_Object一起发生。这为你可以用来与Python通信的所有其他类型的对象提供了基础。如使用以下命令创建Python字符串对象。

```
PyObject *pName;
pName = PyString_FromString("print
('Hello World')");
```

然后你可以在使用Python函数时使用此Python对象。还可以从C代码访问Python函数。可以在PyObject中存储对函数的引用，就像使用数据对象一样。第一步是获取相关模块的函数名称字典。

```
my_module = PyImport_AddModule("__
main__");
my_dict = PyModule_GetDict(my_
module);
```

一旦有了字典，可以通过以下方式获得对特定函数的引用。

```
my_func = PyDict_GetItemString(my_
dict, func_name);
```

执行此操作后，你会发现func_name是包含你要访问的函数的字符串，然后可以使用以下命令运行该函数。

```
PyObject_CallObject(my_func, NULL);
```

有了这个访问权限，基本上就能够在Python中做任何你想要做的事情了。

到目前为止，我们一直在专门研究与Python解释器交互的代码。但有时你会

扩展你的Python

了解如何对发布的 APK 进行数字签名并将其上传到你选择的应用商店

使用Python解释器，不仅限于已有的内容，还可以通过在C代码中使用自己的方法和数据定义自己的Python对象来扩展可用功能。然后可以从Python解释器中调用这些新创建的对象。它们被定义为静态对象，代码如下。

```
static PyObject* my_func(PyObject *self, PyObject *args) {
    ...
}
```

新的PyObject包含用于新对象的方法的可执行代码。你还需要创建一个方法定义，以便能够使用Python解释器注册详细信息。你可以通过创建PyMethodDef数组来完成此操作。

```
static PyMethodDef my_methods[] =
{
    {"my_method", my_func, METH_VARARGS,
        "This is my method"},
    {NULL, NULL, 0, NULL}
};
```

完成这两个部分后，基本上就已准备好开始使用新的模块代码了。你需要使用以下函数对其进行初始化。

```
Py_InitModule("my_module", my_methods);
```

现在你可以在Python代码中导入此新模块，就像系统上安装的任何其他模块一样。在Python代码中，可以写为：

```
import my_module
my_module.my_method()
```

有一点需要注意，这种控制也为你带来了巨大的责任。例如，你需要担心对象的引用计数等问题；解释器的垃圾收集器需要知道何时可以删除对象；每次指向新创建的对象时，都需要增加引用计数；每次删除引用时，都需要递减计数器。

你还可以在单个程序中创建多个子解释器。可使用函数Py_NewInterpreter()创建一个新的子解释器。这样，你可以同时运行多个Python线程，并且大多数是独立运行的。完成后，可以使用函数Py_EndInterpreter()关闭它们。

希望允许最终用户访问解释器。在这些情况下，你可能希望授予你的用户访问完整Python控制台的权限。你可以使用函数调用Py_Main(argc，argv)做这样的事情，可以从程序的C端交出argc和argv。这适用于基于控制台的程序，但对于GUI程序，你需要创建某种终端窗口以允许用户与Python解释器进行交互。此控制台将自动继续运行，直到用户显式退出Python。你需要做的最后一件事是在翻译后清理。可以使用函数void Py_Finalize()执行此操作。此函数的主要问题是它以随机顺序销毁对象。如果它们依赖于其他对象，则可能无法正确清理它们。如果你再次尝试重新初始化解释器，则可能由于不完整的终结步骤而失败。

现在已经编写了程序，你需要编译它。你需要包含标志以告诉编译器在哪里可以找到所有内容，对此可以从Python本身获得这些。使用命令python—config—cflags可以获得编译所需的标志。你还需要知道在哪里可以找到要链接的库，这些库可以与python—config—ldflags一起使用。完成所有这些后，即使在另一个程序中，也可以在任何地方访问Python。

代码列表

```
# 一种运行Python代码的简单方法
#include <Python.h>

int main(int argc, char *argv[]) {
    Py_SetProgramName(argv[0]);
    # 初始化Python interpreter
    Py_Initialize();
    # 运行Python代码
    PyRun_SimpleString("from time import time,ctime\n"
                "print 'Today is',ctime(time())\n");
    # 别忘了清理
    Py_Finalize();
    return 0;
}
------------------------------------
# 可以创建交互式Python控制台
#include <Python.h>

int main(int argc, char *argv[]) {
    Py_Initialize();
    Py_Main(argc, argv);
    Py_Finalize();
}
------------------------------------
# 甚至可以运行脚本文件
#include <Python.h>

int main(int argc, char *argv[]) {
    FILE *fp;
    Py_Initialize();
    fp = fopen("my_script.py", "r");
    PyRun_SimpleFile(fp, "my_script.py");
    Py_Finalize();
    fclose(fp);
}
```

💡 为什么选择 Python

这是树莓派的官方语言。阅读 python.org/doc 的文档。

与Python一起工作

```
2013-04-21 14:27:55.333252 client2 has joined.
2013-04-21 14:27:59.383522 client2 says: Hi
2013-04-21 14:28:09.799543 client1 says: Hi
2013-04-21 14:28:19.703694 client1 has quit.
2013-04-21 14:28:26.727603 Server has quit.
```

client2 [   ] Send

"大多数Linux发行版都包含一个Python解释器，以便运行系统脚本"

74

Add-on Information

LUD Reddit Viewer

Type: Media sources
Author: LUD
Version: 0.0.1
Rating:
Summary: LUD Ent Example

Description
LUD Example Addon to demonstrate XBMC Extension System. Orig
AddonScriptorDE.

Configure

Update

Uninstall

Disable

Rollback

Change log

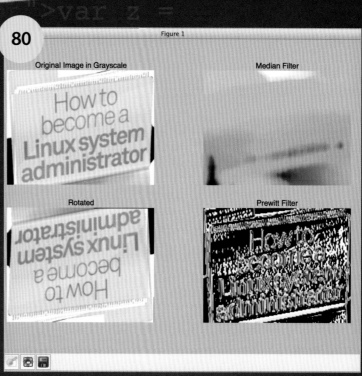

80

Figure 1

Original Image in Grayscale

How to become a Linux system administrator

Median Filter

Rotated

Prewitt Filter

面向专业人士的 Python

Python被世界各地的网络开发人员、工程师和学术研究人员所依赖。以下介绍如何将你的Python技能用于专业领域。

系统管理

充分利用Python处理所有日常维护，以保持你的系统正常运行。

当你必须维护自己的系统，系统管理任务会是你需要处理的一些最烦人的事情。 正因为如此，系统管理员一直在努力寻找自动化这些任务的方法，以最大限度地节约他们的时间。他们从基本的shell脚本开始，然后转到各种脚本语言。长期以来，Perl一直是开发这类维护工具的首选语言。但现在Python语言也越来越受欢迎，并且大多数Linux发行版都有一个Python解释器来运行系统脚本。

系统管理需要做很多系统级别的工作，所以你将最需要几个关键的Python模块。第一个模块是"os"，此模块提供了与基础系统交互的大部分接口。通常的第一步是查看脚本运行的环境，以查看哪里可能存在哪些信息来帮助指导你的脚本。下面的代码提供了一个映射对象，你可以在该对象中与现在处于活动状态的环境变量进行交互。

```
import os
os.environ
```

可以使用函数"os.environs.keys()"获取可用环境变量的列表，然后访问单个"os.environs[key]"。生成子进程时也会使用这些环境变量。因此，你需要更改值，例如PATH或当前工作目录，以便正确运行这些子进程。虽然有一个"putenv"函数可以编辑这些值，但并不是所有系统上都有。因此，更好的方法是直接在环境映射中编辑值。

你可能想要自动化的另一类任务是处理文件。例如，可以使用代码获取当前工作目录。

```
cwd = os.getcwd()
```

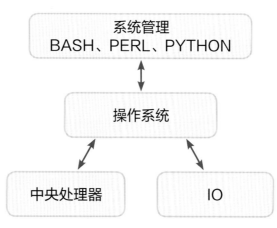

系统管理
BASH、PERL、PYTHON

操作系统

中央处理器　　IO

左侧的Python脚本使你能够指挥操作系统并与之交互

然后，你可以获取此目录中的文件列表。

```
os.listdir(cwd)
```

你可以使用函数"os.chdir(new_path)"在文件系统中移动。找到你感兴趣的文件后，可以使用"os.open()"打开它，然后对它进行阅读、写入或追加。你可以使用函数"os.read()"和"os.write()"读取或写入。完成后，可以使用"os.close()"关闭文件。

从Python运行子进程

Unix的基本原理是构建小型专业程序，这些程序可以很好地完成一项工作。然后将这些小程序链接在一起以构建更复杂的行为。对此我们没有理由不在Python脚本中使用相同的原理来完成这些。你可以使用多种实用程序，只需要很少的工作。之前的处理方式是通过使用os模块中的"popen()"和"spawnl()"等函数，但运行其他程序的更好方法是使用子进程模块。然后，你可以使用以下命令启动程序，如ls：

```
import subprocess
subprocess.run(['ls', '-l'])
```

这为你提供了当前目录的长文件列表。函数"run()"是在Python 3.5中引入的，是建议的处理方法。如果你的是低版本，或者你需要更多控制，那么你可以使用我们之前提到的基础"popen()"函数。如果要获取输出，可以使用以下命令：

```
cmd_output = subprocess.run(['ls', '-l'], stdout=subprocess.PIPE)
```

变量"cmd_output"是一个Completed Process对象，它包含返回码和一个包含stdout输出的字符串。

使用cron进行调度

一旦你的脚本全部写完了，你可能希望安排它们自动运行而无需你的干预。在Unix系统上，你可以让cron在任何必要的时间点上运行你的脚本。实用程序"crontab-l"列出了cron文件的当前内容，"crontab-e"允许你编辑希望cron运行的预定作业。

网站开发

Python有几个框架可用于各种web开发任务。下面我们来了解一下其中比较受欢迎的几个。

通过在服务器上托管大部分的计算和内容，Web应用程序可以更好地保证最终用户的一致体验。 流行的Django框架提供了一个非常完整的插件环境，并以DRY原则工作（不要重复自己）。因此，你应该能够非常快速地构建Web应用程序。由于Django是基于Python构建的，因此可以使用"sudo pip install Django"进行安装。大多数发行版也都有一个Django包。根据你对应用程序的处理方式，你可能需要安装MySQL或postgresql等数据库来存储应用程序数据。

Django实用程序可用于自动生成新项目代码的命令如下。

```
django-admin startproject newsite
```

此命令创建名为"manage.py"的文件和名为"newsite"的子目录。文件"manage.py"包含几个可用于管理新应用程序的实用程序功能。新创建的子目录包含文件"__init__.py""settings.py""urls.py"和"wsgi.py"。这些文件及其所在的子目录包含一个Python包，可在你的网站启动时加载。可以在"settings.py"文件中找到你网站的核心配置。URL声明（基本上是你网站的目录）存储在文件"urls.py"中。文件"wsgi.py"包含兼容WSGI的Web服务器的入口点。

应用程序完成后，应将其托管在配置正确和强健的Web服务器上。但如果你正在开发Web应用程序，这将很不方便。为了解决该问题，Django在框架中内置了一个Web服务器，可以通过将目录更改为"newsite"项目目录并运行以下命令来启动它。

```
python manage.py runserver
```

这将启动Web服务侦听本地计算机上的端口

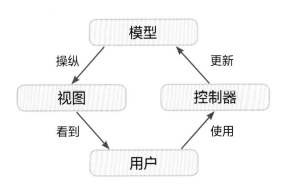

8000。由于此内置服务器旨在用于开发，因此它会自动为每个请求重新加载Python代码。这意味着你无需重新启动服务器即可查看代码更改。

所有这些步骤都可以让你进入一个有效的项目。现在就可以开始开发应用程序了。在"newsite"子目录中可以输入。

```
python manage.py startapp newapp
```

这将创建一个名为"newapp"的新子目录，其中包含"models.py""tests.py"和"views.py"等文件。最简单的视图包括如下代码。

```
from django.http import HttpResponse
def index(request):
 return HttpResponse("Hello world")
```

但是，这还不足以使其可用，还需要为视图创建URLconf。如果文件"urls.py"尚不存在，请创建它，然后添加如下代码。

```
from django.conf.urls import url
from . Import views
 urlpatterns = [ url(r'^$', views.index,
 name='index'), ]
```

最后一步是在项目中注册 URL，可以使用如下代码执行此操作。

```
from django.conf.urls import include, url
from django.contrib import admin
urlpatterns = [ url(r'^newapp/',
include('newapp.urls')),
url(r'^admin', admin.site.urls), ]
```

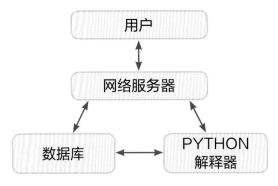

左图：Python解释器与你的数据库一起使用以支持Web服务器

底部图：模型−视图−控制器框架通常用于UI

虚拟环境

当你开始开发自己的应用程序时，你可能会发现不断遇到依赖包带来的麻烦。Python包之间的依赖，这是它的优势，也是它的弱点。对此有virtualenv可以帮助你解决问题。你可以为每个项目创建新的虚拟环境，通过虚拟环境可以确保每个项目都有自己的所有依赖项。

使用PyCharm IDE

```
untitled - [~/PycharmProjects/untitled] - test1.py - PyCharm Community Edition 5.0.2
File  Edit  View  Navigate  Code  Refactor  Run  Tools  VCS  Window  Help
untitled ⟩ test1.py

Project                                    test1.py ×
  untitled ~/PycharmProjects/untitled-       import scipy
    test1.py
  External Libraries                         result = scipy.sin(45.0)
```

Tool Windows Quick Access
Hover over the icon below to access tool windows
Click the icon to make tool windows buttons visible

Got it!

Desktop entry created: You may now exit PyCharm and start it from the system menu // (restart a session if a new entry seem to not... (2 minutes ago) 2 processes running... 3:25 n/a UTF-8

编辑窗格
编辑窗格可以配置为你自己喜欢的样式，也可以配置成其他编辑器的样式，比如emacs。它处理语法高亮显示，甚至显示错误位置。

项目窗格
此窗格是项目保存的位置，你的所有文件和库都位于此处。在窗格中单击右键会弹出一个快捷菜单，你可以在其中添加新的文件或库、运行单元测试，甚至启动调试器。

状态栏
PyCharm在幕后做了很多工作，状态栏可帮助你跟踪所有后台进程。

这需要放在主项目的"urls.py"文件中。现在可以访问URL **http://localhost:8000/newapp/** 来访问你新创建的应用程序。

许多应用程序的最后一部分是数据库端。数据库存有连接详细信息（比如用户名和密码），包含在"settings.py"文件中。此连接信息用于同一项目中存在的所有应用程序。你可以使用以下命令为站点创建核心数据库表。

```
python manage.py migrate
```

对于自己的应用程序，可以在文件"models.py"中定义所需的数据模型。创建数据模型后，可以将应用程序添加到"settings.py"的INSTALLED_APPS部分，以便django知道将其包含在任何数据库中。按如下所示初始化。

```
python manage.py makemigrations newapp
```

创建这些迁移后，需要使用以下命令将它们应用于数据库。

```
python manage.py migrate
```

每次更改模型时，都需要运行makemigrations并再次迁移步骤。

完成应用程序后，可以迁移到最终的托管服务器。在为开发代码付出大量心血之前，不要忘记检查Django框架中的可用代码。

终端开发环境

在开发应用程序时，可能需要打开几个不同的终端窗口，以便打开代码编辑器，在服务器上安装监视器，并可能测试输出。你在自己的机器上这样做不是问题，但如果你在远程工作，应该考虑使用tmux，它可以为你提供更强大的终端环境。

其他Python框架

虽然Django是最受欢迎的Web开发框架之一，但它绝不是唯一的框架，还有其他一些可用的适合特定场景的框架。例如，如果你正在寻找一个真正独立的框架，可以查看web2py，从数据库到Web服务器到票务系统，你需要能够拥有完整系统的所有内容都包含在框架中。它足够独立，甚至可以从USB驱动器运行。

如果你需要更简洁的框架，则可以使用几个迷你框架。例如，CherryPy是一个纯粹的Pythonic多线程Web服务器，你可以将其嵌入到自己的应用程序中。这实际上是TurboGears和web2py附带的服务器。非常受欢迎的微框架是一个名为flask的项目，它包括集成的单元测试支持，jinja2模板和RESTful请求调度。

最古老的框架之一是zope，现在最新为版本3，最新版本更名为BlueBream。然而，Zope非常初级。你可能更感兴趣的是查看基于zope提供的其他一些框架。例如，pyramid是一个非常快速，且易于使用的框架，专注于大多数Web应用程序所需的最基本功能。为此，它提供模板、静态内容的提供、URL到代码的映射，以及其他功能。它处理这个问题，同时提供应用程序的安全性。

如果你正在寻找一些灵感，那么有几个使用这些框架构建的开源项目，从博客、论坛到票务系统。当你构建自己的应用程序时，这些项目可以提供一些最佳实践。

科学计算

Python正迅速成为计算科学的首选语言。

Python已成为科学计算中使用的关键语言之一。Python有大量的软件包可用于处理你可能要处理的几乎所有任务，重要的是，Python知道它不擅长什么。为了解决这个问题，Python被设计为可以轻松地合并来自C或FORTRAN的代码。这样，你可以将任何繁重的计算转嫁到更高效的代码中。

大多数科学代码的核心包都是numpy。Python中的一个问题是语言的面向对象性质是其效率低下的根源。没有严格的类型，Python总是需要检查每个操作的参数。Numpy提供了一种新的数据类型，即数组，有助于解决其中的一些问题。数组只能容纳一种类型的对象，因为Python知道这一点，所有可以使用一些优化来加速，逼近用C或FORTRAN直接编写代码所能达到的效果。差异的典型例子是for循环。假设你想要按某个值缩放矢量，例如a*b，在常规Python中，如下所示。

```
for elem in b:
c.append(a * elem)
In numpy, this would look like:
  a*b
```

因此，它不仅更快，而且还以更短、更清晰的形

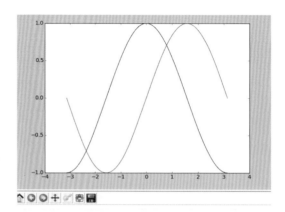

左图numpy包使你可以轻松地显示数据

式编写。除了新的数据类型之外，numpy还提供了最常用的所有运算符的重载形式，如乘法或除法。它还提供了几个函数的优化版本，如trig函数，以利用这种新的数据类型。

建立在numpy之上最大的可用的包是scipy。scipy提供了几个科学领域的子包。在导入主scipy包之后，需要单独导入这些子包。例如，如果你正在使用微分方程，可以使用"integrate"部分，使用如下所示的代码来解决问题。

并行Python

Ipython（或jupyter）真正强大的部分之一是，它是使用客户端/服务器（C/S）模型构建的。这意味着将多台计算机设置为服务器池更容易。然后，你可以将多个任务分配给其他计算机，以完成更多工作。虽然这并没有并行运行任何特定函数，但它确实允许你在后台运行其他函数时在后台运行更长的函数。

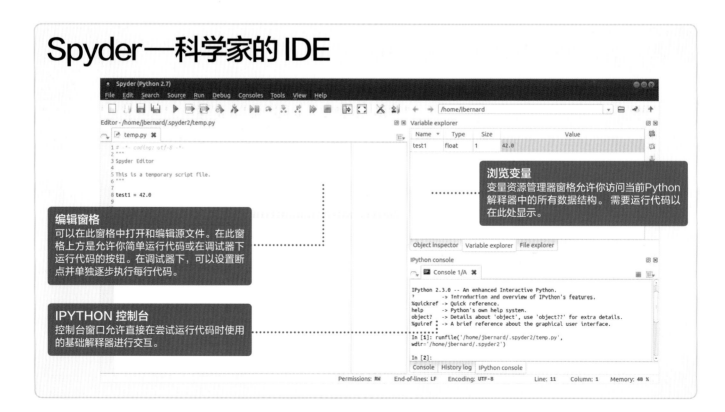

Spyder—科学家的IDE

编辑窗格
可以在此窗格中打开和编辑源文件。在此窗格上方是允许你简单运行代码或在调试器下运行代码的按钮。在调试器下，可以设置断点并单独逐步执行每行代码。

IPYTHON 控制台
控制台窗口允许直接在尝试运行代码时使用的基础解释器进行交互。

浏览变量
变量资源管理器窗格允许你访问当前Python解释器中的所有数据结构。需要运行代码以在此处显示。

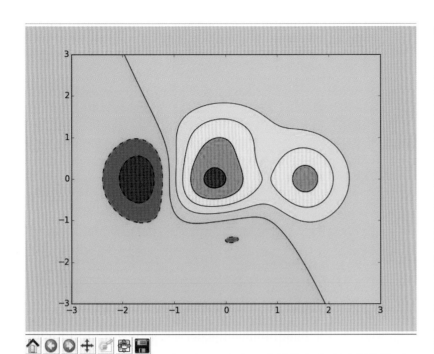

上图生成复杂图的能力至关重要

```
import scipy
import scipy.integrate
result = scipy.integrate.quad(lambda x:
sin(x), 0, 4.5)
```

几乎每个科学领域都有微分方程。可以使用"stats"部分进行统计分析。如果要进行某些信号处理，可以使用"signal"部分和"fftpack"部分。对于想要进行任何科学处理的人来说，这个套餐绝对是第一选择。

收集数据后，通常需要对其进行绘图，以便获得直观视觉印象。可以使用的主要包是matplotlib。如果你在R中使用过图形包，你会发现matplotlib的核心设计借用不少里面的想法。图表有低级和高级两类功能。高级函数尝试处理尽可能多的琐事，例如创建绘图窗口、绘制轴、选择坐标系。低级函数使你可以几乎控制绘图的每个部分，从绘制单个像素到控制绘图窗口的每个方面。它还借用了将图形绘制到基于内存的窗口中的想法，这意味着它可以在群集上运行时绘制图形。

如果需要使用运算符计算，你可能更习惯使用Mathematica或Maple。但你也可以用sympy来做很多相同的事情。你可以使用Python进行符号演算，或解决代数方程。sympy特殊的部分是你需要使用"symbols()"函数告诉sympy哪些变量在方程式中有效。然后可以使用这些注册变量开始操作。

你可能需要处理和分析大量数据。如果是这样，可以使用pandas包来帮助解决问题。pandas支持多种不同的文件格式，如CSV文件、Excel电子表格或HDF5。你可以合并和连接数据集，也可以进行切片或子集化。为了从代码中获得最佳性能，最重要的提升是通过包含C语言编写的函数的Cython代码完成的。关于如何操作数据的一些想法是从R借鉴得

对速度的需求

有时需要提升速度像提升硬件一样快。这时可以选择使用Cython。这使你可以从其他可能已经优化的项目中获取C代码，并在你自己的Python程序中使用它。在科学编程中，你可以访问已经使用了数十年并且高度专业化的代码，没有必要重复开发。

互动科学与 jupyter

对于许多科学问题，需要以交互方式使用数据，最初是使用Ipython web notebook实现。此项目后改名为Jupyter。对于使用过Mathematica或Maple程序的人来说，界面应该很熟悉。Jupyter默认在端口8888上启动服务器进程，然后打开一个Web浏览器，你可以在其中打开工作表。与此类型的大多数其他程序一样，条目按时间顺序运行，而不是按照它们在工作表上发生的顺序运行。这可能有点令人困惑，但这意味着如果你要编辑较早的条目，则需要手动重新执行所有条目，以便通过其余计算传递该更改。

Jupyter在生成的网页中支持美化打印。你还可以在同一页面中混合文档块和代码块。这意味着你可以用它来制作教育素材，学生可以阅读代码，然后实际运行并查看它的实际效果。默认情况下，Jupyter还会在相同的工作表中嵌入matplotlib图作为结果部分，因此你可以看到一些数据的图形以及生成它的代码。这对于可重现科学的需求日益增长。你可以随时返回查看分析是如何完成的，并且能够重现任何结果。

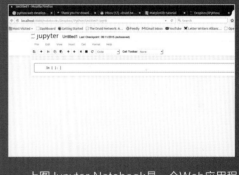

上图Jupyter Notebook是一个Web应用程序，用于创建和共享包含实时代码和方程式的文档。

来的。

综上所述，使用Python进行科学计算，几乎能解决所有问题！

机器人和电子产品

机器人技术是代码与现实世界之间最直接的接口。

机器人技术是代码与现实世界互动的最直接方式。
它可以读取传感器信息并移动执行器以完成工作。

机器人最重要的就是能够感知周围的世界。人类最有用的一种感觉是视觉。由于网络摄像机非常便宜并且易于连接到硬件，因此可以轻松地为机器人提供视觉。根本的问题是如何解释这些数据。对此可以使用OpenCV项目来做到这一点。它是一个视觉包，可以提供简单的图像采集和处理，以及极其复杂的功能，如人脸识别和3D对象的提取。可以识别和跟踪在视野中移动的物体，也可以使用OpenCV为机器人提供一些推理功能。OpenCV包含一组用于机器学习的功能，你可以在其中进行统计分类或数据聚类，并使用它来提供决策树甚至神经网络。

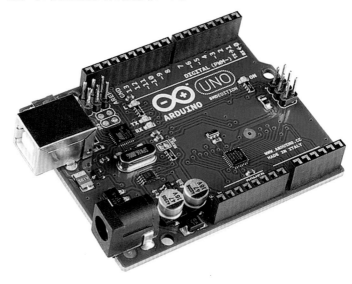

你可能想要使用的另一个重要传感方式是声音。Jasper项目正在开发一个完整的语音控制系统。该项目将为你提供所需的结构，让你的机器人能够倾听并回应你的口头命令。该项目已经达到了可以命令它的程度，语音识别软件可以将其转换为文本。然后，你需要构建哪些文本对应于要执行的命令的映射。

你也可以拥有许多其他传感器，但无法直接在市场上买到现成的。大多数其他传感器，如温度、压力、方向或位置，需要专门的硬件，需要与机器人的计算机大脑连接。

Arduino

与从SD卡运行完整操作系统的树莓派相比，Arduino板是微控制器而不是完整的计算机。Arduino平台不是运行操作系统，而是执行由其固件解释的代码。它主要用于连接硬件，比如：电机和伺服系统、传感器和LED等设备，它在这方面具有非凡的能力。Arduinos广泛用于机器人项目，可以成为树莓派的有力补充。

树莓派

虽然我们还没有讨论过什么类型的计算机适用于你的机器人项目，但你应该考虑著名的树莓派。这台小巧的计算机应该足够小，可以适应你构建的几乎任何机器人结构。由于它已经在运行Linux和Python，因此你应该能够简单地将代码开发工作复制到树莓派。它还包括自己的IO总线，以便你可以读取它的传感器。

ROS——机器人操作系统

虽然可以简单地编写一些在标准计算机和标准Linux发行版上运行的代码，但在尝试处理机器人在实时处理事件时所需的所有数据处理时，这通常不是最佳选择。当开始这类操作时，你可能需要查看专用操作系统——机器人操作系统（ROS）。ROS旨在提供运行代码与运行代码的计算机硬件之间的相同类型的接口，并且开销最低。ROS的一个非常强大的功能是它旨在促进计算机上运行的不同进程之间的通信，或者可能通过某种类型的网络连接的多台计算机之间的通信。而不是每个进程都是受到所有其他进程保护的孤岛，而ROS更像是一个进程图，消息在它们之间传递。

因为ROS是一个完整的操作系统，而不是一个库，所以不要以为可以在Python代码中使用它，而是你可以编写可以在ROS中使用的Python代码。代码的接口应该是干净的，不用特别注意它们运行的位置或与之通信的对象。然后，它可以在ROS内运行的进程图中使用。有标准库可用于进行坐标转换，有助于确定传感器或肢体在空间中的位置。有一个库可用于创建可抢占的数据处理任务，另一个库用于创建和管理可以在各个进程中处理的消息类型。对于时间极其敏感的任务，有一个插件库，允许编写可以在ROS包中加载的C++插件。

对于低级工作，请查看Arduinos

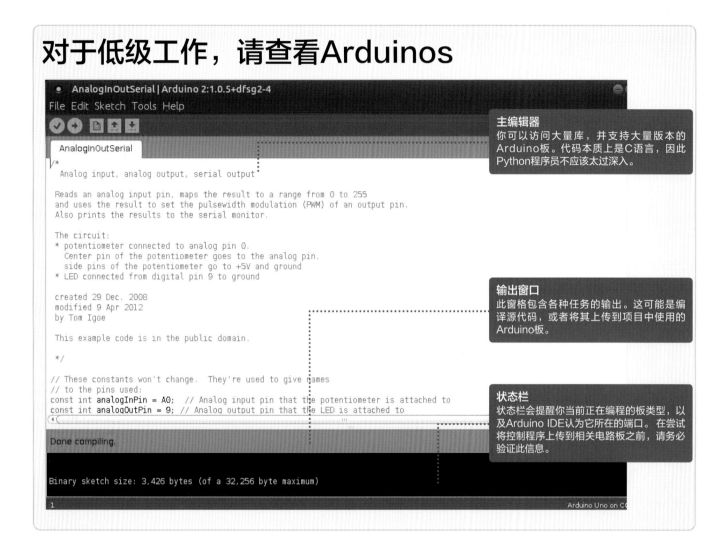

主编辑器
你可以访问大量库，并支持大量版本的Arduino板。代码本质上是C语言，因此Python程序员不应该太过深入。

输出窗口
此窗格包含各种任务的输出。这可能是编译源代码，或者将其上传到项目中使用的Arduino板。

状态栏
状态栏会提醒你当前正在编程的板类型，以及Arduino IDE认为它所在的端口。在尝试将控制程序上传到相关电路板之前，请务必验证此信息。

至于读取数据，通常是通过基本串行连接完成的。然后你可以使用pySerial模块连接到串行端口并从连接中读取数据，如下所示。

```
import serial
```

加载模块并开始与传感器通信。问题是这是一种非常低级的沟通方式。作为程序员，需要负责所有细节，包括通信速度、字节大小、流量控制，基本上是所有的一切。所以一定要花费一些时间调试。

现在你已经掌握了所有这些数据，将用它做什么呢？你需要能够在世界范围内移动执行器并产生实际效果。这可以是用于轮子或轨道的马达，用于移动物体的杠杆，或者可能是完整的肢体，例如手臂或腿。虽然你可以尝试直接从计算机的输出端口驱动这些类型的电子设备，但通常没有足够的电流来提供必要的电源。因此，你需要有一些能够处理这些设备供电的板外大脑。这项任务最受欢迎的候选者之一是Arduino。

幸运的是，Arduino旨在连接到计算机的串行端口，因此你只需使用pySerial与之通信即可。你可以将命令发送到编写并上传到Arduino的代码，以处理各种执行器的实际操作。Arduino可以回应，这意味着你可以阅读反馈数据以查看你的动作产生了什么

影响，确认你最终把车轮转到了你想要的位置吗？也就是说你还可以将Arduino用作传感器和计算机之间的接口，从而进一步简化Python代码。还有许多可用的附加模块，可以提供直接开箱即用的感应功能。还有几种Arduino型号，你可以找到最符合需求的专用型号。

至此你已经掌握了所有这些数据，并且能够在现实世界中行动，最后一步就是给你的机器人一个大脑。遗憾的是，现有技术不符合R2-D2或C-3P0的要求。你的大部分实际创新编码工作都可能发生在机器人的这一部分，一般术语是人工智能。目前正在进行的几个项目可以作为一个起点，为你的机器人提供一些真正的推理能力，如SimpleAI或PyBrain。

绕过GIL

对于机器人工作，你可能需要在多个CPU上并行运行一些代码。Python目前有GIL，这意味着解释器内置了一个基本瓶颈。解决这个问题的一种方法是实际运行多个Python解释器，每个解释器对应一个执行线程。另一个选择是从Cpython转移到Jython或IronPython，因为它们都没有GIL。

当前媒体选择

已安装的插件列表

配置
启动器

分级
（仅适用于托管插件）

本地化的
描述字符串

打开插件的更改日志

使用Python
对XBMC进行扩展

Python是现今最流行的易于使用的开源语言。了解如何使用它为最受欢迎的FOSS媒体中心XBMC构建自己的功能。

资源

XBMC: www.xbmc.org/download
Python 2.7x
Python IDE（可选）
Code on FileSilo

XBMC可能是开源媒体中心领域最重要的。 它开始于原始的Xbox视频游戏控制台，从那时起它已成为多媒体爱好者的御用软件。它还被分为许多其他成功的媒体中心应用程序，如Boxee和Plex。XBMC最终发展成为一个非常强大的开源应用程序，背后有一个坚实的社区。它支持几乎所有主要平台，包括不同的硬件架构。它适用于Linux、Windows、MacOS、Android、iOS和树莓派。

下面我们将学习如何为XBMC构建扩展。扩展是一种向XBMC添加功能的方式，无需学习XBMC的核心或以任何方式更改该核心。另一个优点是XBMC使用Python作为其脚本语言，这也可以用于构建扩展。这真的是有助于新开发人员参与项目，因为与C/C++（从中制作XBMC的核心）等语言相比，Python更易于学习。

XBMC支持各种类型的扩展（或附加组件）：插件、程序和皮肤。插件为XBMC添加功能。根据功能的类型，插件将出现在XBMC的相关媒体部分中。例如，YouTube插件会显示在"视频"部分中。脚本/程序就像是XBMC的迷你应用程序，它们出现在"程序"部分中。皮肤非常重要，因为XBMC是一个完全可定制的应用程序——你可以改变XBMC的每个方面的外观和感觉。根据你的扩展程序所适合的类别，必须相应地创建扩展目录。例如：

插件：

plugin.audio.ludaudi:
一个音频插件
plugin.video.ludvidi:
一个视频插件
script.xxx.xxx：一个程序

在本教程中，我们将构建一个名为LUD Entertainer的XBMC插件。这个插件将提供一种从XBMC中观看Reddit视频的好方法。我们的插件将显示各种内容，比如Reddit的预告片和纪录片。我们还允许用户添加自己的Subreddit。然后可以将每个视频分类为Hot、New、Top、Controversial等。通过这个插件，我们将展示它是如何轻松地融入XBMC的内置方法，以实现高质量的用户体验。

由于篇幅限制，无法在此处展示完整代码，建议从FileSilo下载完整的代码。

01 准备目录结构

正如我们之前提到的，每个XBMC扩展类型都遵循某种目录命名约定。这里我们要在构建一个视频插件，因此插件目录名称将是plugin.video.ludlent。但这只是根目录名称，我们还需要其他几个文件夹和文件。

下面介绍LUD Linux Entertainer的目录结构。

```
plugin.video.ludent——根插件目录
|-- addon.xml
|-- changelog.txt
|-- default.py
|-- icon.png
|-- LICENSE.txt
|-- README
`-- resources
   |-- lib
   `-- settings.xml
```

02 创建addon.xml

需要在扩展目录的根目录中创建addon.xml文件。addon.xml文件包含XBMC扩展的主要元数据，如有关扩展的概述、信用、版本信息和依赖关系信息。

ddon.xml的根元素是<addon>元素。它被定义为：

```
<addon id="plugin.video.
ludent" name="LUD HSW Viewer"
version="0.0.1" provider-
name="LUDK">
rest of the content is placed here
</addon>
```

这里，id是插件的标识符，因此它在所有XBMC扩展中应该是唯一的，并且id也用于目录名称；version告诉XBMC扩展版本号，这有助于它提供自动更新的能力——XBMC遵循Major.Minor.Patch版本控制约定；name是插件的英文标题。

注意： 步骤3到步骤5涵盖了需要在addon.xml文件中添加的条目。

03 添加依赖项信息

使用<requires>元素管理扩展内的依赖关系。

```
<requires>
<import addon="xbmc.python"
```

```
version="2.1.0"/>
<import addon="plugin.video.youtube"
version="3.0.0"/>
<import addon="plugin.video.vimeo"
version="2.3.0"/>
<import addon="plugin.video.
dailymotion_com" version="1.0.0"/>
</requires>
```

在上面的代码中，我们向一个名为xbmc.python 2.1版本的库中添加了一个依赖项。目前，它被添加为强制依赖项。要使依赖项可选，你需要添加optional="true"。例如：

```
<import addon="kunal.special"
version="0.1.0" optional="true" />
```

在上面的例子中，我们将核心依赖项xbmc.python添加到2.1.0，因为它是XBMC版本Frodo 12.0和12.1附带的版本。如果你要将xbmc.python添加到2.0，那么它只能在XBMC Eden 11.0中运行，而不能在最新版本中运行。

对于当前版本的XBMC 12.1，提供了以下版本的核心XBMC组件。

```
xbmc.python 2.1.0
xbmc.gui 4.0.0
xbmc.json 6.0.0
xbmc.metadata 2.1.0
xbmc.addon 12.0.0
```

除了xbmc.python之外，我们还添加了一些第三方插件作为依赖项，例如plugin.video.youlube。安装plugin.video.ludent时会自动安装这些插件。

04 设置提供者和入口点

我们的扩展应该为XBMC提供视频内容。为了表达这一点，我们必须设置以下元素：

```
<extension point="xbmc.python.
pluginsource" library="default.py">
<provides>video</provides>
</extension>
```

这里，library属性设置插件入口点。在此示例中，将在用户激活插件时执行default.py。<provide>元素设置它提供的媒体类型。这也反映在插件的位置上。由于我们的是一个视频插件，它将出现在

XBMC的视频部分。

05 设置插件元数据

有关插件的元数据在<extension point = "xbmc.addon.metadata">中提供。以下是重要内容。

<platform>： 大多数时候，XBMC扩展是跨平台兼容的。但是，如果你依赖仅在某些平台上可用的本机平台库，则需要在此处设置支持的平台。该平台的可接受值为all、linux、osx、osx32、osx64、ios（Apple iOS）、windx（Windows DirectX）、wingl(Windows OpenGL)和android。

<summary lang = "en">： 给出了插件的简要说明。我们的示例将语言属性设置为英语，你也可以使用其他语言。

<description>： 插件的详细说明。

<website>： 托管插件的网页。

<source>： 源代码存储库URL。如果在GitHub上托管你的插件，可以在此处提及存储库URL。

<forum>： 插件的讨论论坛网址。

<email>： 作者电子邮箱地址。你可以直接输入电子邮箱或使用对机器人友好的电子邮箱地址，例如：max@domain.com。

06 设置更改日志、图标、fanart和许可证

在插件目录中需要一些额外的文件。

changelog.txt： 你应列出在版本之间对插件所做的更改，可以从XBMC UI中看到更改日志。

更改日志示例：

0.0.1——初始版本

0.0.2——修复了视频缓冲问题

icon.png： 这将代表XBMC UI中的插件。它必须是大小为256x256的非透明PNG文件。

fanart.jpg（可选）： 如果用户在XBMC中选择插件，则会在后台呈现fanart.jpg。艺术品需要以HDTV格式呈现，因此其尺寸范围可以从1280x720（720p）到最大1920x1080（1080p）。

License.txt：此文件包含分布式插件的许可证。XBMC项目建议使用适用于皮肤的Creative Commons Attribution-ShareAlike 3.0许可证，并使用GPL 2.0作为附加组件。但是，可以使用大多数copyleft许可证。

注意：出于打包的目的，扩展/附加组件/主题/插件是相同的。

07 提供插件的设置

设置可以由文件resources / settings.xml提供。以下所示为非常适合用户可配置的选项。

部分：resources/settings.xml

```
<settings>
<category label="30109">
<setting id="filter" type="bool"
label="30101" default="false"/>
<setting type="sep" />
<setting id="showAll" type="bool"
label="30106" default="false"/>
<setting id="showUnwatched"
type="bool" label="30107"
default="true"/>
<setting id="showUnfinished"
type="bool" label="30108"
default="false"/>
<setting type="sep" />
<setting id="forceViewMode"
type="bool" label="30102"
default="true"/>
<setting id="viewMode" type="number"
label="30103" default="504"/>
</category>
<category label="30110">
<setting id="cat_hot" type="bool"
label="30002" default="true"/>
<setting id="cat_new" type="bool"
label="30003" default="true"/>
</category>
</settings>
```

这里，label定义语言id字符串，然后用于显示标签。id定义将用于编程访问的名称。type定义要收集的数据类型，它还会影响将为元素显示的UI。default定义设置的默认值。应该始终使用默认值以提供更好的用户体验。

以下所示为可以使用的一些重要设置类型。

text：用于基本字符串输入。

ipaddress：用于收集互联网地址。

number：允许输入数字。XBMC还将为输入提供屏幕数字键盘。

slider：提供了一种收集整数、浮点数和百分比值的方法。可以按以下格式获取滑块设置。

```
<setting label="21223" type="slider"
id="sideinput" default="10"
range="1,1,10" option="int" />
```

在上面的示例中，我们创建了一个滑块，其最小范围为1，最大范围为10，步长为1。在选项字段中，说明了我们感兴趣的数据类型，可以将选项设置为"float"或"percent"。

bool：可以以on或off的形式提供bool选择。

file：提供输入文件路径的方法。XBMC将提供文件浏览器来选择文件。如果要选择特定类型的文件，可以使用音频、视频、图像或可执行文件，而不是其他文件。

文件夹：提供浏览文件夹的方法。

示例：

```
<setting label="12001" type="folder"
id="folder" source="auto"
option="writeable"/>
```

示例中source设置文件夹的起始位置，option设置应用程序的write参数。

sep&lsep：sep用于在设置对话框中绘制水平线；lsep用于绘制带文本的水平线。它们不收集任何输入，用于构建更好的用户界面元素。

```
<setting label="21212" type="lsep"
/>
```

08 语言支持

语言支持以strings.xml文件的形式提供，位于resources / languages / （语言名称）中。这种方法类似于许多大型软件项目，包括Android，从不使用静态字符串。

resource/language/english/string.xml

示例：

```
<?xml version="1.0" encoding="utf-8"
standalone="yes"?>
<strings>
<string id="30001">Add subreddit</
string>
<string id="30002">Hot</string>
<string id="30003">New</string>
<string id="30004">Top</string>
<string id="30005">Controversial</
string>
<string id="30006">Hour</string>
<string id="30007">Day</string>
<string id="30008">Week</string>
<string id="30009">Month</string>
<string id="30010">Year</string>
</strings>
```

正如在settings.xml示例中看到的那样，所有标签都引用了字符串ID。你也可以使用其他语言。根据XBMC运行的语言，将自动加载正确的语言文件。

发布XBMC Frodo（12.1）后，strings.xml将被弃用。Post Frodo、XBMC将转移到基于GNU gettext的翻译系统，gettext使用PO文件。你可以使用名为xbmc-xml2po的工具将strings.xml转换为等效的PO文件。

09 构建default.py

由于我们的插件很小，它将全部包含在default.py中。如果要开发更复杂的加载项，则可以在同一目录中创建支持文件。如果你的库依赖于第三方库，有两种方法可以解决它。你可以将第三方库放入resources/lib文件夹中；或者将库本身捆绑到一个插件中，然后将该插件作为依赖项添加到addon.xml文件中。

我们的插件适用于reddit.tv。这是Reddit的网站，其中包含读者分享的热门视频。发布在Reddit上的视频实际上来自YouTube、Vimeo和Dailymotion。

我们将使用以下导入启动default.py。

```
import urllib
import urllib2
…
import xbmcplugin
import xbmcgui
import xbmcaddon
```

除了xbmcplugin、xbmcgui和

xbmcaddon之外，其余的都是标准的Python库，可以通过pip在PyPI（Python Package Index）上获得。你不需要自己安装任何库，因为XBMC的Python运行时具有内置的所有组件。

urllib和urllib2有助于HTTP通信。socket用于网络I/O；re用于正则表达式匹配；sqlite3是用于访问SQLite嵌入式数据库的Python模块；xbmcplugin、xbmcgui和xbmcaddon包含特定于XBMC的例程。

10 初始化

在初始化过程中，我们将从settings.xml中读取各种设置。可以通过以下方式读取设置。

```
addon = xbmcaddon.Addon()
filterRating = int(addon.
getSetting("filterRating"))
filterVoteThreshold = int(addon.getS
etting("filterVoteThreshold"))
```

要读取bool类型的设置，需要执行以下操作。

```
filter = addon.getSetting("filter")
== "true"
```

我们还为它设置主URL、插件句柄和用户代理。

```
pluginhandle = int(sys.argv[1])
urlMain = "http://www.reddit.com"
userAgent = "Mozilla/5.0 (Windows NT
6.2; WOW64; rv:22.0) Gecko/20100101
Firefox/22.0"
opener = urllib2.build_opener()
opener.addheaders = [('User-Agent',
userAgent)]
```

11 读取本地化字符串

如上所述，XBMC使用strings.xml来提供文本。要读取这些字符串，需要使用getLocalizedString。

```
translation = addon.
getLocalizedString
translation(30002)
```

在此示例中，翻译（30002）将在英语环境中运行时返回字符串"Hot"。

idFile	idPath	strFilename	playCount	lastPlayed	dateAdded
1	1	plugin://plugin.		2019-08-06 23:47	
2	2	plugin://plugin.	1	2019-08-07 22:42	
3	2	plugin://plugin.	1	2019-08-08 00:09	
4	2	plugin://plugin.	1	2019-08-08 00:55	
5	2	plugin://plugin.	1	2019-08-08 00:58	

12 构建帮助函数

在这一步中，我们将介绍一些重要的辅助函数。

getDbPath()： 这将返回视频的SQLite数据库文件的位置。XBMC将库和回放信息存储在SQLite DB文件中。视频和音乐有单独的数据库，位于.xbmc/userdata/Database文件夹。我们关注的是视频数据库。它的前缀是"MyVideos"。

```
def getDbPath():
    path = xbmc.
translatePath("special://userdata/
Database")
    files = os.listdir(path)
    latest = ""
    for file in files:
        if file[:8] == 'MyVideos'
and file[-3:] == '.db':
            if file > latest:
                latest = file
    return os.path.join(path,
latest)
```

getPlayCount（url）： 一旦有了数据库位置，我们就可以使用简单的SQL查询来获取播放计数。MyVideo数据库包含一个名为files的表，它通过filename保存在XBMC中播放的所有视频文件的记录。在这种情况下，它将是URL。

```
dbPath = getDbPath()
conn = sqlite3.connect(dbPath)
c = conn.cursor()

def getPlayCount(url):
    c.execute('SELECT playCount FROM
files WHERE strFilename=?', [url])
    result = c.fetchone()
    if result:
        result = result[0]
        if result:
            return int(result)
        return 0
    return -1
```

上表是文件表的示例。

addSubreddit()： 我们的插件允许用户添加自己的Subreddit。此函数从用户获取Subreddit输入，然后将其保存在addon数据文件夹内的subreddit文件中。

以下设置subreddits文件位置。

```
subredditsFile = xbmc.
translatePath("special://profile/
addon_data/"+addonID+"/subreddits")
this translates into .xbmc/userdata/
addon_data/plugin.video.ludent/
subreddits

def addSubreddit():
    keyboard = xbmc.Keyboard('',
translation(30001))
    keyboard.doModal()
    if keyboard.isConfirmed() and
keyboard.getText():
        subreddit = keyboard.
getText()
        fh = open(subredditsFile,
'a')
        fh.write(subreddit+'\n')
        fh.close()
```

此函数还演示了如何从用户处获取文本输入。这里我们用文本标题调用键盘功能。一旦检测到键盘，它就会使用换行符将输入写入subreddits文件中。

getYoutubeUrl（id）： 当找到要播放的YouTube网址时，会将其传递给YouTube插件（plugin.video.youtube）来处理播放。为此，我们需要以某种格式调用它。

```
def getYoutubeUrl(id):
    url = "plugin://plugin.
video.youtube/?path=/root/
video&action=play_video&videoid="
+ id
    return url
```

同样对于Vimeo：

```
def getVimeoUrl(id):
    url = "plugin://plugin.video.
vimeo/?path=/root/video&action=play_
video&videoid=" + id
    return url
```

同样对于Dailymotion：

```
def getDailyMotionUrl(id):
    url = "plugin://plugin.video.
dailymotion_com/?url=" + id +
"&mode=playVideo"
    return url
```

一旦我们将视频网址解析为相应的插件，播放就非常简单了。

```
def playVideo(url):
    listitem = xbmcgui.
ListItem(path=url)
    xbmcplugin.
setResolvedUrl(pluginhandle, True,
listitem)
```

13 填充插件内容列表

xbmcplugin包含用于处理插件UI内的内容列表的各种例程。第一步是创建可以从XBMCUI中选择的目录条目。为此，我们将使用一个名为xbmcplugin.addDirectoryItem的函数。

为方便起见，将抽象addDirectoryItem以符合我们的目的，以便我们可以轻松设置名称、URL、模式、图标图像和类型。

```
def addDir(name, url, mode,
iconimage, type=""):
    u = sys.argv[0]+"?url="+urllib.
quote_plus(url)+"&mode="+str(mode)+"
&type="+str(type)
    ok = True
    liz = xbmcgui.ListItem(name,
iconImage="DefaultFolder.png",
thumbnailImage=iconimage)
    liz.setInfo(type="Video",
infoLabels={"Title": name})
    ok = xbmcplugin.
addDirectoryItem(handle=int(sys.
argv[1]), url=u, listitem=liz,
isFolder=True)
    return ok
```

同样，我们可以构建一个函数来放置链接。

```
def addLink(name, url, mode,
iconimage, description, date):
    u = sys.argv[0]+"?url="+urllib.
quote_plus(url)+"&mode="+str(mode)
    ok = True
    liz = xbmcgui.ListItem(name,
iconImage="DefaultVideo.png",
thumbnailImage=iconimage)
    liz.setInfo(type="Video",
infoLabels={"Title": name, "Plot":
description, "Aired": date})
    liz.setProperty('IsPlayable',
'true')
    ok = xbmcplugin.
addDirectoryItem(handle=int(sys.
argv[1]), url=u, listitem=liz)
    return ok
```

基于刚刚创建的函数，我们可以创建将填充内容的基本函数。这样做之前让我们首先了解Reddit的工作原理。大多数Reddit内容过滤器都是通过Subreddits提供的，这允许你查看与特定主题相关的讨论。在我们的插件中，我们有兴趣展示视频，我们还想展示预告片、纪录片等。我们使用Subreddits访问这些内容。例如，对于预告片，它将是reddit.com/r/trailers。对于域名，我们可以使用/domain，例如，要获取在Reddit上发布的所有YouTube视频，我们将访问reddit.com/domain/youtube.com。现在你可以问这个Subreddit只列出视频的保证是什么？答案可能是没有。出于这个原因，我们自己搜索网站以找到视频。在下一步中有更多相关内容。

我们定义的第一个基函数是index()。当用户启动插件时调用以下方法。

```
def index():
    defaultEntries = ["videos",
"trailers", "documentaries",
"music"]
    entries = defaultEntries[:]
    if os.path.
exists(subredditsFile):
        fh = open(subredditsFile,
'r')
        content = fh.read()
        fh.close()
        spl = content.split('\n')
        for i in range(0, len(spl),
1):
            if spl[i]:
                subreddit = spl[i]
                entries.
append(subreddit)
    entries.sort()
    for entry in entries:
        if entry in defaultEntries:
            addDir(entry.title(),
"r/"+entry, 'listSorting', "")
        else:
            addDirR(entry.title(),
"r/"+entry, 'listSorting', "")
        addDir("[ Vimeo.com ]", "domain/
vimeo.com", 'listSorting', "")
        addDir("[ Youtu.be ]", "domain/
youtu.be", 'listSorting', "")
        addDir("[ Youtube.com ]",
"domain/youtube.com", 'listSorting',
"")
        addDir("[ Dailymotion.com
]", "domain/dailymotion.com",
'listSorting', "")
        addDir("[B]-
"+translation(30001)+" -[/B]", "",
'addSubreddit', "")
    xbmcplugin.
endOfDirectory(pluginhandle)
```

倒数第二个条目调用addSubreddit。listSorting负责根据Hot、New等标准对数据进行整理。它还调用Reddit的JSON函数，该函数返回易于解析的简单JSON数据。我们为所有排序标准创建了一个设置条目。根据设置的内容，我们继续构建排序列表。

```
def listSorting(subreddit):
    if cat_hot:
        addDir(translation(30002),
urlMain+"/"+subreddit+"/hot/.
json?limit=100", 'listVideos', "")
    if cat_new:
        addDir(translation(30003),
urlMain+"/"+subreddit+"/new/.
json?limit=100", 'listVideos', "")
    if cat_top_d:
        addDir(translation(30004)+":
"+translation(30007),
urlMain+"/"+subreddit+"/top/.
json?limit=100&t=day", 'listVideos',
"")
    xbmcplugin.
endOfDirectory(pluginhandle)
```

```
def listVideos(url):
    currentUrl = url
    xbmcplugin.setContent(pluginhandle, "episodes")
    content = opener.open(url).read()
    spl = content.split('"content"')
    for i in range(1, len(spl), 1):
        entry = spl[i]
        try:
            match = re.compile('"title": "(.+?)"', re.DOTALL).findall(entry)
            title = match[0].replace("&amp;", "&")
            match = re.compile('"description": "(.+?)"', re.DOTALL).findall(entry)
            description = match[0]
            match = re.compile('"created_utc": (.+?),', re.DOTALL).findall(entry)
            downs = int(match[0].replace("}", ""))
            rating = int(ups*100/(ups+downs))
            if filter and (ups+downs) > filterVoteThreshold and rating < filterRating:
                continue
            title = title+" ("+str(rating)+"%)"
            match = re.compile('"num_comments": (.+?),', re.DOTALL).findall(entry)
            comments = match[0]
            description = dateTime+"   |   "+str(ups+downs)+" votes: "+str(rating)+"% Up  |  "+comments+" comments\n"+description
            match = re.compile('"thumbnail_url": "(.+?)"', re.DOTALL).findall(entry)
            thumb = match[0]
            matchYoutube = re.compile('"url": "http://www.youtube.com/watch\\?v=(.+?)"', re.DOTALL).findall(entry)
            matchVimeo = re.compile('"url": "http://vimeo.com/(.+?)"', re.DOTALL).findall(entry)
            url = ""
            if matchYoutube:
                url = getYoutubeUrl(matchYoutube[0])
            elif matchVimeo:
                url = getVimeoUrl(matchVimeo[0].replace("#", ""))
            if url:
                addLink(title, url, 'playVideo', thumb, description, date)
        except:
            pass
    match = re.compile('"after": "(.+?)"', re.DOTALL).findall(entry)
    xbmcplugin.endOfDirectory(pluginhandle)
    if forceViewMode:
        xbmc.executebuiltin('Container.SetViewMode('+viewMode+')')
```

14 填充剧集视图（列出视频）

此时我们手头有URL，它返回JSON数据；现在我们需要从中提取出对我们有意义的数据。

通过查看JSON数据，你可以看到这里有很多有趣的信息。例如，url设置为youtube.com/watch?v=n4rTztvVx8E；标题设置为 'The Counselor-Official Trailer'。我们还将使用许多其他数据位，例如ups、downs、num_comments、thumbnail_url等。为了过滤掉需要的数据，我们将使用正则表达式。

还有一点需要注意，由于我们不再提供目录，但已准备好放置内容，因此我们必须将xbmcplugin.setContent设置为episodes模式。

左边列出的代码中，我们打开URL，然后——基于正则表达式匹配——我们发现位置标题、描述、日期、起伏、评级。我们还要查找视频缩略图，然后将它们传递给XBMC。

稍后在代码中我们还尝试将URL与视频提供程序进行匹配。通过插件，支持YouTube、Vimeo和Dailymotion。如果成功检测到这一点，我们调用帮助程序函数来定位基于XBMC插件的回放URL。在整个解析过程中，如果引发任何异常，则忽略整个循环并解析下一个JSON项。

15 安装和运行加载项

可以使用以下两种方法之一安装加载项：

- 你可以将插件目录复制到 .xbmc/addons。
- 可以从zip文件安装插件。请使用以下命令将加载项文件夹压缩为zip文件。

```
$ zip -r plugin.video.ludent.zip plugin.video.ludent
```

要从zip文件安装插件，打开XBMC，转到System，然后是Add-ons，然后单击"Install from zip file"。从zip文件安装的好处是XBMC也会自动尝试安装所有相关的插件。

安装插件后，可以通过转到XBMC的"Videos Add-ons"部分，选择"Get More…"，然后单击"LUD Reddit Viewer"来运行插件。

你可以通过右键单击LUD Reddit Viewer，然后选择"Add-on settings"来访问插件的设置对话框。

XBMC的扩展系统非常强大。在这个例子中，我们能够充分利用XBMC中Python的全部功能（包括那些神奇的正则表达式匹配）。XBMC本身也提供了一个强大的UI框架，为我们的附加组件提供了专业的外观。

虽然看起来很强大，但我们只构建了一个视频插件。XBMC的扩展系统还提供了构建完全成熟程序（称为程序）的框架。

一个简单的
多项式拟合
Python程序

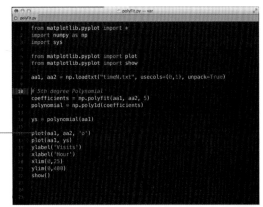

Matplotlib
生成输出

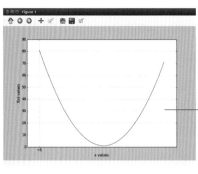

使用SciPy
处理图像的
Python脚本

寻求帮助
很容易

使用NumPy进行科学计算

使用NumPy、SciPy和Matplotlib进行强大的计算。

资源

NumPy: www.numpy.org

SciPy: www.scipy.org

Matplotlib: www.matplotlib.org

NumPy是用于执行科学计算的主要Python包。 它具有强大的N维数组对象，集成C/C++和Fortran代码的工具、线性代数、傅立叶变换和随机数等功能。NumPy还支持广播，这是通用功能巧妙处理具有不完全相同形式的输入的有意义的方式。

除了它的功能之外，NumPy的另一个优点是它可以集成到Python程序中。换句话说，你可以从数据库、另一个程序的输出、外部文件或HTML页面获取数据，然后使用NumPy处理。

本文将向你展示如何安装NumPy，以及使用它进行计算、绘制数据、读取和写入外部文件，并介绍一些与NumPy兼容的Matplotlib和SciPy软件包。

NumPy也可以与Pygame合作，用于创建游戏的Python包，这种用法本文不做介绍。

在将它们放入Python程序之前，在Python shell中尝试各种NumPy命令是一种很好的做法。

本文中示例使用了Python shell或iPython。

01 安装 NumPy

大多数Linux发行版都有一个可以使用的可立即安装的软件包。安装后，可以通过执行以下命令找到你正在使用的NumPy版本。

```
$ python
Python 2.7.3 (default, Mar 13 2014,
11:03:55)
[GCC 4.7.2] on linux2
Type "help", "copyright", "credits" or
"license" for more information.
>>> numpy.version.version
Traceback (most recent call last):
  File "<stdin>", line 1, in <module>
```

```
NameError: name 'numpy' is not defined
>>> import numpy
>>> numpy.version.version
'1.6.2'
>>>
```

这样不仅找到了NumPy版本，而且还能知道NumPy已正确安装。

02 关于 NumPy

虽然名称简单，但NumPy是一个功能强大的Python包，主要用于处理数组和矩阵。创建数组的方法有很多种，但最简单的方法是使用array()函数。

```
>>> oneD = array([1,2,3,4])
```

上述命令创建一维数组。如果要创建二维数组，可以使用array()函数，如下所示。

```
>>> twoD = array([ [1,2,3],
...                [3,3,3],
...                [-1,-0.5,4],
...                [0,1,0]] )
```

也可以创建具有更多维度的数组。

03 使用NumPy进行简单的计算

给定一个名为myArray的数组，可以通过执行以下命令找到其中的最小值和最大值。

```
>>> myArray.min()
>>> myArray.max()
```

如果你希望找到所有数组元素的平均值，可以运行以下命令。

```
>>> myArray.mean()
```

同样，你可以通过运行以下函数找到阵列的中位数。

```
>>> myArray.mean()
```

集合的中值是将数据集划分为具有相同数量的元素的两个子集（左和右子集）的元素。如果数据集具有奇数个元素，则中值是数据集的一部分。另一方面，如果数据集具有偶数个元素，则中位值是排序数据集的两个中心元素的平均值。

04 通过NumPy使用数组

NumPy不仅包含典型Python中用

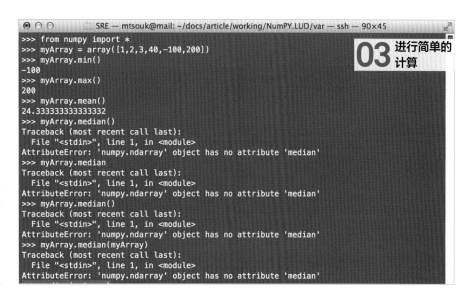

03 进行简单的计算

于字符串和列表的索引方法，还扩展了它们。如果要从数组中选择给定元素，可以使用以下表示法。

```
>>> twoD[1,2]
```

还可以使用以下表示法选择数组的一部分（切片）。

```
>>> twoD[:1,1:3]
```

最后，可以使用tolist()函数将数组转换为Python列表。

05 读取文件

想象一下，你刚刚使用AWK从Apache日志文件中提取信息，并且希望使用NumPy处理文本文件。

以下AWK代码找出每小时的请求总数。

```
$ cat access.log | cut -d[ -f2 | cut -d]
-f1 | awk -F: '{print $2}' | sort -n |
uniq -c | awk '{print $2, $1}' > timeN.txt
```

带有数据的文本文件（timeN.txt）的格式如下。

```
00 191
01 225
02 121
03 104
```

读取timeN.txt文件并将其分配给新的数组变量，可以按如下方式完成。

```
aa = np.loadtxt("timeN.txt")
```

06 写入文件

将变量写入文件与读取文件非常相似。如果你有一个名为aa1的数组变量，则可以使用以下命令将其内容轻松保存到名为aa1.txt的文件中。

```
In [17]: np.savetxt("aa1.txt", aa1)
```

稍后可以使用loadtxt()函数读取aa1.txt的内容。

07 通用功能

NumPy支持许多数字和统计功能。将函数应用于数组时，该函数将自动应用于所有数组元素。

使用矩阵时，可以通过输入"AA.I"找到矩阵AA的逆矩阵。你还可以通过输入"np.linalg.eig(BB)"找到特征向量，输入"np.linalg.eigvals(AA)"找到其特征值。

08 使用矩阵

二维NumPy数组的特殊子类型是矩阵。矩阵就像一个数组，只是矩阵乘法取代了逐个元素的乘法。使用矩阵（或mat）函数生成矩阵，如下所示。

```
In [2]: AA = np.mat('0 1 1; 1 1 1; 1 1 1')
```

命令两个矩阵为AA和BB，输入AA+BB计算两矩阵之和。输入AA*BB计算两矩阵之积。

```
root@mail:~# apt-get install python-matplotlib
Reading package lists... Done
Building dependency tree
Reading state information... Done
The following extra packages will be installed:
  blt fonts-lyx gir1.2-glib-2.0 libgirepository-1.0-1 libglade2-0 python-cairo
  python-dateutil python-gi python-glade2 python-gobject python-gobject-2 python-gtk2
  python-matplotlib-data python-pyparsing python-tk python-tz
Suggested packages:
  blt-demo python-gi-cairo python-gtk2-doc python-gobject-2-dbg dvipng ipython
  python-configobj python-excelerator python-matplotlib-doc python-qt4 python-traits
  python-wxgtk2.8 texlive-extra-utils texlive-latex-extra tix
The following NEW packages will be installed:
  blt fonts-lyx gir1.2-glib-2.0 libgirepository-1.0-1 libglade2-0 python-cairo
  python-dateutil python-gi python-glade2 python-gobject python-gobject-2 python-gtk2
  python-matplotlib python-matplotlib-data python-pyparsing python-tk python-tz
0 upgraded, 17 newly installed, 0 to remove and 0 not upgraded.
Need to get 10.4 MB of archives.
After this operation, 31.3 MB of additional disk space will be used.
Do you want to continue [Y/n]? Y
Get:1 http://ftp.us.debian.org/debian/ wheezy/main blt amd64 2.4z-4.2 [1,694 kB]
Get:2 http://ftp.us.debian.org/debian/ wheezy/main fonts-lyx all 2.0.3-3 [167 kB]
Get:3 http://ftp.us.debian.org/debian/ wheezy/main libgirepository-1.0-1 amd64 1.32.1-1 [1
07 kB]
Get:4 http://ftp.us.debian.org/debian/ wheezy/main gir1.2-glib-2.0 amd64 1.32.1-1 [171 kB]
Get:5 http://ftp.us.debian.org/debian/ wheezy/main libglade2-0 amd64 1:2.6.4-1 [89.0 kB]
Get:6 http://ftp.us.debian.org/debian/ wheezy/main python-cairo amd64 1.8.8-1+b2 [84.2 kB]
Get:7 http://ftp.us.debian.org/debian/ wheezy/main python-dateutil all 1.5+dfsg-0.1 [55.3
kB]
Get:8 http://ftp.us.debian.org/debian/ wheezy/main python-gi amd64 3.2.2-2 [518 kB]
Get:9 http://ftp.us.debian.org/debian/ wheezy/main python-gobject-2 amd64 2.28.6-10 [555 k
B]
Get:10 http://ftp.us.debian.org/debian/ wheezy/main python-gtk2 amd64 2.24.0-3+b1 [1,805 k
B]
Get:11 http://ftp.us.debian.org/debian/ wheezy/main python-glade2 amd64 2.24.0-3+b1 [45.8
kB]
Get:12 http://ftp.us.debian.org/debian/ wheezy/main python-gobject all 3.2.2-2 [162 kB]
Get:13 http://ftp.us.debian.org/debian/ wheezy/main python-matplotlib-data all 1.1.1~rc2-1
 [2,057 kB]
Get:14 http://ftp.us.debian.org/debian/ wheezy/main python-pyparsing all 1.5.6+dfsg1-2 [64
.7 kB]
Get:15 http://ftp.us.debian.org/debian/ wheezy/main python-tz all 2012c-1 [39.9 kB]
Get:16 http://ftp.us.debian.org/debian/ wheezy/main python-matplotlib amd64 1.1.1~rc2-1 [2
,695 kB]
Get:17 http://ftp.us.debian.org/debian/ wheezy/main python-tk amd64 2.7.3-1 [50.9 kB]
```

"SciPy建立在NumPy之上，而且更先进"

图01

```
In [36]: from scipy.stats import poisson, lognorm
In [37]: mySh = 10;
In [38]: myMu = 10;
In [39]: ln = lognorm(mySh)
In [40]: p = poisson(myMu)
In [41]: ln.rvs((10,))
Out[41]:
array([ 9.29393114e-02,   1.15957068e+01,   9.78411983e+01,
        8.26370734e-07,   5.64451441e-03,   4.61744055e-09,
        4.98471222e-06,   1.45947948e+02,   9.25502852e-06,
        5.87353720e-02])
In [42]: p.rvs((10,))
Out[42]: array([12, 11,  9,  9,  9, 10,  9,  4, 13,  8])
In [43]: ln.pdf(3)
Out[43]: 0.013218067177522842
```

09 用Matplotlib绘图

09 用Matplotlib绘图

首选应安装Matplotlib。如图所示，Matplotlib有许多依赖项，也应该一起安装。

我们要学习的第一件事是如何绘制多项式函数。绘制$3x^2-x+1$多项式的必要命令如下。

```
import numpy as np
import matplotlib.pyplot as plt
myPoly = np.poly1d(np.array([3, -1, 1]).
astype(float))
x = np.linspace(-5, 5, 100)
y = myPoly(x)
plt.xlabel('x values')
plt.ylabel('f(x) values')
xticks = np.arange(-5, 5, 10)
yticks = np.arange(0, 100, 10)
plt.xticks(xticks)
plt.yticks(yticks)
plt.grid(True)
plt.plot(x,y)
```

保存多项式的变量是myPoly。将为x绘制的值的范围使用"x= np.linspace(-5,5,100)"来定义。另一个重要变量是y，它计算并保存每个x值的f(x)值。

使用"ipython--pylab = qt"参数启动ipython以查看屏幕上的输出非常重要。如果你对绘制多项式函数感兴趣，可以进行更多实验，NumPy还可以计算函数的导数并在同一输出中绘制多个函数。

10 关于SciPy

SciPy建立在NumPy之上，而且比NumPy更先进。它支持数字积分、优化、信号处理、图像和音频处理以及统计。左侧图01中的示例使用了scipy.stats包的一小部分，它与统计信息有关。

该示例使用两个统计分布，即使你了解数学也可能难以理解，它的出现只是为了让你更好地了解SciPy命令。

11 使用SciPy进行图像处理

现在我们将向你展示如何使用SciPy处理和转换PNG图像。

代码中最重要的部分如下所示：

```
image = np.array(Image.open('SA.png').
convert('L'))
```

此行允许你读取PNG文件并将其转换

为NumPy数组以进行其他处理。该程序还将输出分为四个部分，并为这四个部分中的每一个显示不同的图像。

12 其他有用的函数

能够找出数组中元素的数据类型是非常有用的，可以使用dtype()函数实现。

类似地，ndim()函数可以返回数组的维数。

从外部文件读取数据时，可以使用以下方法将其数据列保存到单独的变量中。

```
In [10]: aa1,aa2 = np.loadtxt("timeN.txt", usecols=(0,1), unpack=True)
```

上述命令将第1列保存到变量aa1，将第2列保存到变量aa2中。"unpack = True"允许将数据分配给两个不同的变量。请注意，列的编号从0开始。

13 拟合多项式

NumPy polyfit()函数尝试将一组数据点拟合到多项式。数据是在本文前面创建的timeN.txt文件中找到的。

Python脚本使用5次多项式，但如果要使用不同的次数，只需更改以下行。

```
coefficients = np.polyfit(aa1, aa2, 5)
```

14 NumPy中的数组广播

最后，介绍一下阵列广播，它是一个非常有用的特性。首先，你应该知道阵列广播有一个规则：为了将两个数组用于阵列广播，"操作中两个数组的尾随轴的大小必须相同，或者其中一个必须是1"。

简而言之，阵列广播允许NumPy通过填充数据来"更改"数组的维度，以便能够使用另一个数组进行计算。尽管如此，你无法拉伸阵列的两个维度来完成工作。

"使用SciPy处理和转换PNG图像"

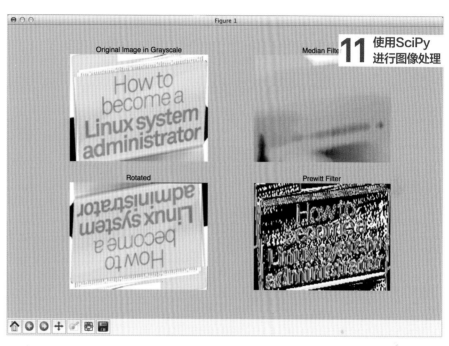

11 使用SciPy进行图像处理

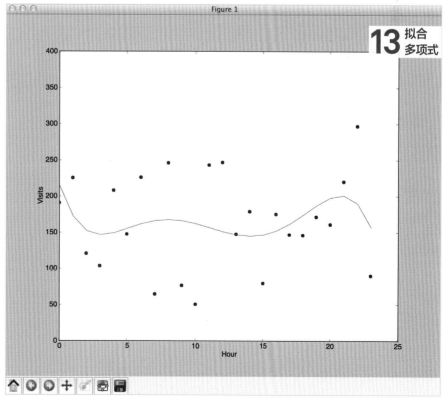

13 拟合多项式

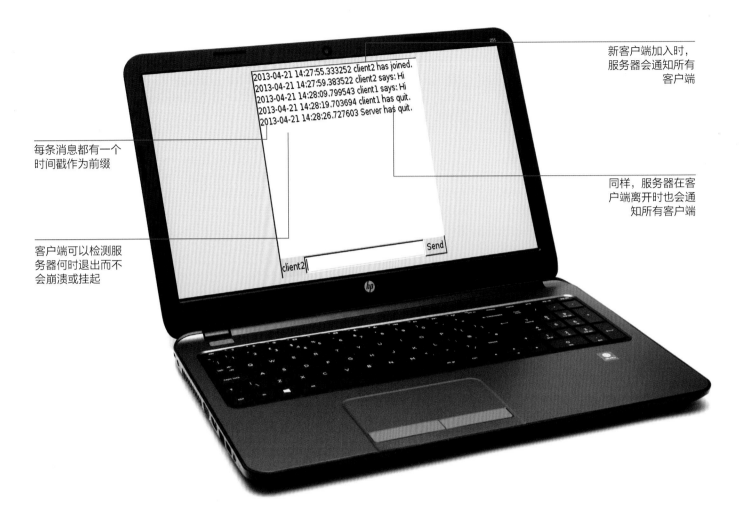

新客户端加入时，服务器会通知所有客户端

每条消息都有一个时间戳作为前缀

同样，服务器在客户端离开时也会通知所有客户端

客户端可以检测服务器何时退出而不会崩溃或挂起

```
2013-04-21 14:27:55.333252 client2 has joined.
2013-04-21 14:27:59.383522 client2 says: Hi
2013-04-21 14:28:09.799543 client1 says: Hi
2013-04-21 14:28:19.703694 client1 has quit.
2013-04-21 14:28:26.727603 Server has quit.
```

client2
Send

使用Python即时通讯

如何编写客户端，使用GUI和Python中的简单即时通讯服务器。

资源

一台计算机 - 运行你最喜欢的Linux发行版
Internet连接 - 访问文档
Python 2.x、PyGTK和GObject - 已安装的软件包

在这里，我们将使用客户端，即服务器架构在Python中实现即时通讯。这意味着每个客户端都连接到服务器，该服务器会中继一个客户端发送给所有其他客户端的任何消息。当有人加入或离开服务器时，服务器也会通知其他客户端。即时通讯可以在TCP socket工作的任何地方工作：在具有环回接口的同一台计算机上、跨局域网上的各种计算机，或者如果你正确配置路由器，甚至可以通过互联网实现。但因我们的信息未加密，所以不建议这样做。 编写即时通讯是一个有趣的技术问题，它涵盖了以前编程时可能未涉及的一些领域：

• 我们将使用socket，用于跨网络传输数据。

• 还将使用线程，允许程序一次执行多项操作。

• 我们将介绍使用GTK编写简单图形用户界面的基础知识，以及如何与其他线程进行交互。

• 最后，我们将讨论使用正则表达式来轻松分析和提取字符串中的数据。

在开始之前，需要安装Python2.x解释器，以及PyGTK绑定和Python2 GObject绑定。你的系统上可能已经包含了这些软件包，当你尝试导入它们时，看一下是否遗漏了哪个库。所有上述软件包都是常用的，因此可以使用发行版的软件包管理器来安装它们。

01 服务器

服务器将执行以下操作：

- 监听新客户端
- 新客户端加入时通知所有客户端
- 客户离开时通知所有客户
- 接收并向所有客户端发送消息

我们将首先编写即时通讯工具的服务器端，将有两个代码文件，因此最好创建一个文件夹以保存它们。可以使用命令 touch [filename]创建一个空文件，并使用 chmod +x [filename]将该文件标记为可执行文件。现在可以在你喜欢的编辑器中编辑此文件了。

```
[liam@liam-laptop Python]$ mkdir
Python-IM
[liam@liam-laptop Python]$ cd
Python-IM/
[liam@liam-laptop Python-IM]$ touch
IM-Server.py
[liam@liam-laptop Python-IM]$ chmod
+x IM-Server.py
```

02 开始

与前面操作相同，我们需要从声明 Python解释器位置的行开始。在当前环境中，该行如下所示。

```
#!/usr/bin/env python2.
```

在你的系统上，可能需要将其更改如下。

```
#!/usr/bin/env/ python2.6 or #!/usr/
bin/env python2.7
```

之后，我们写了一篇关于应用程序功能的简短描述，并导入了所需的库。我们已经提到了**线程**和**socket**库的用途。**re** 库用于搜索具有正则表达式的字符串。 **signal**库用于处理会中断程序的信号，例如SIGINT。按下Ctrl+C时发送SIGINT。 我们处理这些信号，以便程序可以告诉客户它正在退出而不是意外中断。**sys**库用于退出程序。最后，**time**库用于对while循环体执行的频率设置合理的数值。

```
#!/usr/bin/env python2
# 即时通讯程序的服务器端。Liam Fraser
将其作为Linux 用户和开发人员教程的一部
分编写。
import threading
import socket
import re
import signal
```

```
import sys
import time
```

03 服务器类

Server类是我们的即时通讯服务器的主类。此类的**初始化程序**接受端口号以开始侦听客户端。然后它创建一个socket， 将socket绑定到所有接口上的指定端口， 然后开始侦听该端口。你可以选择在包含端口的元组中包含IP地址。像我们一样传入空白字符串会导致它在所有接口上进行侦听。 传递给**listen**函数的值1指定了我们可以接受的最大排队连接数。这应该不是问题，因为我们不期望一堆客户端同时连接。

现在我们有了一个socket，将再创建一个空数组，用于存储我们可以回显消息的客户端socket集合。最后一部分是告诉信号库运行我们尚未编写的**self.signal_ handler**函数，当SIGINT或SIGTERM被发送到应用程序时，我们可以很好地处理。

```
class Server():
    def __init__(self, port):
# 创建一个socket 并且与一个端口绑定
        self.listener = socket.
socket(socket.AF_INET, socket.SOCK_
STREAM)
        self.listener.bind(('',
port))
        self.listener.listen(1)
        print "Listening on port
{0}".format(port)
# 用于存储所有客户端的socket，以便回应
它们
        self.client_sockets = []
# 当按下Ctrl+C时，运行函数self.signal_
handler
        signal.signal(signal.SIGINT,
self.signal_handler)
        signal.signal(signal.
SIGTERM, self.signal_handler)
```

04 服务器的主循环

服务器的主循环基本上接受来自客户端的新连接，将客户端的socket添加到socket集合，然后在新线程中启动我们尚未编写的**ClientListener**类的实例。有时，在编写之前定义要调用的接口非常好，因为它可以概述程序如何工作而不必担心细节。请注意，我们正在进行打印信息，以便在需要时更轻松地进行调试。在循环结束时，休眠对于确保**while**循环无法快速运行以挂机很有用。但是，这不太可能发生，因为接受新连接的行是阻塞的，这意味着程序在从该行继续前等待连接。出于这个原因，我们需要在**try**块中包含该行，以便我们可

有用的文档

Threading: docs.python.org/2/library/ threading.html

Sockets: docs.python.org/2/library/ socket.html

Regular expressions: docs.python. org/2/library/re.html

The signal handler: docs.python.org/ 2/library/signal.html

PyGTK: www.pygtk.org/ pygtk2reference

GObject: www.pygtk.org/ pygtk2reference/gobject-functions.html

以捕获socket错误，并在我们不再接受连接时退出。这通常是在我们在退出程序的过程中关闭socket的时候。

```
    def run(self):
        while True:
#侦听客户端，并为每个新客户端创建一个客
户端线程
            print "Listening for
more clients"
            try:
                (client_socket,
client_address) = self.listener.
accept()
            except socket.error:
                sys.exit("Could not
accept any more connections")

            self.client_sockets.
append(client_socket)

            print "Starting client
thread for {0}".format(client_
address)
            client_thread =
ClientListener(self, client_socket,
client_address)
            client_thread.start()

            time.sleep(0.1)
```

05 Echo函数

我们需要一个可以从客户端线程调用的函数来回显每个客户端的消息。这个功能很简单。最重要的部分是将数据发送到socket，在**try**块中，这意味着如果操作失败，我们可以处理异常，而不是程序崩溃。

```python
    def echo(self, data):
# 向self.client_socket中的每个socket发送消息
        print "echoing: {0}".
format(data)
        for socket in self.client_
sockets:
# 尝试回显到所有客户端
            try:
                socket.sendall(data)
            except socket.error:
                print "Unable to send
message"
```

06 完成Server类

Server类的其余部分采用了几个简单的函数。一个是从套socket集合中删除socket，以及我们在类的初始化器中讨论的**signal_handler**函数。此函数停止侦听新连接，并从正在**侦听**的端口取消绑定socket。最后，我们向每个客户发送消息，让他们知道我们正在退出。一旦signal_handler功能结束，信号将按预期继续关闭程序。

```python
    def remove_socket(self, socket):
# 从client_sockets列表中删除指定的socket
        self.client_sockets.
remove(socket)
    def signal_handler(self, signal,
frame):
# 当Ctrl+C被按下时运行
        print "Tidying up"
# 停止监听新的链接
        self.listener.close()
# 让每个客户端都知道我们退出了
        self.echo("QUIT")
```

07 客户端线程

用于处理每个客户端的类继承Th-read类。这意味着可以创建类，然后使用**client_thread.start()**启动。此时，类的**run**函数中的代码将在后台运行，Server类的主循环将继续接受新连接。

我们必须首先使用**super**关键字初始化Thread基类。你可能已经注意到，当我们在服务器的主循环中创建**ClientListener**类的新实例时，通过了服务器的**self**变量。这样做是因为ClientListener类的每个实例都有自己对服务器的引用，而不是使用我们稍后创建的实际启动应用程序的全局实例。

```python
class ClientListener(threading.
Thread):
    def __init__(self, server,
socket, address):
# 初始化线程基类
        super(ClientListener,
self).__init__()
# 存储已传递给构造函数的值
        self.server = server
        self.address = address
        self.socket = socket
        self.listening = True
        self.username = "No
Username"
```

08 客户端线程的循环

在客户端线程中运行的循环与服务器中的循环非常相似。当self.listening为true时，它会一直监听数据，并将它获取的任何数据传递给我们即将编写的**handle_msg**函数。传递给**socket.recv**函数的值是接收数据时要使用的缓冲区的大小。

```python
    def run(self):
# 线程的循环接收和处理消息
        while self.listening:
            data = ""
            try:
                data = self.socket.
recv(1024)
            except socket.error:
                "Unable to recieve
data"
            self.handle_msg(data)
            time.sleep(0.1)
# While 循环至此结束
        print "Ending client thread
for {0}".format(self.address)
```

09 整理

我们需要有一个函数来整理线程。当客户端向我们发送一个空字符串（表示它已停止在socket上监听）或发送"QUIT"时，将调用此方法。当发生这种情况时，我们将回应用户已退出的每个客户端。

```python
    def quit(self):
# 整理并结束线程
        self.listening = False
        self.socket.close()
        self.server.remove_
socket(self.socket)
        self.server.echo("{0} has
quit.\n".format(self.username))
```

10 处理消息

我们的客户可能发送三种消息：
- 退出
- 用户名称：用户
- 任意字符串将回显到所有客户端

如果socket已经关闭，客户端也会发送一堆空消息，所以如果发生这种情况，我们将结束他们的线程。除了正则表达式部分之外，代码应该是不言自明的。如果有人发送USERNAME消息，则服务器会告诉每个客户端新用户已加入。这是使用正则表达式测试的。^表示字符串的开头，$表示结束，括号表示包含，*表示提取"USERNAME"之后的内容。

```python
    def handle_msg(self, data):
# 输出并处理我们刚刚收到的消息
        print "{0} sent: {1}".
format(self.address, data)
# 使用正则表达式测试类似"USERNAME
liam"的消息
        username_result =
re.search('^USERNAME (.*)$', data)
        if username_result:
            self.username =
username_result.group(1)
            self.server.echo("{0}
has joined.\n".format(self.
username))
        elif data == "QUIT":
# 如果客户端已发送QUIT，则关闭此线程
            self.quit()
        elif data == "":
# 另一端的socket可能已关闭
            self.quit()
        else:
# 这是一则正常的消息，显示给所有人
            self.server.echo(data)
```

需要告诉GObject我们将使用线程

11 启动服务器

实际启动Server类的代码如下所示。请注意，最好选择一个高编号的端口，因为需要root用户才能打开小于1024的端口号。

```python
if __name__ == "__main__":
    # 在端口59091启动服务器
    server = Server(59091)
    server.run()
```

12 客户端

像对服务器一样为客户端创建一个新文件，并在你喜欢的编辑器中打开。客户端需要与服务器相同的导入，以及gtk、gobject和datetime库。我们需要做的一件重要的事情是告诉GObject我们将使用线程，因此我们可以从其他线程调用函数并使主窗口（在主GTK线程中运行）更新。

```python
#!/usr/bin/env python2
# 即时通讯程序的客户端。Liam Fraser 将
# 其作为 Linux 用户和开发人员教程的一部分
# 编写。

import threading
import gtk
import gobject
import socket
import re
import time
import datetime

# 让 gobject 等待来自多个线程的调用
gobject.threads_init()
```

13 客户端图形用户界面

客户端的用户界面不是本教程的主要关注点，并且不会像其他代码那样详细解释。但是，代码应该非常简单易读，我们提供了有用的文档链接。

我们的MainWindow类继承了gtk Window类，所以我们需要从使用super关键字初始化它开始，然后创建将继续在窗口上运行的控件，将它们拥有的任何事件连接到函数，最后布置控件如何工作。

destroy事件在程序关闭时引发，其他事件应是显而易见的。

GTK使用打包布局，在其中使用Vbox和Hbox来布局控件，V和H代表垂直和水平。这些控件允许你像表一样拆分窗口控件，并根据应用程序的大小自动决定控件的大小。GTK没有控制输入基本信息，比如：服务器的IP地址，端口和服务器的IP地址，端口和你选择的用户名。所以我们创建了一个名为ask_for_info的函数，向其添加一个文本框，然后显示检索结果。我们之所以这样做，是因为它比创建新代码更简单并且使用的代码少于创建新窗口。

```python
class MainWindow(gtk.Window):
    def __init__(self):
# 初始化基础 gtk 窗口类
        super(MainWindow, self).__init__()
# 创建控件
        self.set_title("IM Client")
        vbox = gtk.VBox()
        hbox = gtk.HBox()
        self.username_label = gtk.Label()
        self.text_entry = gtk.Entry()
        send_button = gtk.Button("Send")
        self.text_buffer = gtk.TextBuffer()
        text_view = gtk.TextView(self.text_buffer)
# 连接事件
        self.connect("destroy", self.graceful_quit)
        send_button.connect("clicked", self.send_message)
# 当用户按下Enter，激活事件
        self.text_entry.connect("activate", self.send_message)
# 做布局
        vbox.pack_start(text_view)
        hbox.pack_start(self.username_label, expand = False)
        hbox.pack_start(self.text_
```

```python
entry)
        hbox.pack_end(send_button, expand = False)
        vbox.pack_end(hbox, expand = False)
# 显示
        self.add(vbox)
        self.show_all()
# 完成配置过程
        self.configure()
    def ask_for_info(self, question):
# 显示带有文本输入框的消息框并返回响应
        dialog = gtk.MessageDialog(parent = self, type = gtk.MESSAGE_QUESTION,

flags = gtk.DIALOG_MODAL |

gtk.DIALOG_DESTROY_WITH_PARENT,

buttons = gtk.BUTTONS_OK_CANCEL,

message_format = question)
        entry = gtk.Entry()
        entry.show()
        dialog.vbox.pack_end(entry)
        response = dialog.run()
        response_text = entry.get_text()
```

```
        dialog.destroy()
        if response == gtk.RESPONSE_
OK:
            return response_text
        else:
            return None
```

14 配置客户端

在我们将控件添加到主窗口之后运行此代码，并要求用户输入。目前，如果用户输入错误的服务器地址或端口，应用程序将退出。但这不是一个正式应用的系统，所以没关系。

```
    def configure(self):
# 执行连接到服务器的步骤
# 弹出一个对话框，询问服务器地址，以及端口
        server = self.ask_for_
info("server_address:port")
# 使用正则匹配区分 IP地址和端口号
        regex = re.search('^(\d+\.\
d+\.\d+\.\d+):(\d+)$', server)
        address = regex.group(1).
strip()
```

```
        port = regex.group(2).
strip()
# 索要用户名
        self.username = self.ask_
for_info("username")
        self.username_label.set_
text(self.username)
# 尝试连接到服务器，然后开始侦听
        self.network =
Networking(self, self.username,
address, int(port))
        self.network.listen()
```

15 MainWindow的剩余部分

MainWindow类的其余部分有很多注释要解释，如下所示。需要注意的一点是，当客户端发送消息时，它不会立即在文本视图中显示它。服务器将向每个客户端回显消息，因此客户端只需在服务器回送消息时显示自己的消息。这意味着当你没有看到你发送的消息时，你可以判断服务器是否未收到你的消息。

```
    def add_text(self, new_text):
# 将文本添加到文本视图
        text_with_timestamp = "{0}
{1}".format(datetime.datetime.now(),
new_text)
# 获取文本末尾的位置，以便我们知道在何处
插入新文本
        end_itr = self.text_buffer.
get_end_iter()
# 在文本末尾添加新文本
        self.text_buffer.insert(end_
itr, text_with_timestamp)
    def send_message(self, widget):
# 清除文本并将消息发送到服务器
# 我们不需要显示它，因为它将发给每个客
户，包括我们。
        new_text = self.text_entry.
get_text()
```

```
        self.text_entry.set_text("")
        message = "{0} says: {1}\n".
format(self.username, new_text)
        self.network.send(message)
    def graceful_quit(self, widget):
# 当应用程序关闭时，告诉 GTK 退出，然后
告诉服务器我们正在退出并整理网络
        gtk.main_quit()
        self.network.send("QUIT")
        self.network.tidy_up()
```

16 客户端的Networking类

客户端的大部分Networking类都与Server类相似。一个区别是该类不继承Thread类——我们只是将其中一个函数作为一个线程启动。

```
class Networking():
    def __init__(self, window,
username, server, port):
# 设置网络类
        self.window = window
        self.socket = socket.
socket(socket.AF_INET, socket.SOCK_
STREAM)
        self.socket.connect((server,
port))
        self.listening = True
# 告诉服务器新用户已加入
        self.send("USERNAME {0}".
format(username))

    def listener(self):
# 函数作为线程运行，侦听新消息
        while self.listening:
            data = ""
            try:
                data = self.socket.
recv(1024)
            except socket.error:
                "Unable to recieve
data"
            self.handle_msg(data)
# 我们不需要 while 循环太快
```

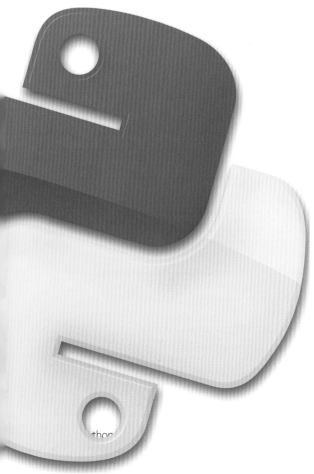

" 服务器将每条消息发送给每个客户端 "

```
            time.sleep(0.1)
```

17 将函数作为线程运行

上面的监听函数将作为线程运行。在线程上启用**守护程序**选项，意味着如果主线程意外结束，它将会结束。

```
    def listen(self):
# 启动侦听线程
        self.listen_thread =
threading.Thread(target=self.
listener)
# 阻止子线程保持应用程序打开状态
        self.listen_thread.daemon =
True
        self.listen_thread.start()
```

18 完成Networking类

同样，这些代码大部分与server的Networking类中的代码类似。一个区别是我们想要在窗口的文本视图中添加一些内容。我们通过使用GObject的**idle_add**函数来完成此操作。这允许我们调用一个函数，它将在主线程不忙时更新在主线程中运行的窗口。

```
    def send(self, message):
# 向服务器发送消息
        print "Sending: {0}".
format(message)
        try:
            self.socket.
sendall(message)
        except socket.error:
            print "Unable to send
message"

    def tidy_up(self):
# 如果我们退出或服务器退出，我们将被清理
        self.listening = False
        self.socket.close()
# 如果我们要退出，我们不会看到这些，因为
窗口将很快消失
        gobject.idle_add(self.
window.add_text, "Server has
quit.\n")

    def handle_msg(self, data):
        if data == "QUIT":
# 服务器正在退出
            self.tidy_up()
        elif data == "":
# 服务器可能意外关闭了
            self.tidy_up()
```

```
    else:
# 告诉 GTK 线程在准备就绪时添加一些文本
            gobject.idle_add(self.
window.add_text, data)
```

19 启动客户端

主窗口通过初始化类的实例来启动。注意，我们不需要存储任何返回的内容。然后我们通过调用**gtk.main()**启动GTK线程。

```
if __name__ == "__main__":
# 创建主窗口的实例并启动gtk主循环
    MainWindow()
    gtk.main()
```

20 尝试一下

你需要一些终端：一个用于启动服务器，一些用于运行客户端。启动服务器后，打开客户端实例并输入**127.0.0.1:port**，其中"port"是你决定使用的端口。服务器将打印它正在监听的端口以使其变得简单，然后输入用户名并单击"确定"。以下是具有两个客户端的服务器的输出示例。你可以通过将127.0.0.1替换为服务器的IP地址来在网络上使用客户端。如果端口不起作用，则需要检查防火墙，让端口通过计算机的防火墙。

```
[liam@liam-laptop Python]$ ./IM-
Server.py
Listening on port 59091
Listening for more clients
Starting client thread for
('127.0.0.1', 38726)
('127.0.0.1', 38726) sent: USERNAME
client1
echoing: client1 has joined.
Listening for more clients
Starting client thread for
('127.0.0.1', 38739)
('127.0.0.1', 38739) sent: USERNAME
client2
echoing: client2 has joined.
Listening for more clients
('127.0.0.1', 38739) sent: client2
says: Hi
echoing: client2 says: Hi
('127.0.0.1', 38726) sent: client1
says: Hi
echoing: client1 says: Hi
('127.0.0.1', 38726) sent: QUIT
echoing: client1 has quit.
Ending client thread for
('127.0.0.1', 38726)
^CTidying up
```

```
echoing: QUIT
Could not accept any more
connections
('127.0.0.1', 38739) sent:
echoing: client2 has quit.
Ending client thread for
('127.0.0.1', 38739)
```

21 就是这样！

因此，它并不完美，在错误处理方面可以更加强大，但我们有一个可以接受多个客户端并在它们之间中继消息的工作即时通讯服务器。更重要的是，我们学到了一些新的概念和工作方法。

使用SourceClear对代码进行错误扫描

确保你的软件项目安全——了解如何快速、轻松地查找和修复基于库的安全漏洞

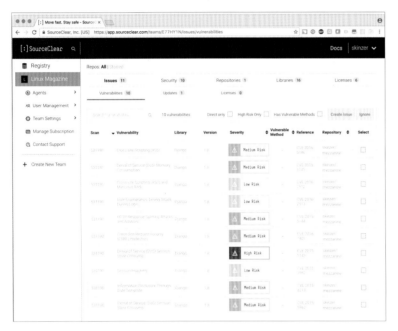

```
vagrant@vagrant-ubuntu-trusty-64:~$ sudo apt-get install srcclr
Reading package lists... Done
Building dependency tree
Reading state information... Done
The following NEW packages will be installed:
  srcclr
0 upgraded, 1 newly installed, 0 to remove and 38 not upgraded.
```

```
curl -sSL https://sourceclear.com/install | bash
```

或者，也可以通过apt-get。

```
sudo apt-key adv --keyserver keyserver.ubuntu.com
--recv-keys DF7DD7A50B746DD4
sudo add-apt-repository "deb https://download.
srcclr.com/ubuntu stable/"
sudo apt-get update
sudo apt-get install srcclr
```

资源

可上网的 linux 或 OSX 电脑

Python 2.7.x and pip installed on the local path
www.djangoproject.com/download

Git 1.9.3+

免费的 SourceClear.com 账号
https://www.sourceclear.com/

今天的平均软件项目依赖于数十个，有时是数百个开源库。这些库是最新的吗？你正在使用的版本中是否存在安全漏洞？你是怎么知道的？

SourceClear可以轻松自动地回答这些问题。你将获得对开源依赖项的完整分析——安全漏洞、过时的库和许可证报告。

要分析项目，将使用SourceClear命令行代理。通过利用管理开源依赖关系的本机构建和包管理器，将首先收集有关完整依赖关系图的信息。然后，我们将这些库与SourceClear Registry（世界上最大的开源安全漏洞数据库）进行匹配，并帮助你对可能发现的问题进行分类。

让我们从一个流行的Python项目开始，看看可以发现哪些问题。

01 安装SourceClear代理
SourceClear命令行界面（CLI）代理是一个灵活的实用程序，可以轻松扫描代码项目以查找开源中的漏洞。通过运行以下命令集之一，该工具几乎可以安装在任何基于Linux的操作系统上。

02 激活SourceClear代理
要激活代理，需要激活令牌。登录SourceClear.com，在New Agent页面中，可以选择你的操作系统（Linux）。通过单击字段右侧的剪贴板复制激活令牌。接下来，返回终端并运行以下命令，在出现提示时输入激活令牌。

```
srcclr activate
```

这将在~/.srcclr/agent.yml中使用API令牌创建配置文件。如果希望在其他环境中使用此代理，则可以从此文件复制API令牌，并将其设置为另一个系统上的SRCCLR_API_TOKEN环境变量，而无需再次激活代理。

03 测试环境

通过运行以下命令确保本地环境已设置为扫描
Python项目：

```
srcclr test --pip
```

求2.2.1和Pillow 2.3.0 Python库与30个不同的漏洞
相关联。此外，此特定项目中的代码实际上使用了与
Django 1.8漏洞相关的易受攻击的方法。

" 为了演示SourceClear的工作原理，我们首先分析一个名为Mezzanine的公共Python项目 "

此命令将显示SourceClear CLI使用的各种系统
信息，并执行使用指定包管理器的测试项目的扫描（在
本例中为pip）。仅当希望扫描使用特定包管理器中的
库的项目时，才需要列出的包管理器信息。运行此命令
后，可以看到输出类似下面的屏幕截图。

```
vagrant@vagrant-ubuntu-trusty-64:~$ srcclr scan mezzanine/
SourceClear scanning engine ready
Running the PIP scanner
Scanning completed
Found 31059 lines of code
Matching libraries against the SourceClear Registry...
Matching complete
```

06 查看完整的扫描结果

SourceClear代理的标准输出很有帮助，但让
我们在线查看完整的报告。复制输出底部的完整报告详
细信息URL并将其粘贴到浏览器中。登录后，可以查

04 扫描Python项目

为了演示SourceClear的工作原理，我们首先
分析一个名为Mezzanine的公共Python项目（**https://
github.com/stephenmcd/mezzanine**），这是一
个基于Django构建的流行内容管理系统。
我们可以使用GitHub URL扫描这样的项目。

```
srcclr scan --url https://github.com/stephenmcd/
mezzanine
```

指定GitHub URL将执行项目的浅层克隆，扫描
它，然后在完成后删除项目。要扫描本地项目，只需使
用路径。例如：

```
srcclr scan /path/to/mezzanine
```

看此扫描的完整详细信息，包括详细的漏洞信息、许可
证信息以及正在使用的开源库的可搜索列表。可以根据
库、许可证或漏洞的属性（仅高风险漏洞、过时库等）
来过滤所有数据。

07 修复安全问题

SourceClear集成了JIRA和GitHub问题，可
帮助你跟踪和修复漏洞。在报告中，我们发现了一个
安全问题，它不仅是这个项目的一部分，而且也是一
个Mezzanine代码直接调用易受攻击的方法的安全问
题。这对解决问题至关重要。我们将通过单击漏洞旁边
的复选框，然后选择"Create Issue"按钮，为此易
受攻击的方法创建GitHub问题。

05 从标准输出查看扫描报告

扫描项目后，输出提供了漏洞和GPL许可信
息的概述。对于这个特定的扫描，Django 1.8，请

08 查看漏洞详情

现在我们已经确定了漏洞，想要解决它。SourceClear提供漏洞的详细信息。我们可以通过转到扫描报告中的"Issues"选项卡，并单击要修复的漏洞来查看此信息。这将显示一个页面，其中包含漏洞的描述、找到的库以及可能使用的任何易受攻击的方法，以及如何修复它的完整调用链。

09 看看易受攻击的代码

查看漏洞修复信息让我们能够准确地查看代码中易受攻击部分的使用位置。为了查看调用者＃2，

```
50
51    def next_url(request):
52        """
53        Returns URL to redirect to from the ``next`` param in the request.
54        """
55        next = request.GET.get("next", request.POST.get("next", ""))
56        host = request.get_host()
57        return next if next and is_safe_url(next, host=host) else None
```

'next_url'的易用性，我们可以转到url.py文件中的第97行。 果然，易受攻击的'is_safe_url'功能正在'next_url'功能中使用，如屏幕截图所示。

通过对代码中发生此漏洞的位置的理解，我们可以决定是否更改代码本身以消除漏洞，这是最佳解决方案。

10 修复漏洞

通过更改代码修复此特定漏洞，在我们的案例中

不是最可行的。我们可以查看SourceClear中的漏洞修复信息，以了解如何将正在使用的库更新为没有任何已知漏洞的版本。SourceClear向我们推荐的版本没有已知漏洞，因此更新只需要指定大于或等于建议版本的库版本范围。

11 应用修复程序

更新库可能很棘手，特别是如果库在代码中间接使用（库A依赖于库B，它恰好是易受攻击的）。幸运的是，Django库直接在项目根目录下的setup.py文件中指定，这意味着我们可以简单地更新此特定库的版本范围。截至2016年11月，Django的1.10.3或更高版本没有任何已知的漏洞。

12 测试你的更改

在提交更改之前，验证项目是否与更新版本的库兼容非常重要。在这种特殊情况下，我们正在更新的Django版本低于最高版本约束（1.11），因此更改不应该破坏项目。当然，你可以使用Coverage Python库来运行项目的测试。如截图所示，测试成功，意味着我们可以在知道项目按预期工作的情况下继续进行更改，假设已实施适当的测试覆盖。

13 提交前扫描

一旦我们测试了该修复程序，就可以通过运行另一个SourceClear扫描来验证漏洞修复程序在将其提交

```
vagrant@vagrant-ubuntu-trusty-64:~/mezzanine$ srcclr scan --allow-dirty
SourceClear scanning engine ready
Running the PIP scanner
```

到源代码管理之前是否有效。SourceClear要求所有代码更改都与提交相关联，以便在Web平台中发送和跟踪结果。通过使用'--allow-dirty'参数，可以使用未提交的更改扫描项目，而无需将结果发送到Web平台，以验证是否已修复漏洞。

14 验证修复是否有效
使用'--allow-dirty'选项扫描后，可以查看结果概述，并观察要修复的漏洞是否显示在结果中。在

这种情况下，输出显示没有与Django相关的漏洞，这证实了更改是成功的。不幸的是，此代码中仍然存在易受攻击的库。虽然没有使用那些库的易受攻击的方法，但我们仍然希望更新到非易受攻击的版本，以确保对代码有贡献的其他人不使用易受攻击的方法。

15 修复其余漏洞
在SourceClear面板的"问题"部分，可以选择"更新"选项卡，以查看过期的库，并由依赖性需求文件（setup.py、requirements.txt、pom.xml等）直接引用。剩下的两个易受攻击的库Pillow和requests具有未指定上限的版本范围要求。这意味着我们可以简单地将约束更新为大于或等于"最新扫描"列中显示的最新版本。

Scan	Library (Direct Only)	Version in Use	Latest At Scan
609684	Django	1.8	1.10.3
609684	requests	2.2.1	2.11.1
609684	Pillow	2.3.0	3.4.2

16 更新你的库
现在你已了解要更新的版本，你可以更改版本范围，使其大于指定的最新扫描版本。更新版本范围后，应使用"--allow-dirty"参数运行另一次扫描，以确保修复成功。通常你可能会发现版本更新将导致SourceClear识别出更多依赖项，因为正在更新的库可能还有另一个依赖项。SourceClear将这些称为"transitive"依赖项。

17 将提交的更改通过SourceClear扫描
最后，将识别并修复与正在处理的项目相关的所有漏洞。通过切换到"问题"选项卡，可以看到代码现在没有已知漏洞。你也可以轻松地将SourceClear添加到CI管道中，以便自动执行此过程，并使"Issues"

选项卡与漏洞信息保持同步。

18 未来漏洞的通知
代码的安全性是一场持久战，确保了解代码中任

何添加的易受攻击的依赖项或新发现的漏洞非常重要。你可以通过右上角的用户名展开下拉菜单，选择通知设置来确保通知。可以选择在所有项目中启用漏洞信息的每周电子邮件摘要，或者在为任何项目引入新漏洞时立即发送电子邮件通知，或两者都启用。这样的话你的开源库就是安全的了！

复制: 开发自己的cp命令

从常见的模拟鸟中汲取灵感，学习如何在Python 3中开发轻量级的cp并安全地复制文件。

在这里，我们将展示如何在Python 3中实现cp命令行实用程序——我们的Python版本将被称为pycp.py。所有操作系统至少提供一种复制文件的方法，Linux也不例外，要了解cp命令的重要性，应该知道它位于/bin内，即使以单用户模式启动Linux机器也可以使用该命令。

使用 cp

以下输出显示了cp程序的各种用法。

```
$ ls -l /bin/cp
-rwxr-xr-x 1 root root 150824 Mar 14
2015 /bin/cp
$ cp /bin/cp .
$ ls -l cp
-rwxr-xr-x 1 mtsouk mtsouk 150824 Oct
19 22:09 cp
$ rm cp
$ cp /bin/cp /tmp/
$ ls -l cp
-rwxr-xr-x 1 mtsouk mtsouk 150824 Oct 19
22:09 cp
$ cp -n /bin/cp /tmp
$ cp -i /bin/cp /tmp
cp: overwrite '/tmp/cp'? y
```

第一个命令将cp可执行文件复制到当前目录中——新文件属于当前用户，而原始文件属于root用户。最后一个cp命令说明了使用cp的-i选项。可以查看cp(1)的使用说明以查找有关它的更多信息以及其他支持的选项。

识别文件和目录

你需要找到一种区分目录和常规文件的方法，这是**fileORdir.py**的工作。

```
#!/usr/bin/env python3

import os
import sys

if len(sys.argv) >= 2:
what = str(sys.argv[1])
else:
```

```
print('Not enough arguments!')
sys.exit(0)

if os.path.isdir(what):
print(what, 'is a directory!')
elif os.path.isfile(what):
print(what, 'is a file!')
```

os.path.isdir()方法告诉它的参数是否是目录，而os.path.isfile()告诉它的参数是否是常规文件。这里应该注意，尽管执行这两个测试看起来都是多余的，但这是正确的工作方式，因为Linux支持更多类型的文件，包括socket、链接和管道。执行fileORdir.py会生成以下类型的输出。

```
$ ./fileORdir.py .
. is a directory!
$ ./fileORdir.py /usr
/usr is a directory!
$ ./fileORdir.py /bin/cp
/bin/cp is a file!
```

此操作很重要，因为如果cp的第2个命令行参数是目录，则意味着你将创建原始文件的副本，该副本作为第1个命令行参数提供到该目录中。此外，如果第1个命令行参数是目录，则Python脚本将不起作用。

处理文件

本教程的这一部分将介绍与文件相关的Python 3方法。它将使你能够为pycp.py添加一些额外的功能。以下保存为**fileOperations.py**的Python 3代码显示了一些探索文件元数据的方法。

```
#!/usr/bin/env python3
import sys
import os
import stat
from stat import *
if len(sys.argv) >= 2:
filename = str(sys.argv[1])
else:
print('Not enough arguments!')
sys.exit(0)
fileMetadata = [(filename, os.
```

```
lstat(filename))]
for name, meta in fileMetadata:
if S_ISDIR(meta.st_mode):
print('It is a directory!')
else:
print('It is a regular file')
print(name, 'takes', meta.st_size,
'bytes')

print('File permissions:', stat.
filemode(os.
stat(filename).st_mode))
```

os.lstat()和os.stat()之间的区别（Python 3版本）是os.lstat()不遵循符号链接，这使得它比os.stat()更安全。执行**fileOperations.py**会生成以下类型的输出。

```
$ ./fileOperations.py fileOperations.
py
It is a regular file
fileOperations.py takes 502 bytes
File permissions: -rwxr-xr-x
$ ./fileOperations.py .
It is a directory!
. takes 4096 bytes
File permissions: drwxr-xr-x
```

从"File permissions"部分的值可以看出，常规文件以连字符开头，而目录以字母d开头。

这是作弊!

Python使你可以在os.system()方法的帮助下在脚本中使用外部命令。因此，你可以使用cp实用程序本身实现文件复制。保存在**cheating.py**中的以下代码说明了该技术。

```
#!/usr/bin/env python3
import os
import sys
if len(sys.argv) >= 3:
source = str(sys.argv[1])
destination = str(sys.argv[2])
```

```
else:
print('Not enough arguments!')
sys.exit(0)
os.system('cp '+source+''+destination)
```

然而，这种技术并不被认为是好的做法，应该尽量避免。

Python 3中的文件副本

大多数编程语言（包括C、Perl和C++）都提供了多种复制文件的方法。Python 3也不例外。

一般来说，当有很多方法来执行任务时，应使用最通用的方法。如果所有方式都是通用的，那么应该选择最快的方式。如果事先不知道哪种技术最快，可以执行一些测试以找出答案。

本节介绍两种在Python 3中复制文件的方法。第一种方法在**copy1.py**文件中。

```
#!/usr/bin/env python3
from shutil import copyfile
import sys
if len(sys.argv) >= 3:
source = str(sys.argv[1])
destination = str(sys.argv[2])
else:
print('Not enough arguments!')
sys.exit(0)
try:
copyfile(source, destination)
except IOError as e:
errno, strerror = e.args
print("I/O error({0}): {1}".
format(errno,strerror))
```

shutil模块的copyfile()函数为我们完成整个工作。由于这种技术使用单一方法，无法控制它，这有时是好事，有时可能是坏事。第二种方法包含在**copy2.py**文件中。

```
#!/usr/bin/env python3
import sys
if len(sys.argv) >= 3:
```

```
source = str(sys.argv[1])
destination = str(sys.argv[2])
else:
print('Not enough arguments!')
sys.exit(0)
size = 16384
try:
with open(source,'rb') as f1:
with open(destination,'wb') as f2:
while True:
buf = f1.read(size)
if buf:
n = f2.write(buf)
else:
break
except IOError as e:
errno, strerror = e.args
print("I/O error({0}): {1}".
format(errno,strerror))
```

此技术使用write()方法使用名为**buf**的缓冲区变量将数据复制到新文件。使用非常小的缓冲区（例如8个字节）将危及脚本的性能。解决方案是使用相对较大的缓冲区，具体取决于你机器的内存大小。

请注意，**copy1.py**和**copy2.py**都使用"try"块来捕获和处理复制操作期间的潜在错误。虽然这两种技术都很好，但第二种技术能够更好地控制这一过程并且可能更有效。因此，本教程提出的cp的Python 3实现将使用这种技术。

快速提示

可以在LXFDVD上找到它的源代码，也可以在lxF227问题的linuxformat.com上的Archives上找到，所有人都可以使用。

strace命令行实用程序

使用strace实用程序可以查看执行程序或脚本时幕后发生的情况。严格地说，strace跟踪系统调用和可执行程序的信号并将其显示在屏幕上。对pycp.py使用strace会显示以下类型的信息：

```
$ strace ./pycp.py pycp.py
anotherFile
...
```

```
stat("/usr/lib/python3.4/os.py",
{st_mode=S_
IFREG|0644, st_size=33763, ...}) = 0
...
open("./pycp.py", O_RDONLY) = 3
...
open("anotherFile", O_WRONLY|O_
CREAT|O_TRUNC|O_CLOEXEC, 0666) = 4
...
write(4, "#!/usr/bin/env python3\n\
```

```
nimport o"..., 2140) = 2140
close(4) = 0
close(3) = 0
...
```

上述输出显示你的pycp.py脚本作为C函数和C系统调用执行，因为这是与Linux内核通信的唯一方法。然而，在C中编写相同的程序将需要更多的代码行和更多小时的调试。

处理选项

当目标文件已经存在时，在执行mycp.py时要考虑的最重要的事情是要删除它还是要停止复制过程？除非使用−n开关，否则cp实用程序的默认行为是删除目标文件。此外，如果你使用-i选项，cp将询问你是否要删除目标文件。但是，如果同时使用−n和−i，则−n将优先，−i将被忽略。第二个任务是能够判断目标文件是否是目录，因为在这种情况下，你将把新文件放在该目录中。

在这里，我们使用**processOptions.py**的Python 3代码处理与文件复制相关的命令行参数和选项。例如：

```
#!/usr/bin/env python3

import os
import sys

iSwitch = 0;
nSwitch = 0;

if len(sys.argv) == 3:
source = str(sys.argv[1])
destination = str(sys.argv[2])
elif len(sys.argv) == 4:
source = str(sys.argv[1])
destination = str(sys.argv[2])
option1 = str(sys.argv[3])
if option1 == "–i":
iSwitch = 1;
if option1 == "–n":
nSwitch = 1;
elif len(sys.argv) >= 5:
source = str(sys.argv[1])
destination = str(sys.argv[2])
option1 = str(sys.argv[3])
option2 = str(sys.argv[4])
if (option1 == "–i" or option2 ==
"–i"):
iSwitch = 1;
if (option1 == "–n" or option2 ==
"–n"):
nSwitch = 1;
else:
print('Usage: ', sys.argv[0], 'source
destination [-in]')
sys.exit(0)

# If the source is not a file
if os.path.isfile(source) == False:
print(source, 'is not a file.
Exiting...')
```

```
sys.exit(0)

# If the destination is a directory
if os.path.isdir(destination):
destination = destination + '/' +
source
print('Copying to', destination)

# If the destination already exists
if os.path.isfile(destination):
print(destination, 'already exists!')
# If -n switch is OFF, check the -i
switch
if nSwitch == 0:
if iSwitch == 1:
answer = input('[y|n]: ')
if answer == 'y' or answer == 'Y':
print('Copying', source, 'to',
destination)
else:
print('Cannot overwrite', destination)
sys.exit(0)
# If -n switch is ON, stop program
execution
elif nSwitch == 1:
sys.exit(0)
else:
print('Copying', source, 'to',
destination)
```

要简化代码，源文件必须始终位于第一位，目标文件或目录必须位于第二位，这将在脚本显示的用法信息中进行说明。

接下来，则应该包含所需的任何选项。执行**processOptions.py**会生成以下类型的输出。

```
$ ./processOptions.py
Usage: ./processOptions.py source
destination [-in]
$ ./processOptions.py afile
Usage: ./processOptions.py source
destination [-in]
$ ./processOptions.py afile anotherFile
afile is not a file. Exiting...
$ ./processOptions.py processOptions.py
newFile
Copying processOptions.py to newFile
$ mkdir test
$ ./processOptions.py processOptions.py
test
Copying to test/processOptions.py
Copying processOptions.py to test/
processOptions.py
$ touch test/processOptions.py
$ ./processOptions.py processOptions.
py
test
Copying to test/processOptions.py
test/processOptions.py already exists!
$ ./processOptions.py processOptions.
py
test -n
```

> **最重要的是考虑目标文件已存在时要执行的操作**

```
Copying to test/processOptions.py
test/processOptions.py already exists!
$ ./processOptions.py processOptions.
py
test -i
Copying to test/processOptions.py
test/processOptions.py already exists!
[y|n]: y
Copying processOptions.py to test/
processOptions.py
$ ./processOptions.py processOptions.
py
test -i
Copying to test/processOptions.py
test/processOptions.py already exists!
[y|n]: n
Cannot overwrite test/processOptions.
py
```

虽然processOptions.py没有启动文件复制操作，但它接近我们想要实现的目标——processOptions.py的代码将用作pycp.py的框架。

最终版本

这是所有以前的细节和代码，汇集在一起实现最终结果。保存为pycp.py的cp实用程序的Python实现的最终版本如下。

```
#!/usr/bin/env python3

import os
import sys

def fileCopy(source, destination):
size = 16384
try:
with open(source,'rb') as f1:
with open(destination,'wb') as f2:
while True:
buf = f1.read(size)
if buf:
n = f2.write(buf)
```

```
else:
break
except IOError as e:
errno, strerror = e.args
print("I/O error({0}): {1}".
format(errno,strerror))

def main():
iSwitch = 0;
nSwitch = 0;
if len(sys.argv) == 3:
source = str(sys.argv[1])
destination = str(sys.argv[2])
elif len(sys.argv) == 4:
source = str(sys.argv[1])
destination = str(sys.argv[2])
option1 = str(sys.argv[3])
if option1 == "-i":
iSwitch = 1;
if option1 == "-n":
nSwitch = 1;
elif len(sys.argv) >= 5:
source = str(sys.argv[1])
destination = str(sys.argv[2])
option1 = str(sys.argv[3])
option2 = str(sys.argv[4])
if (option1 == "-i" or option2 ==
"-i"):
iSwitch = 1;
if (option1 == "-n" or option2 ==
"-n"):
nSwitch = 1;
else:
print('Usage: ', sys.argv[0], 'source
destination [-in]')
sys.exit(0)

# If the source is not a file
if os.path.isfile(source) == False:
print(source, 'is not a file.
Exiting...')
sys.exit(0)

# If the destination is a directory
```

```
if os.path.isdir(destination):
destination = destination + '/' +
source

# If the destination already exists
if os.path.isfile(destination):
# If -n switch is OFF, check the -i
switch
if nSwitch == 0:
if iSwitch == 1:
answer = input('[y|n]: ')
if answer == 'y' or answer == 'Y':
fileCopy(source, destination)
else:
# If -n switch is ON, stop program
execution
elif nSwitch == 1:
sys.exit(0)
else:
fileCopy(source, destination)

if __name__ == '__main__':
main()
else:
print("This is a standalone program
not a module!")
program not a module!")
```

查看pycp.py和processOptions.py会让你了解它们的相似之处，但也会显示它们的主要区别——pycp.py在其实现中使用了两个函数和__name__变量。

在开发系统工具时，测试阶段与实施阶段一样重要，因为它会验证你的工具是否能够正常工作。需要执行以下测试。

```
$ ./pycp.py pycp.py test/
$ ./pycp.py pycp.py /tmp/anotherFile
$ ./pycp.py pycp.py /tmp/anotherFile -i
...
$ ./pycp.py
Usage: ./pycp.py source destination
[-in]
```

关于 UNIX 文件权限

每个Linux文件都具有与之关联的权限。看看以下输出：

```
$ ls -l myCP.pl data.txt
-rw-r--r-- 1 mtsouk mtsouk 158 Oct 18
10:35 data.txt
-rwxr-xr-x 1 mtsouk mtsouk 158 Apr 23
2015 myCP.pl
```

ls命令的上一个输出的第一列显示每个文件的权限。如你所见，每个文件的权限需要10个位置，也可以视为位。除了由Linux定义并声明条目类型的第一位之外，剩余的9个位置可以被收集到3个组中，每个组具有3个位。第一组解释了用户的权限，第二组是关于用户所属的主Linux组的权限，最后一部分是关于其他用户的权限。如果熟悉二进制算法，很容易理解每个集合可以取值从000到111，在十进制算法系统中是从0到7的值。所以rw-r--r--也可以写为644，因为rw-被认为是110，等于6，r--等于4。类似地，rwxr-xr-x可以表示为755。

有各种类型的UNIX文件权限，包括当前用户无法修改或访问的文件，因为它们属于另一个用户。如果你具有正确的文件权限，则可以使用chmod命令更改文件的当前权限。

检查你的电子邮件

使用Python，你可以将树莓派充当邮件检查程序，为你提供有关传入电子邮件的运行列表。

由于树莓派是一台如此小的计算机，因此它可以用于许多想要监视数据源的项目中。 你可能想要创建一个能够显示当前未读电子邮件的邮件检查程序的监视器。对此我们可以看一下如何使用Python创建自己的邮件检查监视器并在树莓派上运行。我们将专注于树莓派和邮件服务器之间的通信，而不必过多地担心它的显示方式，显示方式的内容会作为进一步的练习。

首先，大多数电子邮件服务器使用两种不同的通信协议之一：较旧的、较简单的称为POP（邮局协议），较新的称为IMAP（交互邮件访问协议）。我们将同时使用这两种协议，以涵盖可能遇到的所有情况。我们将从较旧的POP通信协议开始。幸运的是，作为标准库的一部分，支持该协议。要使用它，需要导入poplib模块，然后创建一个新的POP3对象。例如，以下内容将与Gmail提供的POP服务器连接。

```
import poplib
my_pop = poplib.POP3_SSL(host='pop.gmail.com')
```

连接到Gmail时需要使用POP3_SSL类，因为Google使用SSL进行连接。如果连接到其他电子邮件服务器，则可能可以使用POP3进行未加密的连接。POP通信协议涉及客户端向服务器发送一系列命令以与其交互。例如，可以使用getwelcome()方法从服务器获取欢迎消息：

```
my_pop.getwelcome()
```

你希望与服务器通信的第一件事是电子邮件账户的用户名和密码。在代码中使用用户名不存在严重的安全问题，但密码却是另一回事。 除非你有充分的理由在代码中写出来，否则你应该向最终用户询问。标准库中包含getpass模块，你可以使用该模块以更安全的方式询问最终用户的密码。例如，你可以使用以下代码。

```
import getpass
my_pop.user('m y_name@gmail.com')
my_pop.pass_(getpass.getpass())
```

你现在应该登录到你的电子邮件账户了。在POP下，你的账户将被锁定，直到你执行连接的quit()方法。如果需要快速统计服务器上的内容，可以执行stat()方法：

```
my_pop.stat()
```

此方法返回由消息计数和邮箱大小组成的元组。你可以使用list()方法获取明确的消息列表。可以通过两种方式查看这些电子邮件的实际内容，具体取决于你是否要保持邮件不变。如果你只想查看消息的第一个块，可以使用top()方法。以下代码将获取列表中第一条消息的标题和前五行。

```
email_top = my_pop.top(1, 5)
```

此方法将返回一个元组，该元组来自电子邮件服务器的响应文本，标题列表和请求的行数以及消息的8位字节计数组成。top()方法的一个问题是它并不能总是在每个电子邮件服务器上都很好地实现。这时可以使用retr()方法，它将以与top()返回的相同的形式返回整个请求的消息。获得消息内容后，你需要确定实际要显示的内容。例如，你可能只想打印每条消息的主题行。可以使用以下代码执行此操作。

```
for line in email_top[1]:
  if 'Subject' in i:
    print(i)
```

你需要明确地执行搜索，因为标头中包含的行数因消息而异。完成后不要忘记执行quit()方法来关闭与电子邮件服务器的连接。要记住的最后一件事是你的电子邮件服务器将保持连接存活多长时间。在为本文运行测试代码时，它经常会超时。如果需要，可以使用noop()方法作为连接的保持活动状态。

如前所述，与电子邮件服务器通信的第二个更新的协议是IMAP。幸运的是，标准库中包含一个可以使用的模块，类似于我们上面看到的poplib模块，称为imaplib。此外，如上所述，它包含两个主要类来封装连接细节。如果需要SSL连接，可以使用IMAP4_SSL。否则，你可以将IMAP4用于未加密的连接。以Gmail为例，可以使用以下代码创建SSL连接。

```
import imaplib
import getpass
my_imap = imaplib.IMAP4_SSL('imap.gmail.com')
```

与poplib相反，imaplib只有一种方法来处理身份验证。你可以使用getpass模块来请求密码。

```
my_imap.login('my_username@gmail.com', getpass.getpass())
```

> **"大多数电子邮件服务器使用两种通信协议之一"**

IMAP包含邮箱树的概念，其中所有电子邮件都是有组织的。在开始查看电子邮件之前，你需要选择要使用的邮箱。如果你不提供邮箱名称，则默认为收件箱。这很好，因为我们只想显示最新的电子邮件。大多数交互方法返回一个包含状态标志（"OK"或"NO"）的元组和包含实际数据的列表。选择收件箱后我们需要做的第一件事就是搜索所有可用的消息，如下例所示。

```
my_imap.select()
typ, email_list = my_imap.search(None,
'ALL')
```

email_list变量包含可用于获取单个消息的二进制字符串列表。你应该检查存储在变量类型中的值，以确保它包含"OK"。要遍历列表并选择给定的电子邮件，可以使用以下代码。

```
for num in email_list[0].split():
  typ, email_raw = my_imap.fetch(num,
'(RFC822)')
```

变量email_raw包含整个电子邮件正文作为单个转义字符串。虽然你可以解析它以提取你想要在电子邮件监视器中显示的部分，但这种情况会破坏Python的强大功能。同样，标准库中提供了一个名为email的模块，可以处理所有这些解析问题。需要导入模块才能使用它，如此处的示例所示。

```
import email
email_mesg = email.message_from_
bytes(email_raw[0][1])
```

你的电子邮件的所有部分现在都被分为几个部分，你可以更轻松地提取。再次，要拉出主题行以便快速显示，可以使用以下代码：

```
subject_line = email_mesg.
get('Subject')
```

你可以选择许多不同的潜在项目。要获取可用标题项的完整列表，可以使用keys方法，如下所示。

```
email_mesg.keys()
```

很多时候，你收到的电子邮件将作为多部分发送。在这些情况下，你需要使用get_payload()方法来提取任何附加的部分。它将作为更多电子邮件对象的列表返回。然后，你需要对返回的电子邮件对象使用get_payload()方法来获取主体。代码如下所示。

```
payload1 = email_mesg.get_payload()[0]
body1 = payload1.get_payload()
```

与POP电子邮件连接一样，你需要做一些事情来防止连接超时，可以使用IMAP连接对象的noop()方法。此方法充当保持活动的功能。完成所有工作后，需要确保在关闭之前自行清理。执行此操作的正确方法是先关闭你使用过的邮箱，然后从服务器注销。这里给出一个例子。

```
my_imap.logout()
my_imap.close()
```

你现在应该有足够的信息来连接到电子邮件服务器，获取邮件列表，然后提取出你希望作为电子邮件监视器显示的内容。例如，如果要在LCD上显示信息，你可能只想让主题行滚动过去。如果你使用的是更大的屏幕显示，则可能需要抓取正文的一部分或日期和时间作为补充信息。

发送电子邮件

在本篇文章中，我们只研究了如何连接到电子邮件服务器以及如何从中读取它，但是，如果你还需要能够使用代码发送电子邮件呢？与poplib和imaplib类似，Python标准库包含一个名为smtplib的模块。同样，与poplib和imaplib类似，你需要为连接创建一个SMTP对象，然后登录到服务器。如果你使用的是GMail SMTP服务器，则可以使用以下代码：

```
import smtplib
import getpass
my_smtp = smtplib.SMTP_
SSL('smtp.gmail.com')
my_smtp.login('my_email@gmail.
com', getpass.getpass())
```

此代码要求最终用户输入密码，如果你不担心安全性，可以将其直接写到代码中。此外，你只需要对需要它的服务器使用login()方法。如果你正在运行自己的SMTP服务器，则可以将其设置为接受未经身份验证的连接。连接并进行身份验证后，现在就可以发送电子邮件了。执行此操作的主要方法称为sendmail()。例如，以下代码向几个人发送"Hello World"电子邮件。

```
my_smtp.sendmail('my_email@
gmail.com', ['friend1@email.
com', 'friend2@email.com'],
'This email\r\nsays\r\nHello
World')
```

第一个参数是"from"电子邮件地址。第二个参数是"to"电子邮件地址的列表。如果你只有一个"to"地址，则可以将其作为单个字符串而不是列表。最后一个参数是包含电子邮件正文的字符串。需要注意的一件事是，如果无法将电子邮件发送到任何"to"电子邮件地址，你会收到例外情况。只要消息可以发送到至少一个地址，它就会返回完成。完成电子邮件发送后，可以使用以下代码进行清理：finished sending your emails, you can clean up with the code:

```
my_smtp.quit()
```

这会清除所有内容并关闭所有活动连接。所以现在你的项目也可以回复传入的电子邮件。

用树莓派进行多任务处理

了解如何将多任务添加到你的Python代码中——非常适合那些有多个项目的人。

大多数程序员将学习单线程编程作为他们的第一个计算模型。基本思路是按顺序处理计算机的指令，一个接一个地处理。这在大多数情况下都会运行良好，但你还是会碰到需要启动多任务处理的情况。编写多线程应用程序的常用情况是让它们在多处理器的机器上运行。在这些情况下，你将在每个处理器上运行一些繁重的计算绑定进程。由于你的树莓派不是一个巨大的16核桌面计算机，你可能会认为无法利用多个执行线程，但事实并非如此。

有很多问题可以让人自然地想到多线程模型，例如可能还需要花费相对较长时间才能完成的IO操作。在这些情况下，将问题分解为多线程模型是值得的。由于Python是树莓派的首选语言，因此我们将介绍如何将线程添加到你的Python代码中。对于已经研究过Python中多线程编程的人来说，之前可能已经遇到过GIL（全局解释器锁），此锁意味着一次只能运行一个线程，因此你无法获得真正的并行处理。但是在树莓派上，这是可以的。

我们需要的第一步是导入正确的模块。对于本文，我们将使用线程模块。导入后，你可以访问编写代码所需的所有函数和对象。第一步是使用构造函数创建一个新的线程对象。

```
t = threading.Thread(target=my_func)
```

Thread对象将你创建的一些函数（上例中的my_func）作为需要运行的目标代码。当线程对象完成初始化时，它仍处于活动状态但未运行。你需要显式调用新线程的start()方法。这将开始在传递给线程的函数内运行代码。

你可以通过调用其is_alive()方法来检查以验证此线程是否处于活动状态。通常，这个新线程将一直运行，直到函数正常退出。线程可以退出的另一种方式是引发未处理的异常。根据你对并行程序的体验，你可能已经对要编写的代码类型有了一些想法。例如，在MPI程序中，通常在多个执行线程中运行相同的整体代码。你使用线程的ID和一系列if或case语句让每个线程执行代码的不同部分。要做类似的事情，可以参考以下代码。

```
def my_func():
    id = threading.get_ident()
    if (id == 1):
        do_something()
  thread1 = threading.
Thread(target=my_func)thread1.
start()
```

此代码在Python 3中有效，但是因为Python 2中没有get_ident()函数，所以无效。当从一个版本的Python迁移到另一个版本时，线程是那些移动目标的模块之一，因此请查看文档以获取你使用的Python的版本信息。

并行编程中的另一个常见任务是将时间密集型IO分配到单独的线程中。这样，你的主程序可以继续核心工作，并且所有计算资源都尽可能保持忙碌。但是如何判断子线程是否已经完成？你可以使用上面提到的is_alive()函数。但如果没有子线程的结果就不能继续呢？这种情况下你可以使用正在等待的线程对象的join()方法。此方法将暂停，直到有了返回结果。你可以包含一个可选参数，以使方法在几秒钟后超时。这能保证不会陷入由于某些错误或代码错误而永远不会返回的线程。

现在有多个执行线程同时发生，但我们也有一个新的问题需要开始担心——访问全局数据元素。如果你有两个不同的线程想要读取，或更糟糕，想要写入全局内存中的同一个变量，会发生什么？你可能会遇到变量值变化与你期望变量不同步的情况。

这些类型的问题称为竞争条件，因为不同的线程彼此竞争以查看它们对变量的更新将以何种顺序发生。这类问题有两种解决方案。第一种是控制对这些全局变量的访问，并且一次只允许一个线程能够使用它们。描述此控件的通用术语是使用互斥锁来控制此访问。互斥锁是线程在处理关联变量之前需要锁定的对象。在Python线程模块中，此对象称为锁。第一步是创建一个新的Lock对象。

```
lock = threading.Lock()
```

这个新锁是在解锁状态下创建的，随时可以使用。对需要使用它的线程，必须为锁定调用acquire()方法。如果锁当前可用，则它将状态更改为锁定状态，并且你的线程可以运行要保护的代码。如果锁当前处于锁定状态，那么你的线程将处于等待状态，等待锁变为空闲状态。完成受保护的代码后，需要调用release()方法来释放锁并使其可用于下一个线程。你可以控制包含一系列结果总和的变量。

```
lock.acquire()
sum_var += curr_val
lock.release()
```

这可能导致并行程序中的另一个常见问题——死锁。当你有多个与不同全局变量关联的锁时，会出现这些问题。假设你有变量A和B，以及相关的锁lockA和lockB。如果线程1试图获得lockA然后lockB，而线程2试图获得lockB然后lockA，你可能会遇到两个线程分别获得它们第一次请求锁定的情况，然后一直处于等待第二个请求的状态。

避免此类错误的最佳方法是仔细地编写程序代码。可以尝试在调用acquire()方

线程还是进程？

如果你需要能够在多个内核上运行的真正的并行代码，该怎么办？因为Python具有GIL，所以你需要避免使用线程并转而使用单独的进程来处理不同的任务。幸运的是，Python包含一个多任务处理模块，它提供与线程模块等效的过程。与线程模块一样，你可以创建一个新的流程对象并交出要运行的目标函数。然后，你需要调用start()方法以使其运行。使用线程，共享数据是微不足道的，因为内存是全局的，任何人都可以看到。

但是不同的进程在不同的内存范围内。为了共享数据，我们需要明确建立某种形式的通信。你可以创建一个可以传输对象的队列对象。进程可以使用put()方法在队列上转存对象，而其他进程可以使用get()方法来关闭对象。如果你想要更多地控制谁与谁交互，可以使用管道在两个进程之间创建双向通信通道。当你使用管道和队列时，实际上需要将它们作为参数传递给目标函数。

共享信息的另一种方法是创建一部分共享内存。可以使用Value对象创建单个变量sharelocation。如果需要传递许多变量，可以将它们放在Array对象中。与管道和队列一样，你还需要将它们作为参数传递给目标函数。当你需要等待进程的结果时，可以使用join()方法来阻止主进程，直到子进程最终完成为止。

处理模块还包括与线程模块不同的进程池的想法。使用池，你可以预先创建可在map函数中使用的许多过程。如果你要将相同的函数应用于许多不同的输入值，那么这种构造非常有用。对于实际使用映射或应用R或Hadoop函数概念的人来说，这可能会成为在Python代码中使用的更直观和有益的模型。

法时包含可选的timeout参数来捕获不良行为。这告诉锁只能尝试锁定几秒钟。如果达到超时，则获取方法返回。可以通过检查返回的值来判断它是否成功。如果成功，将返回True，否则将返回False。

处理数据访问的第二种方法是将任何变量移动到各个线程的本地范围内。基本的想法是每个线程都有自己的本地版本的任何所需变量，没有人能看到。这是通过创建本地对象来完成的。然后你可以向此本地对象添加属性并将其用作局部变量。在你的线程运行的函数中，将有如下代码：

```
my_local = threading.local()
my_local.x = 42
```

我们将讨论的最后一个主题是同步你的线程，以便它们可以有效地协同工作。注意，在处理特定问题的各个部分之后，有些线程需要交互。它们分享结果的唯一方法是它们已经完成了各自的计算结果。你可以通过使用一个屏障来解决这个问题，每个线程将停止，直到所有其他线程都到达它。在Python 3中，有一个可以为某些线程创建的屏障对象。它将提供一个点，线程在调用barrier的wait()方法时会暂停。

因为你实际上需要明确地告诉屏障对象有多少线程将参与屏障，这是另一个可能让你遇到bug的问题。如果你创建五个线程，但为十个线程创建一个屏障，它实际上永远无法达到所有预期线程都到达屏障的点。另一个同步工具是计时器对象。计时器是线程类的子类，在经过一段时间后运行函数，与线程一样，你需要调用计时器的start()方法，以便在函数执行时开始倒计时。一个新的方法，cancel()，允许你停止计时器的倒计时，如果它尚未达到零。

完成所有这些步骤之后，你现在应该能够通过简单地将任何时间密集的任务分配到其他执行线程来使代码更有效地运行。通过这种方式执行这些步骤，最终结果是程序的主要部分可以保持尽可能高效和与最终用户的交互，并且你还可以保持树莓派被高效地利用。

> **请记住，在处理特定问题的各个部分之后，某些线程将需要相互通信的时间**

使用 Python 创建

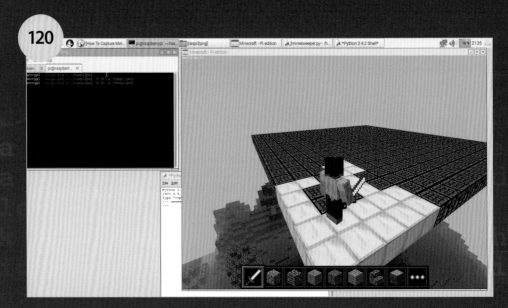

"你会为发现，原来你可以用Python做那么多而感到惊讶！"

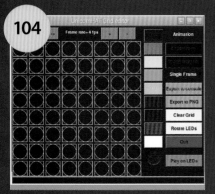

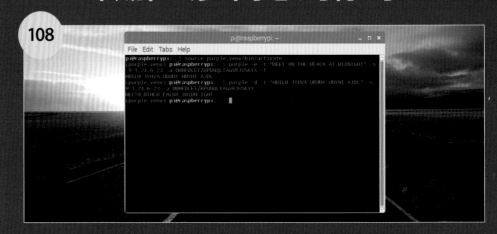

SCORE 0

LIVES

112

使用Sense HAT 制作egg_drop游戏

使用与Tim Peake少校在国际空间站上使用的相同硬件，并编写自己的drop-and-catch游戏。

资源

Sense HAT
Raspbian与Pixel OS 与Sense HAT模拟器

一些基本和重复的游戏却是最有趣的游戏。考虑Flappy Bird、noughts和crosses甚至是catch。本教程将展示如何创建一个简单的drop-and-catch游戏，该游戏充分利用了Sense HAT的一些功能。首先编写一个鸡蛋——一个黄色的LED——每秒钟下降，一个篮子——一个棕色的LED——位于底部的一排LED。向左或向右倾斜Sense HAT时，使用Sense HAT的加速器读取并传回，让你可以将篮子移向鸡蛋。成功地接住鸡蛋后可以继续游戏，一个新的鸡蛋从一个随机位置掉落……但如果漏接一个，那么鸡蛋就会破裂并且游戏结束！你的程序将让你及时了解自己的进度，并在游戏结束时显示最终得分。如果你没有Sense HAT，则可以使用Raspbian和PIXEL操作系统上提供的仿真器。你也可以从以下位置看到Egg Drop游戏：youtube.com/watch?v=QmjHMzuWlql

01 导入模块

首先，打开Python编辑器并在第1行导入SenseHAT模块。然后在第2行导入time模块，这样就可以向程序添加暂停功能了。在第3行导入random模块用于从LED顶部选择随机位置，蛋将从该位置掉落。为了节省重复输入"SenseHAT"的时间，在第4行将它添加到变量sense。最后，在第5行将所有LED设置为关闭以删除之前的得分和游戏数据。

```
from sense_hat import SenseHat
import time
import random
sense = SenseHat()
sense.clear()
```

02 设置变量

按下来，创建变量以保存各种游戏数据。在第1行，创建一个全局变量来保存游戏的状态，这个变量记录了游戏是在游戏中还是已经结束。由于是全局变量，使得游戏状态稍后可以在游戏中与程序的其他部分一起使用。在第2行，创建另一个

变量来保存一局游戏的分数。在第3行，将game_over变量设置为False，这意味着游戏尚未结束。矩阵中每个LED的位置由坐标x和y表示，顶行为数字0，底部为数字7。创建一个变量来保持篮子的位置，该位置设置在LED的底部，编号为7。最后，将分数设置为0。

```
global game_over
global score
game_over = False
basket_x = 7
score = 0
```

03 测量篮子运动：第1部分

通过将Sense HAT向左或向右倾斜来控制篮筐，从而改变篮筐位置。创建一个函数来保存代码，该代码将用于响应移动并移动篮子。在第1行，命名该函数为basket_move，包括倾斜（pitch）和篮子的位置（basket_x）。在第2行，使用sense.set_pixel打开LED矩阵右下角的一个LED，坐标(7,7)，然后将篮子的下一个位置设置到当前位置，以便更新。这将使用篮子的新位置更新变量并打开相应的LED，呈现类似篮子移动的效果。

```
def basket_move(pitch, basket_x):
    sense.set_pixel(basket_x, 7, [0, 0,
0])
    new_x = basket_x
```

04 测量篮子运动：第2部分

该函数的第2部分包括一个检查倾斜和篮子当前位置的条件。在第1行检查，如果倾斜在1~179之间并且篮子不在0位置，则Sense HAT向右倾斜，因此篮子向右移动。在第3行检查倾斜值是否在179~359之间，这意味着向左倾斜。最后一行代码返回篮子的x位置，以便稍后在代码中使用——请参阅步骤13。

```
if 1 < pitch < 179 and basket_x != 0:
    new_x -= 1
elif 359 > pitch > 179 and basket_x != 7:
    new_x += 1
return new_x,
```

05 为游戏创建图像

图像由像素组成，这些像素组合在一起以创建图像整体。矩阵上的每个LED都可以使用图像文件设置。例如：可以加载鸡的图像，计算颜色和位置，然后启用相应的LED。图像尺寸需要为8×8像素，以便适合LED矩阵。下载测试图片文件chicken.png，并将其保存到与程序相同的文件夹中。在新的Python窗口中，使用以下代码来打开并加载鸡的图像（第3行）。Sense HAT将为你完成剩余的艰巨任务。

```
from sense_hat import SenseHat
sense = SenseHat()
sense.load_image("chicken.png")
```

06 创建自己的8×8图像

最简单方法是，使用LED做一个极好的创建自己图像的屏幕程序，使你能够实时操作LED。你可以更改颜色、旋转颜色，然后将图像导出为代码或8×8 PNG文件。

首先，你需要安装Python PNG库；然后打开终端窗口并输入如下代码。

像素灵感

Johan Vinet有一些8×8像素艺术的优秀和鼓舞人心的例子，其中包括一些著名的人物，并将为你展示可以用64像素的颜色创建什么。

johanvinet.
tumblr.com/
image/
127476776680

```
sudo pip3 install pypng
```

完成此操作后，输入如下代码。

```
git clone https://github.com/jrobinson-uk/
RPi_8x8GridDraw
```

安装完成后，移至RPi文件夹。

```
cd RPi_8x8GridDraw
```

现在输入命令。

```
python3 sense_grid.py
```

……以运行应用程序。

07 创建和导出图像

网格编辑器使你可以从窗口右侧显示的一系列颜色中进行选择。只需选择颜色，然后单击网格上LED的位置；选择"在LED上播放"以在Sense HAT LED上显示颜色。使用"Clear Grid"按钮清除LED，然后重新开始。最后，在导出图像时，你可以保存为PNG文件，然后在上一步中应用代码来显示图片，也可以将布局导出为代码并将其导入到程序中。

```
    return new_x,
'''Main game setup'''
def main():
    global game_over

    '''Introduction'''
    sense.show_message("Egg Drop", text_colour = [255, 255, 0])
    sense.set_rotation(90)
    sense.load_image("chick.png")
    time.sleep(2)
    sense.set_rotation()

    '''countdown'''
    countdown = [3, 2, 1]
    for i in countdown:
        sense.show_message(str(i), text_colour = [255, 255, 255])

    basket_x = 7
    egg_x = random.randrange(0,7)
    egg_y = 0
    sense.set_pixel(egg_x, egg_y, [255, 255, 0])
    sense.set_pixel(basket_x, 7, [139, 69, 19])
    time.sleep(1)

    while game_over == False:
        global score
        #print (score)
        '''move basket  first'''
        '''Get basket position'''
        pitch = sense.get_orientation()['pitch']
        basket_x = basket_move(pitch, basket_x)
        #print (pitch, basket_x)

        '''Set basket Position'''
        sense.set_pixel(basket_x, 7, [139, 69, 19])
        #print "BASKET", basket_x)
        time.sleep(0.2)

        print ("First Basket", basket_x)

        '''Egg drop'''
        #sense.set_pixel(basket_x, 7, [0, 0, 0])
        sense.set_pixel(egg_x, egg_y, [0, 0, 0])
        egg_y = egg_y + 1
```

08 显示消息: 游戏开始

现在已经有一个图像了，可以准备创建控制整个游戏的功能了。在第1行，创建一个名为main的新函数，并添加代码。

```
sense.show_message
```

……在第3行显示欢迎消息。（255、255、0）指的是消息的颜色（在本例中为黄色），可以更改这些数字以选择你喜欢的颜色。

```
def main():
    global game_over
    sense.show_message("Egg Drop", text_colour =
[255, 255, 0])
```

09 显示开始图像

一旦开始消息滚过Sense HAT LED矩阵，就可以在此示例中显示一只鸡的图像。由于Sense HAT的方向和线的位置，在第1行，你需要将其旋转90°，使其面向播放器。使用代码sense.load.image加载图像，在第3行使用time.sleep()，显示图像几秒钟。注意，从现在开始的代码行与前一行缩进一致。

```
sense.set_rotation(90)
sense.load_image("chick.png")
time.sleep(2)
sense.set_rotation()
```

10 游戏开始倒数

一旦显示了开始图像，就要提醒玩家为游戏做好准备，从3到1简单倒计时。第1行，首先创建一个名为countdown的列表，它存储值（3，2，1）。第2行，使用for循环迭代每个数字并显示它们。这使用代码sense.show_message(str(i)显示LED上的每个数字。第3行，你可以使用RGB色值(text_color = [255,255,255])调整数字的颜色。

```
countdown = [3, 2, 1]
for i in countdown:
    sense.show_message(str(i), text_colour = [255, 255,
255])
```

11 设置鸡蛋和篮子

游戏开始时，将篮子的水平位置"x"位置设为7，即这将篮子放在LED矩阵的右下角。第2行，将蛋的x位置设置在0~7之间的随机位置，确保鸡蛋不会始终从同一起点落下。第3行，将鸡蛋的y值设置为0，以确保鸡蛋从LED矩阵的最顶部落下。

```
basket_x = 7
egg_x = random.randrange(0,7)
egg_y = 0
```

12 显示鸡蛋和篮子

在上一步中，可以设置鸡蛋和篮子的位置。现在使用以下变量来显示它们。在第1行，使用代码sense.set.pixel设置egg，然后是x和y坐标。x位置是0~7之间的随机位置，y设置为0以确保蛋从顶部开始。 接下来，

将颜色设置为黄色[除非鸡蛋被摔破，这种情况下可以将其设置为绿色（0，255，0）]。接下来，第2行使用相同的代码设置篮子位置，其中x位置设置为7，以确保篮子显示在右下方的LED位置处。使用值（139，69，19）将颜色设置为棕色。

```
sense.set_pixel(egg_x, egg_y, [255, 255, 0])
sense.set_pixel(basket_x, 7, [139, 69, 19])
time.sleep(1)
```

13 移动篮子：第1部分

首先检查游戏是否仍在进行中（鸡蛋仍在下降），第1行，检查game_over变量是否为False。在第2行导入分数。接下来，第3行使用代码sense.get_orientation()['pitch']，读取Sense HAT的'pitch'。注意，这是从你在步骤4和步骤5中创建的函数派生的值。 最后一行代码使用该功能关闭代表篮子的LED，然后查看倾斜（pitch）的值，确定Sense HAT是向左还是向右倾斜，然后从x中添加或减去一个当前LED的位置。 这具有为当前LED选择相邻的左或右LED的效果。最后，使用新的位置值更新basket_x值。

```
while game_over == False:
    global score
    pitch = sense.get_orientation()['pitch']
    basket_x, = basket_move(pitch, basket_x)
```

14 移动篮子：第2部分

你的程序现在已经计算了篮子的新位置。接下来，打开相关LED并将篮子显示在新位置。在第1行，使用代码sense.set_pixel(basket_x, 7, [139,69,19])来设置和打开LED；basket_x是使用步骤4和步骤5中的函数在上一步中计算的值。第2行，添加一个短时间延迟以避免频繁读取倾斜。现在有一个可以左右移动的篮子了。

```
sense.set_pixel(basket_x, 7, [139, 69, 19])
time.sleep(0.2)
```

15 鸡蛋掉落：第1部分

鸡蛋从顶部的一个LED的随机位置掉落。为了使它看起来像是掉落，首先使用代码sense.set_pixel(egg_x, egg_y, [0, 0, 0])关闭代表鸡蛋的LED。RGB色值（0，0，0），指黑色，因此不显示颜色——营造鸡蛋不在顶部的效果。

```
sense.show_message
```

16 鸡蛋掉落：第2部分

由于鸡蛋向下掉落，你只需要更新鸡蛋在y轴位置即可。在第1行，通过使用代码egg_y=egg_y+1更新egg_y变量执行此操作，这意味着它将从初始值0更改为新值1（下一次"游戏循环"运行时，它将更新为2，依此类推，直到鸡蛋到达矩阵的底部，值为7）。第2行，更新y位置后，使用sense.set_pixel将鸡蛋显示在新位置。鸡蛋似乎已从一个LED向下掉落。

```
egg_y = egg_y + 1
sense.set_pixel(egg_x, egg_y, [255, 255, 0])
```

```
#print (pitch, basket_x)

'''Set Basket Position'''
sense.set_pixel(basket_x, 7, [139, 69, 19])
#print ("BASKET", basket_x)
time.sleep(0.2)

print ("First Basket", basket_x)

'''Egg drop'''
#sense.set_pixel(basket_x, 7, [0, 0, 0])
sense.set_pixel(egg_x, egg_y, [0, 0, 0])
egg_y = egg_y + 1
#print (egg_y)
sense.set_pixel(egg_x, egg_y, [255, 255, 0])
#print("FINAL", egg_y, basket_x, egg_x)
'''Check position of the egg and basket e...'''
if (egg_y == 7) and (basket_x == egg_x  x  basket_x-1 == egg_x ):
    #print ("YOU WIN")
    sense.show_message("1up", text_colour = [0, 255, 0])
    sense.set_pixel(egg_x, egg_y, [0, 0, 0]) #hides old egg
    #sense.set_pixel(basket_x, 7, [255, 0, 0])
```

```
while game_over == False:
    global score
    #print (score)
    '''move basket  first'''
    '''Get basket position'''
    pitch = sense.get_orientation()['pitch']
    basket_x = basket_move(pitch, basket_x)
    #print (pitch, basket_x)

    '''Set Basket Position'''
    sense.set_pixel(basket_x, 7, [139, 69, 19])
    #print ("BASKET", basket_x)
    time.sleep(0.2)

    print ("First Basket", basket_x)

    '''Egg drop'''
    #sense.set_pixel(basket_x, 7, [0, 0, 0])
    sense.set_pixel(egg_x, egg_y, [0, 0, 0])
    egg_y = egg_y + 1
    #print (egg_y)
```

17 你接到鸡蛋了吗?

在教程的这个阶段,你有一个不断掉落蛋和一个篮子,当你倾斜Sense HAT时,可以左右移动。游戏的目的是用篮子接到鸡蛋,因此创建一行代码来检查是否发生了这种情况。第1行,会检查鸡蛋位于LED矩阵的底部,即位置7,并且篮子的x位置与蛋的x位置相同。这意味着鸡蛋和篮子位于同一个地方,表示鸡蛋被接住了。

```
if (egg_y == 7) and (basket_x == egg_x or
basket_x-1 == egg_x ):
```

18 成功!

如果篮子接到了鸡蛋,那么你将获得一分。第1行,通过使用sense.show.message(),在LED上滚动消息来通知播放器。编写消息并选择一种颜色。因为接到了鸡蛋,它应该在篮子里消失,为此将 "egg" 像素颜色设置为(0,0,0),关闭了鸡蛋LED,使鸡蛋消失。注意,这些行都是缩进的。

```
sense.show_message("1up", text_colour = [0, 255, 0])
sense.set_pixel(egg_x, egg_y, [0, 0, 0])
```

19 设置下一轮

因为接到了鸡蛋,所以可以继续游戏。设置一个新的蛋从LED矩阵的第1行随机x位置掉落。将你的分数加一点,然后第3行将蛋的y位置设置为0。这样可以确保在开始下降之前,让鸡蛋回到LED矩阵最顶端。

```
egg_x = random.randrange(0,/)
score = score =+ 1
egg_y = 0
```

20 如果漏接鸡蛋怎么办?

如果你漏接了鸡蛋,那么游戏就结束了。第1行,创建条件以检查鸡蛋的y位置是否等于7。第2行,显示一条消息,指出游戏结束,然后返回LED矩阵中显示的分数值(步骤23)。

```
elif egg_y == 7:
    sense.show_message("Game Over", text_colour =
[255, 38, 0])
return score
```

21 停止游戏

由于游戏结束,将game_over变量更改为True,这会终止游戏循环,然后运行程序的最后一行。

```
game_over = True
break
```

22 开始游戏

主要指令和游戏机制存储在一个名为main()的函数中,该函数包含大部分游戏结构和进程。函数位于程序的开头,以确保它们首先被加载,为程序准备好使用。要开始游戏,只需调用该功能(第1行),添加一个小延迟(第2行),并确保在游戏开始前所有LED都设置为关闭(第3行)。

```
main()
time.sleep(1)
sense.clear()
```

23 显示最终得分

如果没有接到鸡蛋,那么游戏就结束了,你的分数在LED上滚动。这使用了sense.show_message行,然后从global_score变量中提取值;使用str,在第1行将此值转换为字符串。至此程序就完成了,保存文件然后运行它,按键盘上的F5就可以运行。

```
sense.show_message("You Scored " + str(score),
text_colour = [128, 45, 255], scroll_speed = 0.08)
```

重新创建Purple—— 第二次世界大战加密机

发现Brian Neal的Python实用程序，它将你的现代计算机变成日本对Enigma密码机的回答，所有这些都在树莓派上实现。

1941年12月6日星期六中午，日本政府指示其驻美大使野村喜三（Kichisaburo Nomura）等待14个拆分开的消息，并于次日下午1点提交给美国国务卿，之后他要摧毁收到消息的编码机。如果这项任务让日本外交官感到意外，他们会更加惊讶地发现，实际上大部分信息在交付之前，就被美国信号情报局（SIS）解码并翻译成英文了。

不幸的是，信息还是来得太晚了，无法阻止日本对珍珠港的袭击，2000多名水兵丧生，18艘船只被毁，珍珠港事件将美国拖入二战。

SIS将日本外交部使用的机器称为加密机"Purple"，这个名字来源于用于保存拦截的消息的文件夹的颜色。臭名昭着的Engima密码机的升级版本，在最初它阻碍了所有密码分析的尝试。今天，由于开发人员Brian Neal的不懈努力，可以使用Python重新创建编码机。

在这个项目中，你将探索Purple Machine的工作原理，以及如何下载和使用命令行模拟器。我们在运行最新版Raspbian的Raspberry Pi 3上设置Purple模拟器，当然你也可以在任何支持Python的Linux版本上运行该程序。

在帮助你设置和编码第一条消息后，我们还将探讨Purple Cipher机器的一些基本弱点，这使得它不适合保护外交机密。所以，这个项目虽然有趣，但请确保不要依赖模拟器来保护任何真正的通信！

Engima 101

第二次世界大战开始后，纳粹德国向其日本盟友发送了Enigma编码机的副本。因为纳粹在当时意识到一些日本的军事密码已经被破解了，但他们却不知道在布莱切利园的人为破解Enigma所作的努力。

"Purple"是对德国军队和空军使用的三旋翼Enigma密码机的改进。每个转子有26个黄铜电触针，将其放置在主轴上，以便每次按下按键时形成电路输出密文字母。这本身只不过是一个简单的替换密码，以字母表中的一个字母代表另一个字母。例如，A等于H。这可以通过频率分析轻松破译：绘制一个表格，统计出现在消息中最多的字母，然后将它们与最常用的字母，比如E和T进行比较。

Enigma加密的优势在于它使用了多个转子，每次按键移动至少一个转子一次，提供一个全新的密码字母表。这意味着在以相同方式编码单词之前，机器可以经历数千次按键操作。

鉴于在战争期间需要发送的信息数量，通过设置三个转子的17,576种可能情况是不安全的，基于这点考虑纳粹制作了一个插件，其中包括将六对字母相互映射，例如E可以连接到G。这将可能的初始Enigma设置的数量增加到超过1000亿。如果将这一点与转子可以按任何顺序放置的事实相结合，则机器的可能设置数量大于Universe中的原子数量。

为了加密或解密消息，所有操作员必须做的是确保他们的初始Ringstellung和Stecker转子和插件设置与各自的代码簿中的设置相同。

Purple的魔力

Engima是一个纸老虎，在实践中它有几个基本缺陷，而这些缺陷促使研究人员放弃了它的秘密。例如，转子的配线虽然彼此不同，但从一台机器到另一台机器的配线大多是相同的。德国人也不会在两天内将转子放在同一个地方，如果你知道前一天的设置，则会让代码更容易破解。一封信也可能不会被永远加密，所以如果你怀疑ENGLAND这个词在Enigma加密信息中的某个地方，你可以删除任何包含这些字母的任何文字。

Purple Machine完全取消了转子，转而采用步进开关，也称为Uniselectors。通俗地说，步进开关是一种机电装置，能够将输入信号切换到几种可能的输出之一。它们最初是为自动电话交换而设计的。

无法确定原始机器是如何构建的，因为威廉·弗里德曼（William Friedman）和他在SIS的同事们被迫根据被截获的消息从头开始构建他们自己的Purple工作复制品。

就SIS使用的Purple模拟机而言，每次按键时，电子打字机、电磁铁和开关之间都会形成电路。开关按固定顺序向前移动（见下文）。当开关位置达到25时，它将回到位置1。如果设置正确，这将导致25个密码字母完全无关，这是对Engima使用的转子的巨大改进。

6个字母的字母，富有想象力地称为"the sixes"，例如AEIOUY，将使用单个步进开关进行加密。每次按下它们时，它们会前进一个位置，这意味着每次都选择一个新的随机字母。

被称为"twenties"的字母表的剩余字母，例如BCDFGHJKLMNPQRSTVWXZ，使用三个级联步进开关进行加密。这是Purple独创性的核心。由操作员指定为"fast"开关的这些步进开关中的一个将在每次按下键时向前推进一个位置，从而产生新的密码字母表，就像"sixes"开关一样。

有关步进开关如何工作的深入说明，请参阅P111的"步进开关"。

准备你的Purple

Purple信息通常以罗马字母发送——一种使用拉丁字母转录日语单词的方式。因此，请随时写下你想要编码的短信，例如"MEET ON THE BEACH AT MIDNIGHT"。

接下来，你需要选择插件设置。最简单的方法是以任何顺序记下字母表中的所有26个字母。或者你可以通过终端使用以下命令重新整理字母表中的字母。

```
echo 'ABCDEFGHIJKLMNOPQRSTUVWXYZ' | sed 's/./&\n/g' |
shuf | tr -d "\n"
```

前6个字母将是你的sixes字母，剩下的字母将是你的twenties字母。

接下来，你需要确定sixes开关和三个 twenties开关的初始位置。这些可以是介于1~25之间的任何值。例如，你可以确定sixes开关的初始位置为9，并且三个twenties开关将分别位于1、24和6位置。最后，你需要确定哪些twenties开关将是快速、中速和慢速。通过将数字1到3分配给从快到慢的开关，SIS有一种出色的写入方式。因此，如果你确定第一个"twenties"开关是

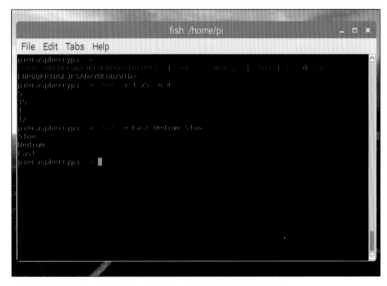

上方使用终端中的shuf命令快速生成插件设置，以及步进的起始位置和顺序

中等而第二个开关是快速的，那么它将被写为"213"。

你可以在终端中再次使用便捷的shuf命令，生成所有4个开关的随机起始位置以及快速、中速和慢速开关twenties的顺序，输入如下代码。

```
shuf -i 1-25 -n 4 && shuf -e Fast Medium Slow
```

Purple模拟器

为了继续这个项目，首先运行 `sudo apt-get update`，然后运行 `sudo apt-get upgrade` ，确保操作系统完全是最新的。Python 3本身预装在大多数Linux发行版上。如果没有，请访问https://docs.python.org/3/using/unix.html以获取有关下载和构建它的帮助。接下来，运行 `sudo apt-get install python3-pip` 来安装Python Package Index。这是下载和运行Purple Simulator的最简单方法。

为了确保该项目不会干扰你机器上的其他Python项目，我们还将为Purple模拟器创建一个虚拟Python环境。运行 `apt-get install python3-venv` 下载venv模块。

下载完成后，使用sudo python3 -m purple_venv创建虚拟环境或Purple模拟器。使用命令source purple_venv/bin/activate切换到这个新的虚拟环境。记下此命令，因为每次要加载PurpleSimulator时都需要运行它。

通过运行 `pip install --upgrade pip` 确保你拥有最新版本的pip。升级完成后，你可以通过运行 `pip install purple` 来安装模拟器。

对你的第一条消息进行编码

输入 `purple` 以查看用法和可选参数。这是一个非常简单的程序，你可能遇到的唯一的障碍是踩踏开关设置，它遵循SIS设定的约定。在上面的示例中，开关设置将按以下格式编写：

```
9-1,24,6-23
```

上方使用虚拟环境确保Purple模拟器不会干扰计算机上的其他Python项目

第一个数字（9）表示sixes开关的位置，三个后续数字（1、24和6）表示twenties开关的起始位置。最后两个数字（23）分别代表中速和快速步进开关的位置。

插件字母简单地设置写成一串字符，其中前6个连接到sixes开关，其余连接到twenties。例如，OMHFDCETZBPUNQLIAGVRJWSKYX。

为了获得最佳效果，请确保正好有26个字母，没有重复，如上例所示。

为了使密码机模拟器与历史上保持一致，默认情况下它不接受标点符号和空格（日语使用三个字母代码在消息中表示这些）。现在输入的键盘可能有点痛苦，因此请使用-f（filter）参数稍微放宽这些限制。例如：

```
purple -e -t "MEET ON THE BEACH AT MIDNIGHT" -s
9-1,24,6-23 -a OMHFDCETZBPUNQLIAGVRJWSKYX -f
```

对于较长的消息，你可能希望先将文本放入文件中，可以使用-i(input)参数。例如：

```
purple -e -i message1.txt -s 9-1,24,6-23 -a
OMHFDCETZBPUNQLIAGVRJWSKYX -f
```

为了与当时的加密约定保持一致，输出文本以5个字母的块显示。不要试图整理纯文本消息，因为没有用于解码消息的-filter参数。

一旦通讯员收到你的编码消息，请告诉他们使用你之前同意使用的-d（解密）标志解码消息的设置。例如：

```
purple -d -t "HBILM JYHVA UBOMY WMYHI AJDL" -s
9-1,24,6-23 -a OMHFDCETZBPUNQLIAGVRJWSKYX
```

破解Purple

拦截Purple的行动代号为Magic，鉴于美国信号情报局破解密码必须有一个响亮的名字，这是一个合适的标题。当 Alan Turing在布莱切利园的团队开始破解Enigma时，他们拥有该机器的商业版本的副本，以及由波兰人为破解密码而制造的机械炸弹装置的蓝图。

由威廉·弗里德曼（William Friedman）和弗兰克·罗莱特（Frank Rowlett）领导的SIS团队没有这样的优势，所以他们被迫拦截并试图在可能的情况下手工破解消息。虽然这对于军事密码来说相对容易，因为在战争期间发送了成千上万条加密的军事信息，但Purple是一种外交密码，因这需要他们累积到有足够材料之后。

相比之下，因为Purple是一个相对较新且相当庞大的机器，所以并非每个领事馆都拥有一台Purple机器。这迫使日本人有时依赖旧的"Red"Cipher机器，这些机器之前已被破解过。这个已知的明文破解，给了团队一些关于Purple运行的线索。

明显的弱点

毫无疑问，Canny密码学家已经注意到Purple的另一个根本弱点，即它继承了它的前身Red。sixes字母使

步进开关

右表演示了在Purple 模拟器上按下按键时的开关位置，假设Twenties 开关 1,2 和3分别是Fast，Medium和Slow开关。每次按键，Sixes继续前进一个位置。Fast开关执行相同操作，直到Sixes到达位置25，此时Fast开关保持静止（在这种情况下为位置4）并且Medium开关向前前进一个位置（在这种情况下到达位置1）。

如果Sixes开关到达位置24，并且Medium开关位于位置25，则Slow开关向前前进一个（此处从5到6）。Medium和Fast开关保持静止。最终的结果是Twenties的字母表不会重复，直到使用相同的机器设置写入15,625个字母。

步进开关的使用也意味着与Enigma不同，字母可以像自身一样被加密，使得编码信息更难以破解。

为了加密消息，操作员首先将输入键盘上的每个键连接到插件，插件又连接到步进开关。这确定了哪些字母是Sixes，哪些是Twenties。设置每天更改。

操作员还需要知道所有四个开关的初始位置–例如Sixes开关可能位于第9位。最后他们将指定哪个Twenties开关是Fast，哪个是Medium，哪个是Slow。

Sixes	20 # 1 (Fast)	20 # 2 (Medium)	20 #3 (Slow)
21	1	25	5
22	2	25	5
23	3	25	5
24	4	25	5
25	4	25	6
1	4	1	6
2	5	1	6

用的密码字母每25个字母重复一次。这意味着很容易猜测某些单词的片段并将它们拼凑在一起，就好像在做一个神秘的纵横字谜一样。

虽然日本人对他们系统的安全性非常有信心，但他们确实试图通过将信息分成几部分并使用5位数添加来进一步混淆消息，但这并没有阻止SIS密码分析师吉纳维夫·格鲁特詹（Genevieve Grotjan）在消息中找到常见模式，并在纸上勾勒出Purple的内部运作。据说，弗兰克·罗莱特高兴地为团队中的每个人购买一瓶可口可乐，以真正的公务员方式奖励这一具有纪念意义的破译成就。

弗朗西斯·拉文（Francis Raven）中尉发现了更多的线索，他发现每个月的关键设置被分为10天组。因此，机器的初始设置是在第一天确定的，只是在剩余的十天中稍行改组，使得破译变得容易得多。不幸的是，破解Purple的压力对威廉·弗里德曼来说太大了，他因神经衰弱而住院治疗 18个月。在他缺席的情况下，拉文和SIS的其他人在没有看到Purple机器的情况下制作了Purple机器的复制品。

Purple模拟器，就像机器的SIS复制品一样，只允许你分配一组插件设置。虽然战争结束后所有Purple机器都被日本人摧毁，但实际上他们确实在第二台打字机上安装了一个外置插件，这可能会大大增加消息的加密强度。但实际上，第二个插件设置没有被改变过。

日本人对他们机器的过度信任部分原因可能是因为他们采用了一种"默默无闻"的方式，因为他们认为，机器安全地藏在大使馆内，没有任何外国力量可以对它们进行逆向工程。即使在1945年日本投降之后，许多政府官员仍然认为Purple装置是安全的。

我们当然希望你能对这个项目感兴趣，但希望你也可以从Schneier定律的教训中受益："任何人都可以发明一个如此聪明的安全系统，以致于他人无法想到如何破解。"

如果你对经典密码学的兴趣大增，Brian还为德国Enigma和美国M-209密码机开发了模拟器，这些机器可从他的BitBucket页面（https://bitbucket.org/bgneal/）获得。像Purple这样的模拟器都可以通过Python Package Index安装，并且可以在自己的虚拟环境中运行。

左图，使用"-f"参数过滤纯文本。这使编码消息更容易

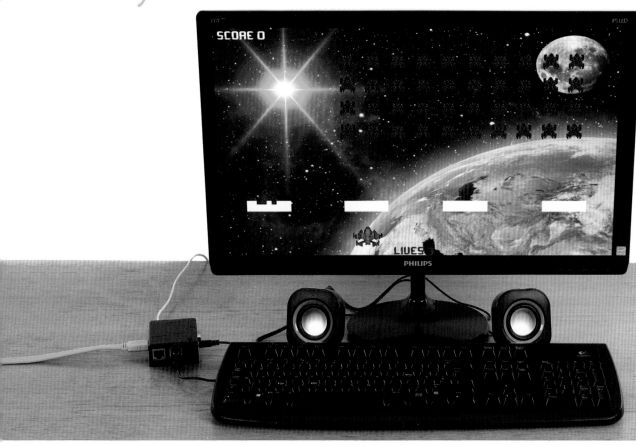

第一部分：
编写克隆Space Invaders

用300行Python，编写自己的RasPi射击游戏。

资源

Raspbian: www.raspberrypi.org/downloads

Python: www.python.org/doc

Pygame: www.pygame.org/docs

当你学习使用新语言编写程序或尝试掌握新模块时，熟悉相对简单的项目是一项非常有用的练习，这有助于扩展你对所使用工具的理解。我们克隆Space Invaders就是这样一个例子，非常适合Python和Pygame模块 它是一个简单的游戏，具有几乎普遍理解的规则和逻辑。当入侵者沿着屏幕朝着你的方向蜿蜒前行时，你的工作就是在躲避随机射击的同时击败它们。当一波进攻被瓦解时，会出现另一波更快、更激进的进攻。我们尝试使用Pygame的许多功能，旨在使游戏和交互式应用程序的创建更容易。我们广泛使用了Sprit类，它可

以帮助我们节省数十行额外的代码，使碰撞检测变得简单，并且可以更新屏幕及其多个actor的单行命令。

希望你也认为这是一款令人兴奋的游戏，它也是了解Python和Pygame的重要工具，但不会令人感觉迎接不暇。不要担心，因为这将在下一篇教程中介绍，为我们的游戏添加动画和声音效果，让它应对受太空入侵者启发的射击游戏的需求……

01 设置依赖项

如果你希望通过Python和Pygame更好地编程游戏，我们强烈建议你将本教程中的Pivaders代码复制到你自己的程序中。这是一个很好的练习，让你有机会调整适合你的游戏元素，无论是不同的船型、改变难度或外星人波浪的行为方式。如果你只是想玩游戏，这也很容易实现。无论哪种方式，游戏唯一的依赖是Pygame，Pygame可以通过输入以下命令从终端安装。

```
sudo apt-get install python-pygame
```

02 下载项目

对于Pivaders，我们使用了Git，这是一种出色的版本控制方式，用于安全存储游戏文件并保留代码的历史版本。Git应该已经安装在你的树莓派上；如果没有，你可以通过输入以下内容获取。

```
sudo apt-get install git
```

除了担任代码的管理员之外，Git还可以克隆其他人项目的副本，以便你可以使用它们。要克隆Pivaders，请转到终端中的主文件夹（cd ~），为项目创建目录（mkdir pivaders），进入目录（cd pivaders）并输入以下内容。

```
git pull https://github.com/russb78/
pivaders.git
```

```python
#!/usr/bin/env python2

import pygame, random

BLACK = (0, 0, 0)
BLUE = (0, 0, 255)
WHITE = (255, 255, 255)
RED = (255, 0, 0)
ALIEN_SIZE = (30, 40)
ALIEN_SPACER = 20
BARRIER_ROW = 10
BARRIER_COLUMN = 4
BULLET_SIZE = (5, 10)
MISSILE_SIZE = (5, 5)
BLOCK_SIZE = (10, 10)
RES = (800, 600)

class Player(pygame.sprite.Sprite):
  def __init__(self):
    pygame.sprite.Sprite.__init__(self)
    self.size = (60, 55)
    self.rect = self.image.get_rect()
    self.rect.x = (RES[0] / 2) - (self.size[0] / 2)
    self.rect.y = 520
    self.travel = 7
    self.speed = 350
    self.time = pygame.time.get_ticks()

  def update(self):
    self.rect.x += GameState.vector * self.travel
    if self.rect.x < 0:
      self.rect.x = 0
    elif self.rect.x > RES[0] - self.size[0]:
      self.rect.x = RES[0] - self.size[0]

class Alien(pygame.sprite.Sprite):
  def __init__(self):
    pygame.sprite.Sprite.__init__(self)
    self.size = (ALIEN_SIZE)
    self.rect = self.image.get_rect()
    self.has_moved = [0, 0]
    self.vector = [1, 1]
    self.travel = [(ALIEN_SIZE[0] - 7), ALIEN_SPACER]
    self.speed = 700
    self.time = pygame.time.get_ticks()

  def update(self):
    if GameState.alien_time - self.time > self.speed:
      if self.has_moved[0] < 12:
        self.rect.x += self.vector[0] * self.travel[0]
        self.has_moved[0] +=1
      else:
        if not self.has_moved[1]:
          self.rect.y += self.vector[1] * self.travel[1]
        self.vector[0] *= -1
        self.has_moved = [0, 0]
        self.speed -= 20
        if self.speed <= 100:
          self.speed = 100
      self.time = GameState.alien_time

class Ammo(pygame.sprite.Sprite):
  def __init__(self, color, (width, height)):
    pygame.sprite.Sprite.__init__(self)
    self.image = pygame.Surface([width, height])
    self.image.fill(color)
    self.rect = self.image.get_rect()
    self.speed = 0
    self.vector = 0

  def update(self):
    self.rect.y += self.vector * self.speed
    if self.rect.y < 0 or self.rect.y > RES[1]:
      self.kill()

class Block(pygame.sprite.Sprite):
  def __init__(self, color, (width, height)):
    pygame.sprite.Sprite.__init__(self)
    self.image = pygame.Surface([width, height])
    self.image.fill(color)
    self.rect = self.image.get_rect()
```

干净的代码

将所有最常用的全局
变量清楚地标记在这
里，使我们的代码更
容易阅读。此外，如
果想要改变某些参数
的值，只需要在这里
更改，它可以应用在
任何地方。

雨弹

Ammo类简短而清
晰。我们只需要一些
初始化属性，并且更
新方法会检查它是否
仍在屏幕上。如果没
有，它就会被销毁。

```python
class GameState:
  pass

class Game(object):
  def __init__(self):
    pygame.init()
    pygame.font.init()
    self.clock = pygame.time.Clock()
    self.game_font = pygame.font.Font(
      'data/Orbitracer.ttf', 28)
    self.intro_font = pygame.font.Font(
      'data/Orbitracer.ttf', 72)
    self.screen = pygame.display.set_mode([RES[0], RES[1]])
    self.time = pygame.time.get_ticks()
    self.refresh_rate = 20
    self.rounds_won = 0
    self.level_up = 50
    self.score = 0
    self.lives = 2
    self.player_group = pygame.sprite.Group()
    self.alien_group = pygame.sprite.Group()
    self.bullet_group = pygame.sprite.Group()
    self.missile_group = pygame.sprite.Group()
    self.barrier_group = pygame.sprite.Group()
    self.all_sprite_list = pygame.sprite.Group()
    self.intro_screen = pygame.image.load(
      'data/start_screen.jpg').convert()
    self.background = pygame.image.load(
      'data/Space-Background.jpg').convert()
    pygame.display.set_caption('Pivaders - ESC to exit')
    pygame.mouse.set_visible(False)
    Player.image = pygame.image.load(
      'data/ship.png').convert()
    Player.image.set_colorkey(BLACK)
    Alien.image = pygame.image.load(
      'data/Spaceship16.png').convert()
    Alien.image.set_colorkey(WHITE)
    GameState.end_game = False
    GameState.start_screen = True
    GameState.vector = 0
    GameState.shoot_bullet = False

  def control(self):
    for event in pygame.event.get():
      if event.type == pygame.QUIT:
        GameState.start_screen = False
        GameState.end_game = True
      if event.type == pygame.KEYDOWN \
      and event.key == pygame.K_ESCAPE:
        if GameState.start_screen:
          GameState.start_screen = False
          GameState.end_game = True
          self.kill_all()
        else:
          GameState.start_screen = True
    self.keys = pygame.key.get_pressed()
    if self.keys[pygame.K_LEFT]:
      GameState.vector = -1
    elif self.keys[pygame.K_RIGHT]:
      GameState.vector = 1
    else:
      GameState.vector = 0
    if self.keys[pygame.K_SPACE]:
      if GameState.start_screen:
        GameState.start_screen = False
        self.lives = 2
        self.score = 0
        self.make_player()
        self.make_defenses()
        self.alien_wave(0)
      else:
        GameState.shoot_bullet = True

  def splash_screen(self):
    while GameState.start_screen:
      self.kill_all()
      self.screen.blit(self.intro_screen, [0, 0])
      self.screen.blit(self.intro_font.render(
        "PIVADERS", 1, WHITE), (265, 120))
      self.screen.blit(self.game_font.render(
        "PRESS SPACE TO PLAY", 1, WHITE), (274, 191))
```

组 我们正在创建的
这些组的长列表基本
上都是集合的形式。
我们每次创建其中一
个项目时，它都会添
加到集合中，以便对
其进行碰撞测试并轻
松绘制。

控制 控制键盘输
入是控制方法，它会
检查关键事件并根据
我们是在开始屏幕上
还是在玩游戏而采取
相应行动。

03 测试Pivaders

安装Pygame并将项目克隆到你的机器上（你也可以在FileSilo上找到.zip——只需将其解压并复制到你的主目录即可使用），你可以将其用于快速测试以确保所有设置都是正确的。你需要做的就是从终端的pivotaders目录中输入python pivaders.py以开始使用。你可以使用空格键开始游戏，同样使用空格键进行射击，使用键盘上的左右箭头左右移动你的飞船。

04 你自己克隆

一旦你获得了很高的分数（超过2,000分是很了不起的），并且了解了我们实现的简单游戏，你将从探索代码和我们对代码的简要解释中收获更多。对于那些想要创建自己项目的人，创建一个新的项目文件夹并使用IDLE或Leafpad（或者可能安装Geany）来创建和保存自己的.py文件。

05 全局变量和元组

一旦我们导入了项目所需的模块，接着就是很长的大写的变量列表。使用大写字母表示这些变量是常量（或全局变量）。这些是不会改变的重要数字——它们代表代码中经常会用到的内容，比如颜色、块大小和分辨率。你还会注意到各种颜色和大小变量的括号中有多个数字——这些是元组。你也可以使用方括号（这样它们就是列表），我们在这里使用元组，因为它们是不可变的，这意味着你无法重新分配其中的单个项目。这是完美的常量，不会改变。

06 类——第1部分

类在本质上是你想要制作的对象的蓝图。对于我们的**Player**类，它包含所有Player必需的信息，你可以使用这个类创建多个副本（我们在Game类中的**make_player()**方法中创建一个Player实例）。Pivaders中的类的优点在于它们从Pygame的Sprite类继承了许多方法和快捷方式，比如在创建类的第一行的大括号中有代码pygame.sprite.Sprite代表继承。你可以通过www.pygame.org/docs/ref/sprite.html阅读文档以了解有关Sprite类的更多信息。

07 类——第2部分

在Pivader的类中，除了创建所需的属性——这些是类中的变量—— 对于对象（无论是玩家、外星人、弹药还是块），你还会注意到除了Block类之外所有类都有**update()**方法（方法是类中的函数）。**update()**方法在每个循环（我们称之为**main_loop()**）中通过调用，并简单地询问我们创建的类的迭代是否移动，比如说，对于**Ammo**类的子弹，我们要求它在屏幕上移动，如果它从屏幕的顶部或底部消失，我们将其销毁（因为我们不再需要它）。

08 Ammo弹药

但是，关于类最有趣的是，你可以使用一个类来创建许多不同的东西。例如，你可以创建一个宠物类，从该类你可以创造一只猫（喵喵）和一只狗（汪汪）。它们在很多方面都有所不同，但它们都是毛茸茸的，有四条腿，所以可以从同一个父类创建。我们已经完成了Ammo教学，可以用它来创造玩家和外星人的子弹了。它们是不同颜色的，向相反的方向射击，但它们基本上可以归于同一类。这节省了我们创建额外代码的开销，并能确保我们创建的对象之间的一致性。

09 游戏

我们的最后一个类叫Game。这是游戏本身所有主要功能的所在，但请记住，到目前为止，这仍然只是一个游戏中元素的列表——在创建（在代码的底部）"Game"对象之前没有任何元素被实际创造出来。Game类是游戏的核心部分所在，所以在Game类中，我们初始化Pygame，为我们的主角和外星对手设置图像并创建一些GameState属性，我们用它来控制外部类的关键属性，比如改变玩家的方向并决定是否需要返回到开始屏幕等。

10 主循环

Game类中有很多方法，每个方法都用于控制设置游戏或游戏的某些方面。决定在任何一轮游戏中发生的事情的逻辑，包含在pivaders.py脚本底部的**main_loop()**方法中，并且是开启游戏所需的变量和函数的关键。从**main_loop()**的顶部开始，逐行工作到最后一行，你可以在玩游戏时确切地看到每秒20次刷新的内容。

11 循环主逻辑——第1部分

首先游戏检查end_game属性是否为false——如果是，则跳过**main_loop()**中的整个循环，我们直接进入pygame.quit()，退出游戏。仅当玩家关闭游戏窗口或在**start_screen**上按下Esc键时，此标志才设置为true。假设end_game和start_screen为false，则主循环可以使用**control()**方法正确启动，该方法检查玩家的位置是否需要更改。接下来我们尝试制造敌方的子弹，并使用随机模块来限制可以创建的子弹数量。然后我们使用简单的for循环为屏幕上的每个角色调用update()方法。这可以确保每个人在检查**calc_collisions()**中的冲突之前都是最新的并且已经移动。

12 循环主逻辑——第2部分

一旦计算出碰撞，我们需要查看游戏是否仍然要继续。我们使用is_dead()和defenses_breached()来实现——如果这些方法中的任何一个返回true，那么就需要返回到开始屏幕。另一方面，还需要检查我们是否已经从**win_round()**中杀死了所有外星人。假设我们没有死，但是外星人都被消灭了，那么就可以调用**next_round()**方法，这会创建一批新的外星人，并提高他们在屏幕上移动的速度。最后，我们刷新屏幕，以便可以更新或删除屏幕上已移动、射击或被消灭的所有内容。请记住，主循环每秒发生20次，所以我们并不要求在循环结束时更新屏幕。

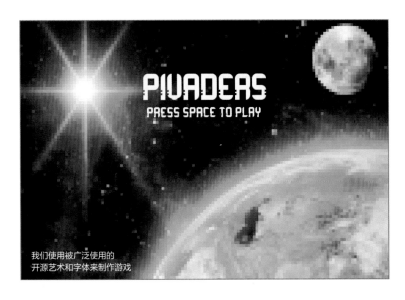

我们使用被广泛使用的开源艺术和字体来制作游戏

"类本质上是一个蓝图"

```python
        pygame.display.flip()
        self.control()

    def make_player(self):
        self.player = Player()
        self.player_group.add(self.player)
        self.all_sprite_list.add(self.player)

    def refresh_screen(self):
        self.all_sprite_list.draw(self.screen)
        self.refresh_scores()
        pygame.display.flip()
        self.screen.blit(self.background, [0, 0])
        self.clock.tick(self.refresh_rate)

    def refresh_scores(self):
        self.screen.blit(self.game_font.render(
        "SCORE " + str(self.score), 1, WHITE), (10, 8))
        self.screen.blit(self.game_font.render(
        "LIVES " + str(self.lives + 1), 1, RED), (355, 575))

    def alien_wave(self, speed):
        for column in range(BARRIER_COLUMN):
            for row in range(BARRIER_ROW):
                alien = Alien()
                alien.rect.y = 65 + (column * (
                ALIEN_SIZE[1] + ALIEN_SPACER))
                alien.rect.x = ALIEN_SPACER + (
                row * (ALIEN_SIZE[0] + ALIEN_SPACER))
                self.alien_group.add(alien)
                self.all_sprite_list.add(alien)
                alien.speed -= speed

    def make_bullet(self):
        if GameState.game_time - self.player.time > self.player.speed:
            bullet = Ammo(BLUE, BULLET_SIZE)
            bullet.vector = -1
            bullet.speed = 26
            bullet.rect.x = self.player.rect.x + 28
            bullet.rect.y = self.player.rect.y
            self.bullet_group.add(bullet)
            self.all_sprite_list.add(bullet)
            self.player.time = GameState.game_time
        GameState.shoot_bullet = False

    def make_missile(self):
        if len(self.alien_group):
            shoot = random.random()
            if shoot <= 0.05:
                shooter = random.choice([
                alien for alien in self.alien_group])
                missile = Ammo(RED, MISSILE_SIZE)
                missile.vector = 1
                missile.rect.x = shooter.rect.x + 15
                missile.rect.y = shooter.rect.y + 40
                missile.speed = 10
                self.missile_group.add(missile)
                self.all_sprite_list.add(missile)

    def make_barrier(self, columns, rows, spacer):
        for column in range(columns):
            for row in range(rows):
                barrier = Block(WHITE, (BLOCK_SIZE))
                barrier.rect.x = 55 + (200 * spacer) + (row * 10)
                barrier.rect.y = 450 + (column * 10)
                self.barrier_group.add(barrier)
                self.all_sprite_list.add(barrier)

    def make_defenses(self):
        for spacing, spacing in enumerate(xrange(4)):
            self.make_barrier(3, 9, spacing)

    def kill_all(self):
        for items in [self.bullet_group, self.player_group,
        self.alien_group, self.missile_group, self.barrier_group]:
            for i in items:
                i.kill()
```

刷新屏幕

你需要仔细考虑刷新屏幕的方式。在角色动作之间模仿背景对于清洁动画是至关重要的。

枪炮和弹药

玩家和外星人的子弹使用相同的父类。我们更改了最初初始化的一些关键属性，以创建我们需要的行为。例如，玩家和外星人子弹的方向是相反的。

死了还是活着

在这里回答了两个最重要的问题——玩家牺牲了，还是玩家赢了一轮?

```python
    def is_dead(self):
        if self.lives < 0:
            self.screen.blit(self.game_font.render(
            "The war is lost! You scored: " + str(
            self.score), 1, RED), (250, 15))
            self.rounds_won = 0
            self.refresh_screen()
            pygame.time.delay(3000)
            return True

    def win_round(self):
        if len(self.alien_group) < 1:
            self.rounds_won += 1
            self.screen.blit(self.game_font.render(
            "You won round " + str(self.rounds_won) +
            " but the battle rages on", 1, RED), (200, 15))
            self.refresh_screen()
            pygame.time.delay(3000)
            return True

    def defenses_breached(self):
        for alien in self.alien_group:
            if alien.rect.y > 410:
                self.screen.blit(self.game_font.render(
                "The aliens have breached Earth defenses!",
                1, RED), (180, 15))
                self.refresh_screen()
                pygame.time.delay(3000)
                return True

    def calc_collisions(self):
        pygame.sprite.groupcollide(
        self.missile_group, self.barrier_group, True, True)
        pygame.sprite.groupcollide(
        self.bullet_group, self.barrier_group, True, True)
        if pygame.sprite.groupcollide(
        self.bullet_group, self.alien_group, True, True):
            self.score += 10
        if pygame.sprite.groupcollide(
        self.player_group, self.missile_group, False, True):
            self.lives -= 1

    def next_round(self):
        for actor in [self.missile_group,
        self.barrier_group, self.bullet_group]:
            for i in actor:
                i.kill()
        self.alien_wave(self.level_up)
        self.make_defenses()
        self.level_up += 50

    def main_loop(self):
        while not GameState.end_game:
            while not GameState.start_screen:
                GameState.game_time = pygame.time.get_ticks()
                GameState.alien_time = pygame.time.get_ticks()
                self.control()
                self.make_missile()
                for actor in [self.player_group, self.bullet_group,
                self.alien_group, self.missile_group]:
                    for i in actor:
                        i.update()
                if GameState.shoot_bullet:
                    self.make_bullet()
                self.calc_collisions()
                if self.is_dead() or self.defenses_breached():
                    GameState.start_screen = True
                if self.win_round():
                    self.next_round()
                self.refresh_screen()
            self.splash_screen()
        pygame.quit()

if __name__ == '__main__':
    pv = Game()
    pv.main_loop()
```

主循环

这是我们应用程序的主要功能。该循环每秒执行20次。它需要合乎逻辑且容易让其他程序员理解。

开始游戏

我们做的最后一件事是创建一个Game对象并调用主循环。除了我们的常量，这是唯一一个位于类外的代码。

第二部分：
为Pivaders添加动画和声音

在300行Python中克隆Space Invaders游戏之后，现在我们将其扩展为包含动画和声音的效果。

资源

Raspbian: www.raspberrypi.org/downloads

Python: www.python.org/doc

Pygame: www.pygame.org/docs

Art assets: opengameart.org

在上一个教程中，我们克隆了基本的Space Invaders游戏，Pivaders非常有趣。 该项目面临的主要挑战之一是将其保持在可管理的大小——只有300行Python。如果不使用Pygame强大的功能，那么这个目标可能至少会超过两倍。由于Sprite类，Pygame能够分组、管理和检测碰撞，

这对我们的项目控制代码长度和简单性方面起了很大的作用。如果你错过了项目的第一部分，可以通过**git.io/cBVTBg**找到GitHub上的v0.1代码清单。还可以在**git.io/8QsK-w**上找到版本v0.2，包括我们使用的所有图像、音乐和声音效果。

即使Pygame提供了明确定义的框架，我们还有很多种方法可以添加动画和声音。我们可以创建一个框架，来创建和管理单个图像的容器，或者读取一个sprite sheet（一个图像中充满了较小的单独图像），然后我们可以将它们绘制到屏幕上。

为了简单和性能，我们将一些动画方法集成到我们的Game类中，并选择使用sprite sheet。它不仅可以轻松地绘制到屏幕上，而且还可以控制资产数量并保持性能水平，这对树莓派非常重要。

01 设置依赖项

正如在上一个教程中所推荐的那样，如果你下载我们在线提供的代码（**git.io/8QsK-w**），你将从练习中获得更多信息，并可在各种Pygame项目创建动画和声音时将其用作参考。无论你是只想简单地预览和运行代码，还是为了更好地理解基本游戏的创建，你仍然需要满足一些基本的依赖关系。这里的两个关键要求是Pygame和Git，它们都默认安装在最新的Raspbian上。如果你不确定是否拥有它们，可在命令行中输入以下内容进行查看。

```
sudo apt-get install python-pygame git
```

第86行的 Pivaders.py listing 代码列表（接下页）

```python
class Game(object):
    def __init__(self):
        pygame.init()
        pygame.font.init()
        self.clock = pygame.time.Clock()
        self.game_font = pygame.font.Font(
            'data/Orbitracer.ttf', 28)
        self.intro_font = pygame.font.Font(
            'data/Orbitracer.ttf', 72)
        self.screen = pygame.display.set_mode([RES[0], RES[1]])
        self.time = pygame.time.get_ticks()
        self.refresh_rate = 20; self.rounds_won = 0
        self.level_up = 50; self.score = 0
        self.lives = 2
        self.player_group = pygame.sprite.Group()
        self.alien_group = pygame.sprite.Group()
        self.bullet_group = pygame.sprite.Group()
        self.missile_group = pygame.sprite.Group()
        self.barrier_group = pygame.sprite.Group()
        self.all_sprite_list = pygame.sprite.Group()
        self.intro_screen = pygame.image.load(
            'data/graphics/start_screen.jpg').convert()
        self.background = pygame.image.load(
            'data/graphics/Space-Background.jpg').convert()
        pygame.display.set_caption('Pivaders - ESC to exit')
        pygame.mouse.set_visible(False)
        Alien.image = pygame.image.load(
            'data/graphics/Spaceship16.png').convert()
        Alien.image.set_colorkey(WHITE)
        self.ani_pos = 5 # 11 images of ship
        self.ship_sheet = pygame.image.load(
            'data/graphics/ship_sheet_final.png').convert_alpha()
        Player.image = self.ship_sheet.subsurface(
            self.ani_pos*64, 0, 64, 61)
        self.animate_right = False
        self.animate_left = False
        self.explosion_sheet = pygame.image.load(
            'data/graphics/explosion_new1.png').convert_alpha()
        self.explosion_image = self.explosion_sheet.subsurface(0, 0, ↵
79, 96)
        self.alien_explosion_sheet = pygame.image.load(
            'data/graphics/alien_explosion.png')
        self.alien_explode_graphics = self.alien_explosion_sheet. ↵
subsurface(0, 0, 94, 96)
        self.explode = False
        self.explode_pos = 0; self.alien_explode = False
        self.alien_explode_pos = 0
        pygame.mixer.music.load('data/sound/10_Arpanauts.ogg')
        pygame.mixer.music.play(-1)
        pygame.mixer.music.set_volume(0.7)
        self.bullet_fx = pygame.mixer.Sound(
            'data/sound/medetix__pc-bitcrushed-lazer-beam.ogg')
        self.explosion_fx = pygame.mixer.Sound(
            'data/sound/timgormly__8-bit-explosion.ogg')
        self.explosion_fx.set_volume(0.5)
        self.explodey_alien = []
        GameState.end_game = False
        GameState.start_screen = True
        GameState.vector = 0
        GameState.shoot_bullet = False

    def control(self):
        for event in pygame.event.get():
            if event.type == pygame.QUIT:
                GameState.start_screen = False
                GameState.end_game = True
            if event.type == pygame.KEYDOWN \
            and event.key == pygame.K_ESCAPE:
                if GameState.start_screen:
                    GameState.start_screen = False
                    GameState.end_game = True
                    self.kill_all()
                else:
                    GameState.start_screen = True
        self.keys = pygame.key.get_pressed()
        if self.keys[pygame.K_LEFT]:
            GameState.vector = -1
            self.animate_left = True
            self.animate_right = False
        elif self.keys[pygame.K_RIGHT]:
            GameState.vector = 1
```

ship_sheet

我们使用"ani_pos"变量将player图像设置为等于sprite sheet的一个小段。更改变量以更改图片。

设置标志

我们在控制方法中添加了"animate_left"和"animate_right"布尔值。如果它们是真的，则通过单独的方法调用实际的动画代码。

```python
            self.animate_right = True
            self.animate_left = False
        else:
            GameState.vector = 0
            self.animate_right = False
            self.animate_left = False

        if self.keys[pygame.K_SPACE]:
            if GameState.start_screen:
                GameState.start_screen = False
                self.lives = 2
                self.score = 0
                self.make_player()
                self.make_defenses()
                self.alien_wave(0)
            else:
                GameState.shoot_bullet = True
                self.bullet_fx.play()

    def animate_player(self):
        if self.animate_right:
            if self.ani_pos < 10:
                Player.image = self.ship_sheet.subsurface(
                    self.ani_pos*64, 0, 64, 61)
                self.ani_pos += 1
        else:
            if self.ani_pos > 5:
                self.ani_pos -= 1
                Player.image = self.ship_sheet.subsurface(
                    self.ani_pos*64, 0, 64, 61)

        if self.animate_left:
            if self.ani_pos > 0:
                self.ani_pos -= 1
                Player.image = self.ship_sheet.subsurface(
                    self.ani_pos*64, 0, 64, 61)
        else:
            if self.ani_pos < 5:
                Player.image = self.ship_sheet.subsurface(
                    self.ani_pos*64, 0, 64, 61)
                self.ani_pos += 1

    def player_explosion(self):
        if self.explode:
            if self.explode_pos < 8:
                self.explosion_image = self.explosion_sheet. ↵
subsurface(0, self.explode_pos*96, 79, 96)
                self.explode_pos += 1
                self.screen.blit(self.explosion_image, [self.player. ↵
rect.x -10, self.player.rect.y - 30])
            else:
                self.explode = False
                self.explode_pos = 0

    def alien_explosion(self):
        if self.alien_explode:
            if self.alien_explode_pos < 9:
                self.alien_explode_graphics = self.alien_explosion_ ↵
sheet.subsurface(0, self.alien_explode_pos*96, 94, 96)
                self.alien_explode_pos += 1
                self.screen.blit(self.alien_explode_graphics, ↵
[int(self. explodey_alien[0]) - 50 , int(self.explodey_alien[1]) - 60])
            else:
                self.alien_explode = False
                self.alien_explode_pos = 0
                self.explodey_alien = []

    def splash_screen(self):
        while GameState.start_screen:
            self.kill_all()
            self.screen.blit(self.intro_screen, [0, 0])
            self.screen.blit(self.intro_font.render(
                "PIVADERS", 1, WHITE), (265, 120))
            self.screen.blit(self.game_font.render(
                "PRESS SPACE TO PLAY", 1, WHITE), (274, 191))
            pygame.display.flip()
            self.control()
            self.clock.tick(self.refresh_rate / 2)

    def make_player(self):
        self.player = Player()
```

fx.play()

在射击时已经加载了我们想要的声音效果，现在只需要在按空格键时调用它。

02 下载pivaders

Git可帮助程序员安全地存储代码和相关文件。它不仅可以帮助你保留完整的更改历史记录，还意味着你可以"克隆"整个项目，以便在github.com等地方使用和处理。要克隆我们为本教程创建的项目版本，请从命令行（使用命令cd~）转到home文件夹并键入以下内容。

```
git pull  https://github.com/russb78/pivaders.git
```

这将创建一个名为pivaders的文件夹——进入内部（使用命令cd pivaders）并浏览一下。

03 浏览项目

该项目布置在几个子文件夹中。pivaders内有许可证，说明文件和第二个pivaders文件夹。它包含主游戏文件pivaders.py，可以启动应用程序。在数据文件夹中，你可以找到图形和声音资源的子文件夹，以及我们用于标题屏幕和分数的字体。要为test-drive选择pivaders，只需进入pivaders子目录（使用命令cd pivaders/pivaders）并输入以下内容。

python pivaders.py

使用箭头键左右转动，空格键进行射击。可以使用Esc键退出主屏幕，再次按下可完全退出游戏。

04 动画和声音

与上一教程的游戏相比，你会发现它现在是一个更加动态的项目。当你改变方向的时候，玩家的飞船会倾斜到转弯处，当你按下相反的方向或者释放按键时，它会自我修正。当你射中外星飞船时，飞船会以几帧动画爆炸，如果你起火，你的船上会发生较小的爆炸。音乐、激光和爆炸声效也伴随着动画发生。

05 寻找动画的图像

如前所述，我们已经选择使用sprite sheet。这些sheet可以在网上找到，或者使用gimp创建。本质上，它们是由代表每一帧的大小和间距相同的图像组成的单独"帧"的马赛克。可以在opengameart.org上查找现成的示例。

06 调整资源

虽然像opengameart.org这样的网站上的许多资源都可以按原样使用，但你可能需要将它们导入到像GIMP这样的图像编辑应用程序中，以便根据你的需求进行修改。我们从中央船只sprite开始，并将其集中到一个新窗口。我们设置框架的大小和宽度，然后复制粘贴其两侧的其他框架。我们最终在一个文档中有11帧具有完全相同的大小和宽度。尺寸和宽度上的像素完美精度是关键，因此我们可以将其相乘以找到下一帧。

07 加载sprite sheet

由于我们从Sprite类继承来创建Player类，因此我们可以通过更改Player.image轻松改变Player在屏幕上的显示方式。我们使用pygame.image.load()加载飞船sprite sheet。由于我们使用透明背景，因此可以将.convert_alpha()附加到该行的末尾，以便正确渲染船舶框架。然后我们使用subsurface将初始的Player.image设置为工作表上的中间飞船sprite。这是由self.ani_pos设置的，其初始值为5，更改此值将改变绘制到屏幕的飞船图像："0"将绘制为完全向左倾斜，"11"完全向右倾斜。

08 动画标志

在Game类的初始化代码列表中，我们为Player动画设置了两个标志：self.animate_left和self.animate_right。在Game类的Control方法中，当我们希望动画使用布尔值时，就使用它来"标记"。它允许我们"自动"将player sprite动画回到静止状态。

09 动画方法

Game类中的animate_player()再次出现在玩家的核心动画代码中。这里我们使用嵌套的if语句来控制动画并设置Player图像。它表明如果animate_right标志为True并且当前动画位置与我们想要的不同，我们会逐渐增加ani_pos变量并相应地设置玩家的图像。然后Else语句将飞船sprite动画回到静止状态，并在相反方向上应用相同的逻辑。

10 动画爆炸

在Game类的player动画块之后出现的player_explosion()和alien_explosion()方法是相似的，我们只需运行相同的预定义帧集（这次是垂直的）即可。所以我们只需要在增加更改显示图像的变量之前，查看self.explode和self.alien ou explode标志是否为真。由于sprite sheet是垂直的，因此变量alien_explode_pos和explosion_image被设置为与以前不同的subsurface。

11 将音乐添加到项目中

Pygame可以轻松地为项目添加音乐。获取一段合适的音乐（通过freemusicarchive.org获取）并使用Mixer Pygame类加载。由于它已经通过pygame.init()初始化，我们可以继续使用以下代码加载音乐。

```
pygame.mixer.music.load('data/sound/10_Arpanauts.ogg')
pygame.mixer.music.play(-1)
pygame.mixer.music.set_volume(0.7)
```

music.play(-1)，音乐从应用程序开始并持续循环直到它退出。如果我们用5替换-1，音乐将在结束前循环播放5次。通过www.pygame.org/docs/ref/mixer.html了解有关Mixer类的更多信息。

12 使用音效

我们使用简单的赋值加载声音效果。对于激光束，按如下方法初始化：

```
self.bullet_fx = pygame.mixer.Sound(
    'data/sound/medetix__pc-bitcrushed-lazer-beam.ogg')
```

在适当的时候触发声音效果。每当按空格键进行射击时都希望它发挥作用，所以我们将它放在Game类的Control方法中，直到我们触发了shoot_bullet标志。

如果你正在努力寻找免费和开放的音效，建议你访问www.freesound.org。

Freesound网站是为项目寻找免费和开放音效的好地方

```python
        self.player_group.add(self.player)
        self.all_sprite_list.add(self.player)

    def refresh_screen(self):
        self.all_sprite_list.draw(self.screen)
        self.animate_player()
        self.player_explosion()
        self.alien_explosion()
        self.refresh_scores()
        pygame.display.flip()
        self.screen.blit(self.background, [0, 0])
        self.clock.tick(self.refresh_rate)

    def refresh_scores(self):
        self.screen.blit(self.game_font.render(
        "SCORE " + str(self.score), 1, WHITE), (10, 8))
        self.screen.blit(self.game_font.render(
        "LIVES " + str(self.lives + 1), 1, RED), (355, 575))

    def alien_wave(self, speed):
        for column in range(BARRIER_COLUMN):
            for row in range(BARRIER_ROW):
                alien = Alien()
                alien.rect.y = 65 + (column * (
                ALIEN_SIZE[1] + ALIEN_SPACER))
                alien.rect.x = ALIEN_SPACER + (
                row * (ALIEN_SIZE[0] + ALIEN_SPACER))
                self.alien_group.add(alien)
                self.all_sprite_list.add(alien)
                alien.speed -= speed

    def make_bullet(self):
        if GameState.game_time - self.player.time > self.player.speed:
            bullet = Ammo(BLUE, BULLET_SIZE)
            bullet.vector = -1
            bullet.speed = 26
            bullet.rect.x = self.player.rect.x + 28
            bullet.rect.y = self.player.rect.y
            self.bullet_group.add(bullet)
            self.all_sprite_list.add(bullet)
            self.player.time = GameState.game_time
        GameState.shoot_bullet = False

    def make_missile(self):
        if len(self.alien_group):
            shoot = random.random()
            if shoot <= 0.05:
                shooter = random.choice([
                alien for alien in self.alien_group])
                missile = Ammo(RED, MISSILE_SIZE)
                missile.vector = 1
                missile.rect.x = shooter.rect.x + 15
                missile.rect.y = shooter.rect.y + 40
                missile.speed = 10
                self.missile_group.add(missile)
                self.all_sprite_list.add(missile)

    def make_barrier(self, columns, rows, spacer):
        for column in range(columns):
            for row in range(rows):
                barrier = Block(WHITE, (BLOCK_SIZE))
                barrier.rect.x = 55 + (200 * spacer) + (row * 10)
                barrier.rect.y = 450 + (column * 10)
                self.barrier_group.add(barrier)
                self.all_sprite_list.add(barrier)

    def make_defenses(self):
        for spacing, spacing in enumerate(xrange(4)):
            self.make_barrier(3, 9, spacing)

    def kill_all(self):
        for items in [self.bullet_group, self.player_group,
        self.alien_group, self.missile_group, self.barrier_group]:
            for i in items:
                i.kill()

    def is_dead(self):
        if self.lives < 0:
            self.screen.blit(self.game_font.render(
            "The war is lost! You scored: " + str(
            self.score), 1, RED), (250, 15))
            self.rounds_won = 0
            self.refresh_screen()
            self.level_up = 50
```

```python
            self.explode = False
            self.alien_explode = False
            pygame.time.delay(3000)
            return True

    def defenses_breached(self):
        for alien in self.alien_group:
            if alien.rect.y > 410:
                self.screen.blit(self.game_font.render(
                "The aliens have breached Earth defenses!",
                1, RED), (180, 15))
                self.refresh_screen()
                self.level_up = 50
                self.explode = False
                self.alien_explode = False
                pygame.time.delay(3000)
                return True

    def win_round(self):
        if len(self.alien_group) < 1:
            self.rounds_won += 1
            self.screen.blit(self.game_font.render(
            "You won round " + str(self.rounds_won) +
            "  but the battle rages on", 1, RED), (200, 15))
            self.refresh_screen()
            pygame.time.delay(3000)
            return True

    def next_round(self):
        self.explode = False
        self.alien_explode = False
        for actor in [self.missile_group,
        self.barrier_group, self.bullet_group]:
            for i in actor:
                i.kill()
        self.alien_wave(self.level_up)
        self.make_defenses()
        self.level_up += 50

    def calc_collisions(self):
        pygame.sprite.groupcollide(
        self.missile_group, self.barrier_group, True, True)
        pygame.sprite.groupcollide(
        self.bullet_group, self.barrier_group, True, True)

        for z in pygame.sprite.groupcollide(
        self.bullet_group, self.alien_group, True, True):
            self.alien_explode = True
            self.explodey_alien.append(z.rect.x)
            self.explodey_alien.append(z.rect.y)
            self.score += 10
            self.explosion_fx.play()

        if pygame.sprite.groupcollide(
        self.player_group, self.missile_group, False, True):
            self.lives -= 1
            self.explode = True
            self.explosion_fx.play()

    def main_loop(self):
        while not GameState.end_game:
            while not GameState.start_screen:
                GameState.game_time = pygame.time.get_ticks()
                GameState.alien_time = pygame.time.get_ticks()
                self.control()
                self.make_missile()
                self.calc_collisions()
                self.refresh_screen()
                if self.is_dead() or self.defenses_breached():
                    GameState.start_screen = True
                for actor in [self.player_group, self.bullet_group,
                self.alien_group, self.missile_group]:
                    for i in actor:
                        i.update()
                if GameState.shoot_bullet:
                    self.make_bullet()
                if self.win_round():
                    self.next_round()
            self.splash_screen()
        pygame.quit()

if __name__ == '__main__':
    pv = Game()
    pv.main_loop()
```

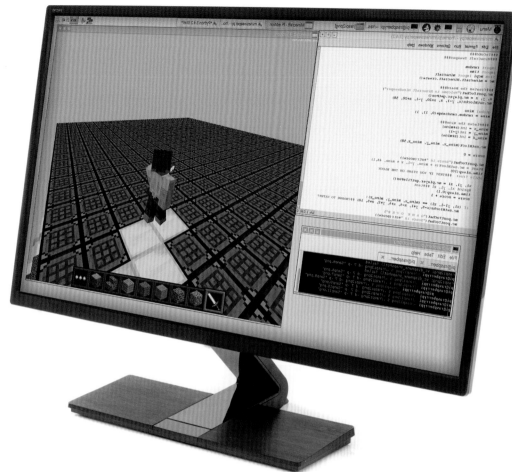

创建一个Minecraft Minesweeper游戏

使用你的树莓派和Python知识在Minecraft中编写一个简单的迷你游戏。

资源

Jessie or Raspbian:
raspberrypi.org/downloads

Python:
www.python.org/

你可能还记得甚至玩过可追溯到60年代的经典Minesweeper PC游戏。多年来，它已与大多数操作系统捆绑在一起，出现在手机上，甚至可以作为超级马里奥兄弟的迷你游戏变体。

这个项目将引导你完成如何在Minecraft中创建一个简单版本：它就是Minecraft Minesweeper！我们将编写一个程序，该程序设置为块的竞技场，并将其中一个块转换为地雷。要玩游戏，将引导玩家站到棋盘上，每当玩家踩到一个块上时，会把这个块变成金块并收集积分，但要注意，踩到地雷，将结束游戏并用熔岩覆盖你！

01 更新和安装

要更新树莓派，请打开终端并输入以下内容。

```
sudo apt-get upgrade
sudo apt-get update
```

新的树莓派 OS映像已经安装了Minecraft和Python。还可以预先安装Minecraft API，使你能够使用Python与Minecraft进行交互。如果你使用的是旧操作系统版本，强烈建议你下载并将版本更新为最新的Jessie或Raspbian映像。

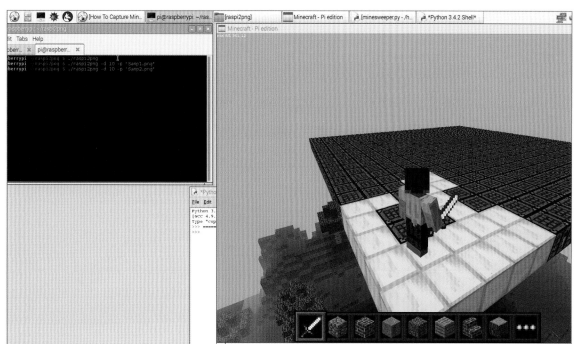

对，安全区块已经变成金色——剩下的就是潜在的地雷！

02 导入模块

加载首选的Python编辑器并启动一个新窗口。需要导入以下模块：import random用来计算和创建地雷的随机位置，并导入time以向程序添加暂停和延迟。接下来，再添加两行代码：from mcpi import minecraft和mc=minecraft.Minecraft.create()。它们创建了Minecraft和Python之间的程序链接。mc变量让你可以简单地输入"mc"，而无需再费力输入"minecraft.Minecraft.create()"。

```
import random
import time
from mcpi import minecraft
mc = minecraft.Minecraft.create()
```

03 种一些花

使用Python操作Minecraft很容易，创建下面的程序来测试它是否正常工作。每个块都有自己的ID号，flower是38。x，y，z=mc.player.getPos()行获取玩家在世界坐标中的当前位置，并将其作为一组坐标返回——（x，y，z）。现在你知道玩家在世界坐标中的位置了，就可以使用mc.setBlock（x，y，z，flower）放置块。保存程序，打开MC并创建一个新世界。

```
flower = 38
while True:
    x, y, z = mc.player.getPos()
    mc.setBlock(x, y, z, flower)
    time.sleep(0.1)
```

04 运行代码

缩小MC窗口将让你更容易看到代码和程序运行，在两者之间频繁切换可能令人生厌。使用Tab键将从MC窗口中解放键盘和鼠标。运行Python程序并等待它加载——当玩家四处走动时，会掉花！更改第1行中的ID号以更改块类型，可以尝试种植金、水甚至瓜，而不

切换到 shell

在Python Shell和Minecraft窗口之间切换可能会令人生厌，特别是当MC覆盖Python窗口时。最好的解决方案是将整个屏幕的窗口缩小一半（不要在关闭鼠标坐标的情况下全屏运行MC）。使用Tab键从MC窗口释放键盘和鼠标。

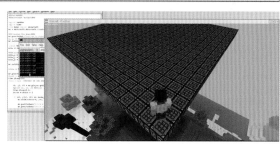

是花。

05 向Minecraft世界发布消息

也可以向Minecraft世界发布消息。这会在游戏的后期使用，以使玩家知道游戏已经开始以及他们当前的得分。在以前的程序中，在flower=38行下添加以下代码行，使这行代码为2：mc.postToChat（"I grew some flowers with code"）。现在按F5键保存并运行程序——你将看到弹出的消息。你可以尝试更改消息，或转到下一步开始游戏。

06 创建主棋盘

游戏发生在玩家当前站立的棋盘上，因此建议你在运行最终项目之前飞向空中或寻找平坦地形的空间。要创建棋盘，你需要使用代码x，y，z=mc.player.getPos()找到玩家在世界坐标中的当前位置。然后使用mc.setBlocks代码放置构成棋盘的块。

```
mc.setBlocks(x, y-1, z, x+20, y-1, z+20, 58).
```

数字58是作为制作表的块的ID。你可以通过更改+20来增加或减小棋盘的尺寸。在上面的代码示例中，棋盘尺寸为20 x 20块，这为玩家提供了由400块构成的竞技场。

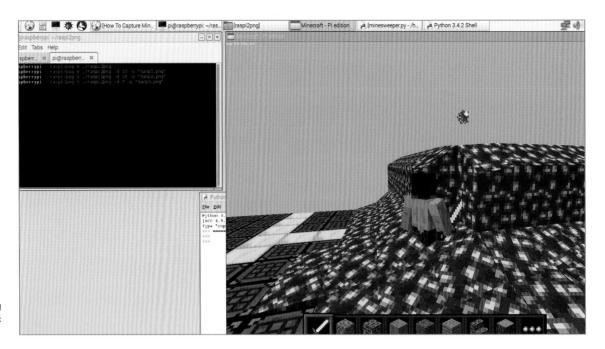

没有什么比"磅礴的熔岩喷发"更能表示"游戏结束"了。

07 创造地雷mine

在上一步中，找到了玩家在棋盘上的位置。可以重复使用此（x，y，z）数据将地雷放置在棋盘上。代码mine=random.randrange（0，11，1）生成1~10之间的随机数。将其与玩家当前的x轴位置相结合，并将随机数添加到位置——这样就会在棋盘上创建一个随机的地雷。

```
mine_x = int(x+mine)
mine_y = int(y-1)
mine_z = int(z+mine)
```

使用setBlock放置mc.setBlock（mine_x，mine_y，mine_z，58）。使用y-1可确保将块放置在与棋盘相同的层上，因此可以隐藏地雷。数字58是块ID，如果你想查看地雷的位置，可以更改，这对于测试其余代码是否正常工作非常有用。记得在玩游戏之前改回来！

08 创建一个分数变量

玩家在游戏中保持活着状态的每一秒，都会在分数中添加一个点。创建一个变量来存储当前分数，在游戏开始时将其设置为零值。使用postToChat代码在游戏开始时公布分数。请注意，MC无法直接打印，因此要在显示之前首先将分数转换为字符串。

```
score = 0
mc.postToChat("Score is "+str(score))
time.sleep(10)
```

09 检查玩家在棋盘上的位置

接下来，需要检查玩家在棋盘上的位置，看看他们是否踩在地雷上。可以使用while循环来持续检查玩家的位置是否安全，位置不能是地雷，否则游戏结束。由于玩家的坐标位置用于构建原始棋盘并放置地雷，因此你必须再次找到玩家的位置并将其存储为新变量（x1，y1，z1）。

```
while True:
    x1, y1, z1 = mc.player.getTilePos()
```

10 请给我一分

玩家移动一个方格，他就获得了一分。这是将值1添加到现有分数值的简单操作，可以使用score = score + 1来实现的。因为它位于循环内，所以每次玩家移动时将增加一个点。

```
time.sleep(0.1)
score = score + 1
```

11 制造紧张气氛……

一旦玩家得到这个分数，游戏的下一个阶段就是检查玩家所在的块是安全的块，还是地雷。这里使用一个条件来比较玩家所踩的块的坐标——（x1，y1-1，z1）——与（mine_x，mine_y，mine_z）位置。如果两个坐标是相等的，那么玩家就踩在了地雷上。在下一步中，我们将写爆炸代码：

```
if (x1, y1-1, z1) == (mine_x, mine_y, mine_z):
```

12 把地雷放下

在上一步中，会检查玩家是踩在地雷上，还是踩在了安全区，如果是地雷，那么地雷会爆炸。要创建爆炸，使用熔岩块，熔岩块将流动并吞没玩家。你可以使用mc.setBlocks代码在两点之间设置块。熔岩块受重力影响，因此将它们设置为高于玩家意味着熔岩向下流动覆盖玩家。

其他Minecraft攻击

如果你喜欢编程和操作Minecraft，那么有很多优秀的树莓派项目供你查看。根据我们的经验，在tecoed.co.uk/minecraft.html上有很多专家。Adventures In Minecraft背后的人们在stuffaboutcode.com/p/minecraft.html上提供了一些非常棒的指南。

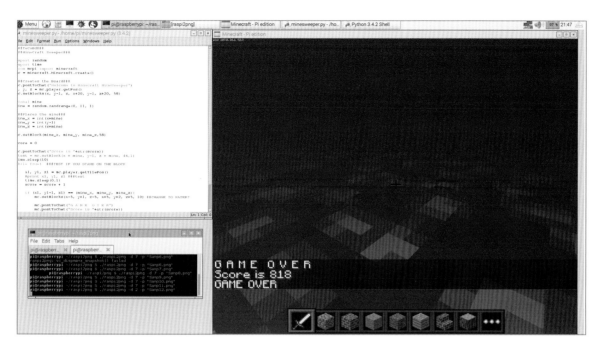

一旦游戏结束,我们的迷你游戏将使用聊天控制台报告你的分数

完整的代码列表

▌ mc.setBlocks(x-5, y+1, z-5, x+5, y+2, z+5, 10)

13 游戏结束
如果玩家踩在地雷上,游戏就结束了。使用代码在Minecraft World中显示"Game Over"消息。

▌ mc.postToChat("G A M E   O V E R")

14 最终得分
游戏的最后一部分是给出一个分数。可以使用在步骤8中创建的score变量,然后使用mc.postToChat代码实现。首先将score转换为字符串,以便可以在屏幕上打印,添加一个break语句来结束循环并停止运行代码。

15 安全阻止
但是如果玩家躲过了地雷该怎么办?游戏将继续进行,玩家需要知道都踩过了哪些块,可以使用代码mc.setBlock(x1, y1-1, z1,41)将玩家踩过的块更改为金块或你设置的其他材料。在代码中,Y位置是Y-1,它表示玩家脚下的块。

16 增加分数
除了再来一步,玩家也获得了一分。这是通过每次挖到金块,将score增加1,并返回到循环的开头以检查玩家踩的下一个块的状态来实现的。postToChat告诉玩家,你已经幸免于难!

▌ score = score + 1
▌ mc.postToChat("You are safe")

17 运行游戏
这样就完成了程序的代码,保存,然后开始一个Minecraft游戏。创建世界后,运行Python程序。回到Minecraft窗口,你将看到在你面前创建的棋盘。

```python
import random
import time
from mcpi import minecraft
mc = minecraft.Minecraft.create()

###创建棋盘###
mc.postToChat("Welcome to Minecraft MineSweeper")
x, y, z = mc.player.getPos()
mc.setBlocks(x, y-1, z, x+20, y-1, z+20, 58)

global mine
mine = random.randrange(0, 11, 1)

###放置地雷###
mine_x = int(x+mine)
mine_y = int(y-1)
mine_z = int(z+mine)
mc.setBlock(mine_x, mine_y, mine_z,58)
score = 0
mc.postToChat("Score is "+str(score))

time.sleep(5)
while True: ###测试你是否站在地雷上

  x1, y1, z1 = mc.player.getTilePos()
  #print x1, y1, z1 ###测试
  time.sleep(0.1)
  score = score + 1

  if (x1, y1-1, z1) == (mine_x, mine_y, mine_z):
    mc.setBlocks(x-5, y+1, z-5, x+5, y+2, z+5, 10)
    mc.postToChat("G A M E O V E R")
    mc.postToChat("Score is "+str(score))
    break
  else:
    mc.setBlock(x1, y1-1, z1, 41)
mc.postToChat("GAME OVER")
```

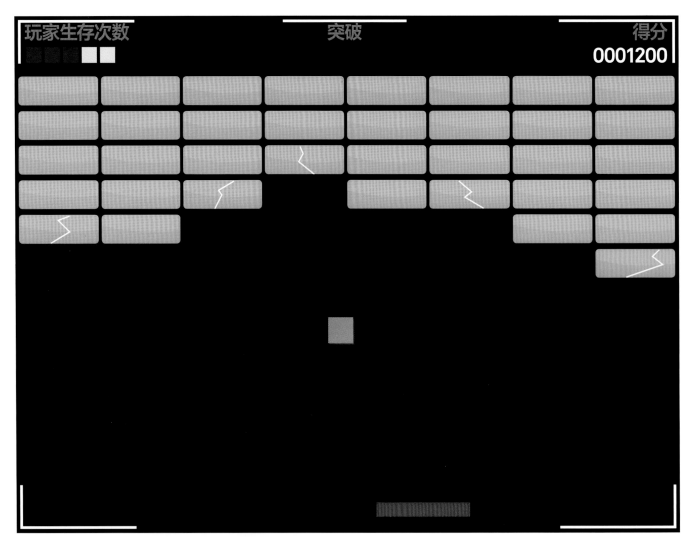

Pygame Zero

PygameZero去掉了模板文件，
可以立即将你的想法转化为游戏，我们将向你展示如何实现。

资源

Pygame Zero:
pygame-zero.readthedocs.org

Pygame:
pygame.org/download.shtml

Pip
pip-installer.org

Python 3.2 or later
www.python.org/

Code from FileSilo（可选）

创建游戏是理解某种语言的一个好方法：有一个目标可以为之努力，并且添加的每个功能都会带来更多乐趣。创建游戏需要用到图形和其他基本游戏功能的库和模块。虽然Pygame库使得使用Python制作游戏变得相对容易，但它仍然会在开始之前引入需要的模板代码——这是你开始编程的障碍。

Pygame Zero可以处理所有这些模板代码，旨在让你能够立即编写游戏。Pg0（这是缩写）对游戏所需的内容作出合理的假设——从窗口大小到导入游戏库——这样就可以直接开始编写代码实现你的想法。

Pg0的创建者丹尼尔·波普（Daniel Pope）告诉我们，这个库源于与Pycon英国教育学院老师的交谈，并试图理解他们需要立即取得的成果，将课程分成小单元，以保持整个班级的学习进度。

为了让你了解这些内容，我们将创建一个简单的游戏，使用乒乓球拍和球，来击碎砖块。该项目只需很少的代码即可完成的工作。Pg0处于早期开发阶段，但仍然是一个很好的开始——现在已经被包含在Raspbian Jessie镜像中的树莓派中。

我们将在其他平台上演示安装，首先来看看它的魔幻效果。

右图的Breakout是一款经典的街机游戏，可以在Pygame Zero中重新制作

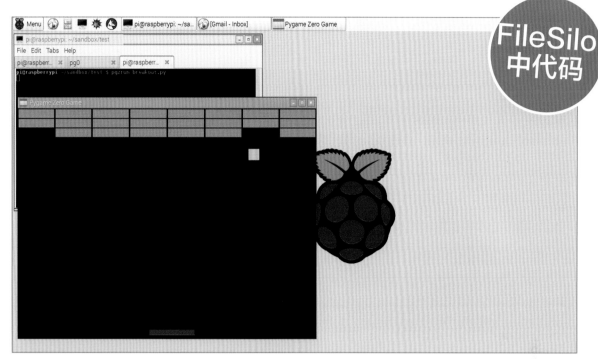

FileSilo 中代码

老老少少

在使用Pygame模板以及所有与年轻人一起使用的情况下，也可以取得巨大的成果（参见Bryson Payne的著作），虽然Pygame和Pg0作为强大的教育工具使用，但无论处于哪一学习阶段，都有利于为编码人员创建游戏。

伟大的游戏都是成名于游戏玩法，由强大的想象力驱动，通过游戏世界生成图像、动画、声音和旅程。良好的框架为那些不是传统的编程学习者开辟了这种创造性活动，这是Python长期以来一直擅长的领域。

01 零努力
虽然创作游戏并不容易，但入门很容易。如果你已经在树莓派上安装了Raspbian Jessie，那么就可以开始了。打开终端并输入以下代码。

```
touch example.py
pgzrun example.py
```

你会看到一个空的游戏窗口被打开（快捷键Ctrl + Q可以关闭窗口）。

02 Python 3
如果你的机器上没有Raspbian Jessie，很可能你既没安装Pg0，也没安装Pygame。Python的pip包安装程序可以帮你安装Pg0，但前面的步骤因版本而异。需要Python 3.2版本（或更新版本）。如果你在编程中一直坚持使用Python 2.x，那么可以尝试将其升级为Python 3。

03 老版本的Raspbian
如果你还在运行Raspbian Wheezy，则需要运行以下步骤来安装Pygame Zero。

```
sudo apt-get update
```

```
sudo apt-get install python3-setuptools python3-pip
sudo pip-3.2 install pgzero
```

04 没有树莓派?
你甚至不需要树莓派来安装Pygame Zero——只需安装Pygame库，然后使用pip安装Pygame Zero。安装步骤因版本而异，但最好从文档开始：bit.ly/1GYznUB。

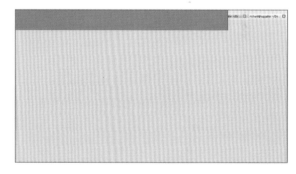

05 Intro.py
现在可以手动覆盖我们在步骤1中看到的800 x 600像素的默认黑色方块。例如，可以使用以下代码将其替换为超大金砖。

```
WIDTH = 1000
HEIGHT = 100
def draw():
    screen.fill((205, 130, 0))
```

该颜色元组采用RGB值，你可以快速从备忘录中获取颜色；screen内置于Pg0中，用于窗口显示，各种方法可用于各种不同的sprites……

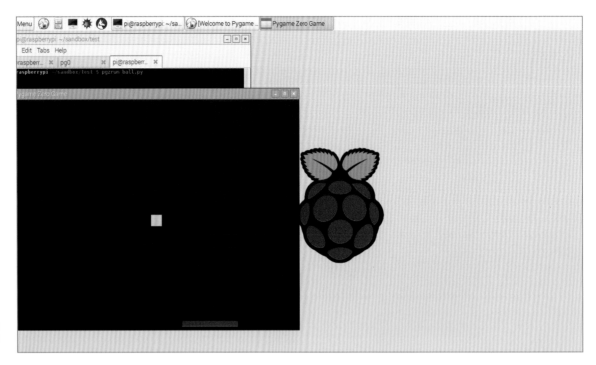

右图：球拍和球首先出现——它们是Pong和Breakout的基石。

程序对象

大卫·埃姆斯（David Ames）使用Pg0在英国各地的活动中教导青少年编程，他认为在教孩子方面要避免的一件事是面向对象。OOP（面向对象编程）部分被Pg0抽象掉了，但它不容忽视。

也许最好的方法是使用Pg0和一些简单的代码来启动，然后在需要解决特定问题时放入一块OO。

对于代码俱乐部年龄组（8~11岁），提供信息以解决实际问题效果良好。它也可以和成年人一起工作，但总有人会提前阅读并有一些棘手的问题。

06 Sprite

来自Pg0文档的介绍示例扩展了**Actor**类，它将自动加载命名的Sprite（Pg0将在名为images的子目录中搜寻.jpg或.png）。

```
alien = Actor('alien')
alien.pos = 100, 56
WIDTH = 500
HEIGHT = alien.height + 20
def draw():
    screen.clear()
    alien.draw()
```

你可以从Pg0文档（**bit.ly/1Sm5lM7**）下载外星人，并尝试显示动画，但此处我们在游戏中采用了不同的方法。

07 通过 Pong 的 Breako

虽然树莓派是对20世纪80年代8位计算机的致敬，但Breakout来自20世纪70年代，是早期街机经典Pong的直系后裔。我们将遵循从Pong到Breakout[历史上涉及Apple创始人史蒂芬·沃兹涅克（Steve Wozniak）和史蒂夫·乔布斯（Steve Jobs）]的顺序来创建代码，让你可以选择将Pong元素发展为合适的游戏，以及改进完成克隆Breakout。

08 古怪的球拍

你可以认为Breakout基本上是一个移动的球拍，也就是说，你正在击打一个移动的球以击倒阻碍。球拍是一个矩形，Pygame的Rect对象存储和操作矩形区域——我们使用Rect（（left，top），（width，height）），在此之前我们定义球拍颜色，然后调用draw函数来放置使用**screen**功能在屏幕上显示球拍。

```
W = 800
H = 600
RED = 200, 0, 0
bat = Rect((W/2, 0.96 * H), (150, 15))
def draw():
    screen.clear()
    screen.draw.filled_rect(bat, RED)
```

09 鼠标移动

我们想要移动球拍，鼠标比箭头键更接近球拍操作，添加以下内容。

```
def on_mouse_move(pos):
    x, y = pos
    bat.center = (x, bat.center[1])
```

使用**pgzrun**测试是否正常显示屏幕、球拍和移动。

为了让球移动，我们需要为每个球与墙碰到的情况定义move的方法

完整的代码列表

```python
## Breakout type game to demonstrate Pygame Zero library
## Based originally upon Tim Viner's London Python Dojo
## demonstration
## Licensed under MIT License - see file COPYING

from collections import namedtuple
import pygame
import sys
import time


W = 804
H = 600
RED = 200, 0, 0
WHITE = 200,200,200
GOLD = 205,145,0


ball = Rect((W/2, H/2), (30, 30))
Direction = namedtuple('Direction', 'x y')
ball_dir = Direction(5, -5)

bat = Rect((W/2, 0.96 * H), (120, 15))

class Block(Rect):

    def __init__(self, colour, rect):
        Rect.__init__(self, rect)
        self.colour = colour


blocks = []
for n_block in range(24):
    block = Block(GOLD, ((((n_block % 8)* 100) + 2, ((n_block //
            8) * 25) + 2), (96, 23)))
    blocks.append(block)

def draw_blocks():
    for block in blocks:
        screen.draw.filled_rect(block, block.colour)

def draw():
    screen.clear()
    screen.draw.filled_rect(ball, WHITE)
    screen.draw.filled_rect(bat, RED)
    draw_blocks()

def on_mouse_move(pos):
    x, y = pos
    bat.center = (x, bat.center[1])

def on_mouse_down():
    global ball_dir
    ball_dir = Direction(ball_dir.x * 1.5, ball_dir.y * 1.5)
```

10 方形的球

在正确的复古图形风格中，我们定义了一个方形球——另一个矩形，大小为（30,30），作为正方形的矩形子集。

这样做是因为Rect是Pg0中的另一个内置函数。如果想要圆形球，必须定义一个类，然后使用Pygame的 **draw.filled_circle（pos，radius，(r，g，b)）**。但对于Rect我们可以直接调用。只需添加：

```python
WHITE = 200,200,200
ball = Rect((W/2, H/2), (30, 30))
```

……到初始变量赋值，以及：

```python
screen.draw.filled_rect(ball, WHITE)
```

……到**def draw()**块。

11 移动！

现在让球移动。下载*filesilo.co.uk*中的教程资源，然后将代码添加到move.py文件中，以分配移动和速度。如果想让球变慢或变快，根据处理器的性能，改变ball-dir=Direction(5,-5)。但现在很难说，因为球直接从屏幕上消失了！Pg0将调用你每帧定义一次的 **update()**函数，如果你没有运行太多其他函数，则会产生平滑（ish）滚动的效果。

12 正常移动（球）

为了让球在屏幕内移动，我们需要为球撞到墙的每种情况定义move的方法。为此，我们使用if语句在每个边界上反转球的方向。

注意屏幕宽度的硬编码值为781，减去球的宽度——在早期版本的代码中硬编码值是可以的，但是如果你的项目可扩展则需要改变它。例如，可调整大小的屏幕需要W-30的值。

13 绝对值

可以将y乘以负值，以便在击球时反转球的方向。

```python
ball_dir = Direction(ball_dir.x, -1 * ball_dir.y)
```

……但实际需使用**abs**函数，它是对数值进行绝对值处理的函数，代码如下。

```python
ball_dir = Direction(ball_dir.x, - abs(ball_dir.y))
```

尝试没有完成的代码，看看是否有一些奇怪的行为，找出原因。

右图：Tom Viner的块数组否定了对带状矩形的需求。

14 声音
在击球时，**sounds.blip.play()** 会在声音子目录中查找名为blip的声音文件。你可以从**FileSilo.co.uk**下载声音（和完成的代码）。实际上我们真正要完成的是将我们写的代码变成一个合适的游戏Pong！但首先让我们把它变成Breakout！

15 傻瓜！
如果你对老版电脑游戏Breakout不熟悉，则：

```
apt-get install lbreakout2
```

现在我们还没有把目光投向这六页中所要构建的游戏上，但我们确实需要块。

16 构建块
有许多方法可以定义块并将它们显示到屏幕上。在Tom Viner团队的版本中，来自伦敦Python Dojo——这个代码最初激发了作者的灵感——块的大小与屏幕上的数字相关。

```
N_BLOCKS = 8
BLOCK_W = W / N_BLOCKS
BLOCK_H = BLOCK_W / 4
BLOCK_COLOURS = RED, GREEN, BLUE
```

使用随后构建到数组中的多色块意味着块可以在不需要边框的情况下进行连接。凭借其在屏幕宽度方面的定义变量，它是一个很好的可复用代码，很容易修改为不同的屏幕尺寸（参阅**github.com/tomviner/breakout**）。

但是，单行中的彩条阵列对于完整的游戏画面是不够的，所以将从硬编码值构建我们的阵列……

17 去淘金
创建如下块类。

沉 Pg0+1
一个新版本的Pg0正在开发中，或许在你读到本文时就已经推出了。Pg0创建者Daniel Pope告诉我们"音调生成API正在进行中"，而在Pg0 PyConUK sprint中，"我们完成了Actor旋转"。感谢你的贡献——不仅仅是Pg0代码和更多的例子可以展示更多可以做的事情，还需要教师让孩子们了解编程的创造性行为。Pg0还启发了GPIO Zero，使树莓派上的GPIO编程变得更容易，随着本书的出版，这个新库正在迅速发展。

```python
class Block(Rect):
    def __init__(self, colour, rect):
        Rect.__init__(self, rect)
        self.colour = colour
```

……为你的块选择一个漂亮的颜色。

```python
GOLD = 205,145,0
```

18 将块排号
这构建了一个包含3行8列24个块的数组。

```python
blocks = []
for n_block in range(24):
    block = Block(GOLD, ((((n_block % 8)* 100) + 2,
      ((n_block // 8) * 25) + 2), (96, 23)))
    blocks.append(block)
```

19 绘图块
在定义之后，将 **draw_blocks()** 添加到 **def draw()**。

```python
def draw_blocks():
    for block in blocks:
        screen.draw.filled_rect(block, block.colour)
```

20 阻止撞击
当球击中时摧毁一个块，接着 **def move(ball)** 让球移开。

```python
if to_kill >= 0:
    sounds.block.play()
    ball_dir = Direction(ball_dir.x, abs(ball_dir.y))
    blocks.pop(to_kill)
```

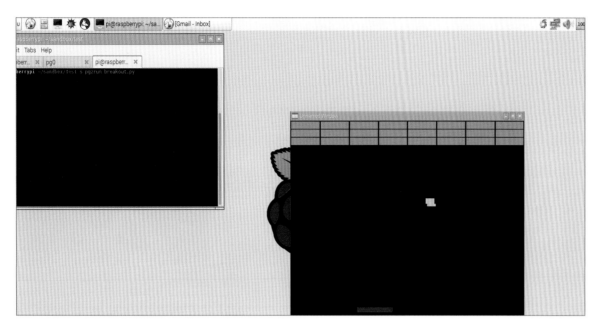

左图：测试你的游戏，然后测试其他人的Breakout游戏，看看代码有何不同，及导致不同的原因

完整的代码列表（续）

```python
def move(ball):
    global ball_dir
    ball.move_ip(ball_dir)

    if ball.x > 781 or ball.x <= 0:
        ball_dir = Direction(-1 * ball_dir.x, ball_dir.y)
    if ball.y <= 0:
        ball_dir = Direction(ball_dir.x, abs(ball_dir.y))
    if ball.colliderect(bat):
        sounds.blip.play()
        ball_dir = Direction(ball_dir.x, - abs(ball_dir.y))

    to_kill = ball.collidelist(blocks)
    if to_kill >= 0:
        sounds.block.play()
        ball_dir = Direction(ball_dir.x, abs(ball_dir.y))
        blocks.pop(to_kill)

    if not blocks:
        sounds.win.play()
        sounds.win.play()
        print("Winner!")
        time.sleep(1)
        sys.exit()

    if ball.y > H:
        sounds.die.play()
        print("Loser!")
        time.sleep(1)
        sys.exit()

def update():
    move(ball)
```

21 游戏结束
最后，我们允许玩家成功地销毁了所有的块。

```python
if not blocks:
    sounds.win.play()
    sounds.win.play()
    print("Winner!")
    time.sleep(1)
    sys.exit()
```

22 成绩抽取
利用Pygame Zero的一些快速启动功能，我们可以在大约60行代码中运行游戏。从这里开始，还有更多的Pg0值得探索。

首先重构代码，因为还有很大的改进空间——请参阅教程资源中包含的示例'breakout-refactored.py'。尝试添加得分，这是目前游戏中最重要的缺憾。你可以尝试使用全局变量并使用**print()**将分数写入终端，或者使用**screen.blit**将其显示在游戏屏幕上。未来版本的Pg0可能会更容易保存分数。

23 九级生命
为了增加生命，更多层次和更简单的生命记分，你可以更好地定义**GameClass**类并包含你希望在其中保留的大部分更改，例如**self.score**和**self.level**。你可以在网上找到很多Pygame代码，也可以找到Pg0的例子，比如Tim Martin的pi_lander：**github.com/timboe/pi_lander**。

24 不要停在这里
这个项目针对初学者，不要指望通过这个项目理解一切！更改代码并查看哪些有效，从其他地方借用代码以添加，并阅读更多代码。继续这样做，然后尝试自己创建更优秀的项目。

网站开发

138 Tweets

132

"Python是一种多功能语言，非常适合用于制作网站"

142

用PYTHON
开发

不要误以为Python是一种限制性语言或与现代网络不兼容。探索和构建Python Web应用程序，体验快速应用程序开发。

为什么？

自从1991年首次发布，Google和NASA等公司多年来一直在使用Python。

由于2003年引入了Web服务器网关接口（WSGI），使得一般Web服务器开发Python Web应用程序成为可行的解决方案，而不是限制为自定义解决方案。

Python可执行文件和安装程序可从位于**www.python.org**上的官方Python站点获得。

Mac OS X用户也可以通过使用Homebrew安装和管理Python。虽然OS X捆绑了一个Python版本，但它有一些潜在的缺点。更新操作系统可能会清除所有下载的软件包，而Apple的库实现与官方版本的实现大不相同。使用Homebrew进行安装有助于保持最新版本，并且还意味着你可以

获得包管理器pip。

一旦安装了Python，第一个要下载的软件包应该是virtualenv，使用pip install virtualenv，可以给特定的项目创建特定的shell环境。你可以在单独的Python版本上运行项目，并安装单独的项目依赖包。

更多信息请查看详细的Hitchhiker Python指南：**docs.python-guide.org/en/latest**。

框架

下面我们来看一下开发Python Web应用程序时可用的一些框架。

Django diangoproject.com

适用于具有多用户支持的大型数据库驱动的Web应用程序以及需要具有大量可定制管理界面的站点。

Django包含许多令人印象深刻的功能，全部以接口和模块的形式提供，包括默认情况下所有项目和应用程序的自动装配、管理界面和数据库迁移管理工具。Django将帮助实现企业级项目的快速应用程序开发，同时还使用子应用程序实现清晰的模块化可重用方法来编写代码。

Flask flask.pocoo.org

适合创建功能齐全的RESTful API。它管理多种route和method的能力令人印象深刻。

Flask的目标是提供一组常用的组件，如URL路由和模板。Flask还可以控制请求和响应对象，总而言之，这意味着它是轻量级的，但仍然是一个强大的微框架。

Werkzeug werkzeug.pocoo.org

适合API创建，与数据库交互并遵循严格的URL路由，同时管理HTTP实用程序。

Werkzeug是Flask和其他Python框架的底层框架。它提供了一组独特的工具，使你能够执行URL路由过程以及请求和响应对象，并且还包括一个功能强大的调试器。

Tornado tornadoweb.org

适用于Websocket交互和长轮询，因为它可以扩展以管理大量连接。

Tornado是一个网络库，可用作非阻塞Web服务器和Web应用程序框架。它以其高性能和可扩展性而闻名，最初是为friendfeed开发的，这是一个聚合了几个社交媒体网站的实时聊天系统。因为其用户数量稳步下降，friendfeed在2015年4月关闭，但Tornado仍然像往常一样活跃和使用。

PyramiD pylonsproject.org

适合高度可扩展，适应任何项目要求，并且也不是一个轻量级系统。

Pyramid专注于文档，为大多数常规任务提供了所有急需的基本支持。Pyramid是开源的，并且还提供了大量的可扩展性——它也带有强大的Werkzeug调试器。

overview // docs // community // snippets // extensions // search

Flask is a microframework for Python based on Werkzeug, Jinja 2 and good intentions. And before you ask: It's BSD licensed!

Flask is Fun   Latest Version: 0.10.1

```
from flask import Flask
app = Flask(__name__)
```

创建 API

让我们探索Flask微框架，用最少的代码构建一个简单而强大的RESTful API。

01 安装Flask

创建一个项目的新目录。打开终端窗口并导航到新目录中。为此项目创建一个新的虚拟环境，放在一个名为venv的新目录中，然后将其激活。进入新的虚拟shell后，使用pip install Flask命令继续安装Flask。

```
virtualenv venv
. venv/bin/activate
pip install Flask
```

02 创建索引

在名为index.py的项目位置的根目录中创建一个新文件。示例API将使用SQLite数据库，因此我们需要导入该模块以在应用程序中使用。我们还将从Flask模块导入一些核心组件，以处理请求管理和响应格式以及其他一些功能。Flask应用程序的最小导入是Flask本身。

```
import sqlite3
from flask import Flask, request, g,
redirect, url_for, render_template,
abort, jsonify
```

03 声明配置

对于小型应用程序，可以声明配置选项作为大写名称值在主模块内部。在这里，我们可以定义SQLite数据库的路径和名称，并设置Flask DEBUG为True以进行开发工作。初始化Flask应用程序到命名空间，然后导入直接在其上方设置的配置值。运行该应用程序，所有route必须放在最后两行之上。

```
# Config
DATABASE = '/tmp/api.db'
DEBUG = True
app = Flask(__name__)
app.config.from_object(__name__)
# Add methods and routes here
if __name__ == '__main__':
app.run()
```

04 连接到数据库

在定义了数据库路径后，我们需要一种方法来创建与数据库的连接，以便应用程序获取数据。创建一个名为connet_

db的新方法管理数据库连接。我们可以设置一个预先请求，以便在需要时快速调用该方法。这将使用配置对象中设置的数据库详细信息，并返回新的打开连接。

```
def connect_db():
```

```
return sqlite3.connect(app.
config['DATABASE'])
```

05 数据库架构

我们的SQLite数据库只包含一个表。在项目目录的根目录中创建一个名为schema.sql的新文件。这个文件将包含创建表所需的SQL命令，并使用一些示例引导数据填充。

```
drop table if exists posts;
create table posts (
    id integer primary key
autoincrement,
    title text not null,
    text text not null
);
insert into posts (title, text) values
('First Entry', 'This is some text');
insert into posts (title, text) values
('Second Entry', 'This is some more
text');
insert into posts (title, text) values
('Third Entry', 'This is some more text
(again)');
```

06 实例化数据库

要使用新表和任何关联数据填充数据库，我们需要导入架构并将其应用于数据库。在项目文件的顶部添加新模块导入以获取contextlib.closing()方法。接下来我们要做的是创建一个方法，通过读取schema.sql的内容并对打开的数据库执行它来初始化数据库。

```
from contextlib import closing
def init_db():
  with closing(connect_db()) as db:
    with app.open_resource('schema.sql',
```

```
mode='r') as f:
    db.cursor().executescript(f.read())
    db.commit()
```

07 填充数据库

要填充数据库，可以在激活的python shell中运行。为此，请在你的环境中输入python进入shell，然后运行以下命令。或者你可以使用sqlite3命令，将schema.sql文件传输到数据库中。

```
# Importing the database using the
init_db method
python
>>> from index import init_db
>>> init_db()
# Piping the schema using SQLite3
sqlite3 /tmp/api.db < schema.sql
```

08 请求数据库连接

在创建和填充数据库之后，需要能够确保有一个开放的连接并在完成后相应地关闭它。Flask有一些包装方法可以帮助我们实现这一目标。before_request()方法将建立连接并将其存储在g对象中，以便在整个请求周期中使用。然后我们可以使用teardown_request()方法在循环后关闭连接。

```
@app.before_request
def before_request():
  g.db = connect_db();
@app.teardown_request
def teardown_request(exception):
  db = getattr(g, 'db', None)
  if db is not None:
    db.close()
```

> **世界知名的图像共享服务Instagram和社交pinboard Pinterest也将Python作为其Ｗｅｂ堆栈的一部分，选择了Django**

09 显示帖子

创建你的第一条route，以便我们可以返回并显示可用的帖子。为了查询数据库，我们对存储的数据库连接执行SQL语句。然后使用Python的dict方法将结果映射到值，并保存为posts变量。为了渲染模板，我们调用render_template()并传入文件名和posts变量。多个变量可以作为逗号分隔列表传递。

```
@app.route('/')
def get_posts():
  cur = g.db.execute('select title, text
from posts order by id desc')
  posts = [dict(title=row[0],
  text=row[1])
for row in cur.fetchall()]
  return render_template('show_posts.
html', posts=posts)
```

10 模板输出

Flask需要模板在项目根目录的templates目录中可用，因此请确保创建该目录。接下来，添加一个名为show_posts.html的新文件。动态值使用Jinja2模板语法进行管理，这是Flask应用程序的默认模板引擎。将此文件保存在templates目录中。

```
<ul class=posts>
  {% for post in posts %}
  <li><h2>{{ post.title }}</h2>{{ post.
text|safe }}
  {% else %}
  <li>Sorry, no post matches your
request.
  {% endfor %}
</ul>
```

11 做出 API 响应

要创建API响应，可以定义具有特定API端点的新路由。我们再一次在数据库中查询所有帖子，然后使用JSONify方法将数据作为JSON返回。也可以添加特定值，例如帖子计数和自定义消息，以及格式化为JSON的实际posts变量。

```
@app.route('/api/v1/posts/',
methods=['GET'])
def show_entries():
  cur = g.db.execute('select title, text
from posts order by id desc')
  posts = [dict(title=row[0],
text=row[1]) for row in ur.fetchall()]
  return jsonify({'count': len(posts),
'posts': posts})
```

12 获取特定的帖子

要从API获取特定帖子，我们需要创建一个新路由，它将接受动态值作为URI的一部分。我们也可以选择将此路由用于多个

请求方法，在本例中为GET和DELETE。我们可以通过检查request.method值来确定方法，并针对if/else条件语句运行它。

```
@app.route('/api/v1/posts/<int:post_
id>',
methods=['GET', 'DELETE'])
def single_post(post_id):
  method = request.method
  if method == 'GET':
    cur = g.db.execute('select title,
text from posts where id =?', [post_id])
    posts = [dict(title=row[0],
text=row[1]) for row in cur.fetchall()]
    return jsonify({'count': len(posts),
'posts': posts})
  elif method == 'DELETE':
    g.db.execute('delete from posts
where id = ?', [post_id])
    return jsonify({'status': 'Post
deleted'})
```

13 运行应用程序

要运行Flask应用程序，请使用活动终端窗口导航到项目的根目录。确保处于活动的虚拟环境Python shell中，输入命令以运行主索引文件。内置服务器将启动，并且可以在浏览器的默认端口本地地址http://127.0.0.1:5000上访问该站点。

```
python index.py
```

14 输出

应用程序的根目录将呈现我们之前创建的模板，可以生成多个路由以创建富Web应用程序。在浏览器中访问特定于API的URL将以简洁格式的JSON返回所请求的数据。定义自定义路由（如版本化的RESTful端点）的能力非常强大。

未开发的 Python

对Python开发感兴趣？ 不止你感兴趣，你正在和那些大牌公司一起使用它

Disqus，流行的社交互动评论服务提供商，已经用Python开发应用程序很长一段时间了。Python对开发团队的好处是能够有效地扩展并满足大量消费者的需求，同时还为内部和外部使用者提供有效的底层API。该公司现在开始在Go中运行一些生产应用程序，但大多数代码仍在Python上运行。

世界知名的图像共享服务Instagram和社交插件Pinterest也将Python作为其Web堆栈的一部分，选择Django来开发所需功能，以满足成千上万的访问和服务的请求。

Mozilla，Atlassian的Bitbucket存储库服务以及流行的讽刺网站Onion都使用Django来开发产品。

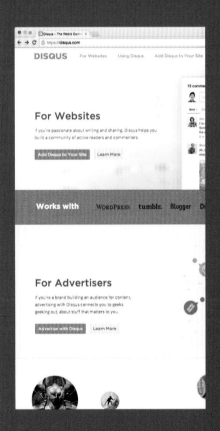

Django 应用程序开发

Django是一个完整的Python Web应用程序框架，具有令人印象深刻的命令行工具。

安装 Django

一旦安装了Python，安装Django就相对容易了。下面来看一下我们构建的一个简单的应用程序。

01 创建虚拟环境

为项目创建一个新目录，并使用新的终端窗口在其中导航。为此项目创建一个新的虚拟环境，选择使用最新的 Python 3。你的 Python 3 位置可能会有所不同，因此请务必按以下命令为二进制包设置正确的路径。

```
virtualenv -p /usr/local/bin/python3
venv
```

02 激活并安装

使用终端窗口，激活虚拟环境以启动项目特定的shell。VirtualEnv安装了Python包管理器pip的本地版本，所以它可以直接安装Django。运行命令来安装Django。

```
. venv/bin.activate
pip install Django
```

03 创建核心项目

Django安装包含一些非常有用的命令行工具，它将帮助你运行一些重复和困难的任务。我们使用其中一个命令创建一个新的项目结构。运行django-admin.py脚本，其中包含要创建的项目的名称。

```
django-admin.py startproject myblog
```

04 初始迁移

通过终端窗口导航到项目目录。项目生成中包含的一些已安装的应用程序需要的数据库表。

使用帮助，运行migrate命令以自动创建。终端窗口将显示所有进度以及迁移所应用的内容。

```
cd myblog
python manage.py migrate
```

05 创建应用程序

每个Django项目至少由一个应用程序或模块组成。运行startapp命令以创建新的博客应用程序模块，该模块将生成与主项目结构相似的所需代码。

```
python manage.py startapp blog
```

数据库模型 & 迁移

Django管理数据库模式和项目模型的迁移和维护的能力令人印象深刻。

01 生成模型

打开blog/models.py并创建第一个模型类，为每个模型提供属性名称和类型。你可以通过bit.ly/1yln1kn文档深入挖掘字段类型。完成后，打开myblog/settings.py并将博客应用程序添加到允许的已安装应用程序列表中，以便项目加载它。

```
# blog/models.py
class Post(models.Model):
    title = models.CharField(max_length=200)
    text = models.TextField()
# myblog/settings.py
INSTALLED_APPS = ('django.contrib.admin',
..., 'django.contrib.staticfiles', 'blog')
```

02 数据迁移

任何模型创建或数据更改都需要迁移。为此，我们需要从模型数据中生成迁移文件，这些文件生成顺序编号的文件。然后我们运行特定的迁移来生成所需的SQL，最后的migrate命令执行迁移。

```
python manage.py makemigrations blog
python manage.py sqlmigrate blog 0001
python manage.py migrate___
```

自动装配管理界面

开发管理功能本身可能存在问题。Django为你提供可扩展的管理界面。

01 创建管理员用户

Django使内容管理变得非常简单，并且在默认项目中提供了一个管理功能，默认入口为http://127.0.0.1:8000/admin。要登录，你需要创建一个超级用户账户。运行关联的命令并根据需要指定用户详细信息，然后继续并登录。

```
python manage.py createsuperuser
```

02 打开博客管理

登录管理界面后，你将看到管理用户、组角色和权限的功能，这些功能非常强大，并由Django为你提供。但是，还没有任何管理博客文章的权限，所以下面让我们来开启。

使用开发服务器

Django附带了一个非常有用的内置开发服务器，它将在你完成所有文件更改后通过自动编译和重新加载来帮助你。启动服务器所需要做的就是从项目目录中的终端窗口运行python manage.py runserver命令。

03 启用管理员管理

为了使模块和相关模型能够通过管理界面进行管理，我们需要在管理模块中注册它们。打开 blog/admin.py，然后依次导入和注册模型（我们目前只有一个模型）。保存文件并刷新管理网站，以查看现在可用于管理的帖子。

```
from django.contrib import admin

# Register your models here.
```

04 创建视图

通过管理界面接受我们的帖子类的新提交，我们将创建一个视图页面来显示它们。打开blog/views.py并从模型中导入Post类。创建一个方法以从数据库中获取所有帖子并将其作为字符串输出。

```
from django.http import HttpResponse
from blog.models import Post
def index(request):
    post_list = Post.objects.order_by('-id')[:5]
    output = '<br />'.join([p.title for p in post_list])

return HttpResponse(output)
```

05 管理网址

创建blog/urls.py并添加代码以导入刚刚在模块中创建的视图，以及随附的URL模式。打开myblog/urls.py并添加URL函数调用以实现应用程序的新URL以显示视图。在浏览器中访问http://127.0.0.1:5000/blog呈现新视图。

```
# blog/urls.py

from django.conf.urls import patterns,url     from blog import views
urlpatterns = patterns('',
    url(r'^$', views.index, name='index'),
)

# myblog/urls.py
urlpatterns = patterns('',
    url(r'^blog/', include('blog.urls')),
    url(r'^admin/', include(admin.site.urls)),
)
```

托管 Python 应用程序

Heroku heroku.com

这个应用程序可能是最知名的云托管提供商之一。它们的堆栈服务器环境支持许多核心的Web应用程序语言，包括Python。它们独特的Toolbelt命令行功能和与Git存储库的集成，以及令人难以置信的快速、易于扩展和提高性能，使它成为一个明智的选择。免费账户将允许你在一个dyno实例上运行Python Web应用程序而不需要任何费用。

Python Anywhere
www.pythonanywhere.com

另一个托管选项，一个专门为Python应用程序托管创建的选项是Python Anywhere。免费的基本选项计划具有足够的权重和能力，可以让你无需扩展即可使用Python Web应用程序，但只要你的项目获得发展，你就可以切换计划并提高计划性能。

它提供了令人印象深刻的模块系列，可立即导入你的应用程序以帮助你入门，包括Django和Flask。

使用Flask、Jinja2和Twitter创建动态模板

使用Twitter和Flask的渲染引擎Jinja2创建动态网页。

资源

Python 2.7+

Flask 0.10.0: flask.pocoo.org

Flask GitHub: github.com/mitsuhiko/flask
推特账户
你最喜欢的文本编辑器
从 FileSilo 下载的代码

■该模板使用循环生成Twitter推文列表

　　当你希望处理Twitter OAuth流程，并构建获取令牌的请求时，Python和Flask是一个很好的组合。我们在这里使用Twitter是因为它上面有大量易于消化的数据。但是，由于Twitter遵守OAuth 1.0规定的标准，因此我们用于签署和构建请求的代码可以修改为使用相同标准的任何第三方API，而无需大量工作。多年来，PHP一直是模板生成的支柱，但现在有了详细记录的框架，比如Flask、Sinatra和Handlebars，使用强大的脚本语言的能力极大地提高了我们制作出色的Web服务的能力。在这里，我们将使用Python、Flask及其模板引擎来显示推文。Flask附带了超级漂亮的Jinja2模板引擎。如果你熟悉Node.js或前端JavaScript，语法看起来与Handlebars渲染引擎非常相似。但是，在深入研究之前，我们需要组织一些我们正在使用的示例代码。

01 重新安排我们的代码

服务器代码可能会很快变得混乱和不可维护，所以我们要做的第一件事就是将我们的辅助函数像模块一样移到另一个文件并将它们导入到我们的项目中。这样很容易

就能区分哪些函数是我们的服务器逻辑和端点，哪些函数是通用的Python函数。打开从FileSilo下载的**TwitterAuthentication**文件（存储在**Twitter OAuth**文件下），找到getParameters、sign_request和create_oauth_headers函数。将它们剪切并粘贴到项目文件夹根目录中名为**helpers.py**的新文件中。在这个文件的顶部要导入一些库。

```
import urllib, collections, hmac, ↵
binascii, time, random, string
```

```
from hashlib import sha1
```

　　现在我们可以返回到server.py并将helper函数导入到我们的项目中。我们只需调用**import helpers**就可以做到这一点。因为Python很智能，所以在查找系统模块之前，它将在当前目录中查找helpers.py文件。现在，helpers.py中包含的每个函数都可以被我们的项目访问。我们需要做的就是用helper.function_name预先调用我们之前调用的方法，然后执行。对于签名请求，需要为每个请求

传递我们的OAuth-Secret和Consumer-Secret，而不是从会话访问它。调整函数声明如下。

```
def sign_request(parameters, method,
    baseURL, consumer_secret, oauth_
    secret):
```

02 server.py 模块

由于此项目中需要的许多模块已移至helpers.py，我们现在可以从server.py中删除大部分模块。如果修改我们的第一个import声明是……

```
import urllib2, time, random, json
```

……我们的项目将继续像以前一样运作。注意添加json模块：我们将在稍后开始处理Twitter数据时使用它。让Flask使用渲染引擎非常简单，Flask与Jinja2模板渲染引擎一起打包，因此无需安装，只需将软件包导入到项目中即可。我们可以通过将render_template添加到我们的**from flask import [...]**语句的末尾来实现。

03 我们的第一个模板

现在有了一个渲染引擎，我们需要创建一些模板供它使用。在项目文件夹的根目录中，创建一个名为**templates**的新文件夹。每当我们尝试渲染模板时，Flask都会在此文件夹中查找指定的模板。为了掌握模板，我们将重写一些身份验证逻辑以使用模板，而不是手动请求端点。在模板中，创建一个**index.html**文件。可以像处理其他文件一样处理此HTML文件——本教程的资源中包含的是index.html，其中包含此文件的所有必需的头标记和<! DOCTYPE>声明。

04 渲染我们的模板

在server.py中，让我们为'/'创建一个路由来处理授权过程。

```
@app.route('/')
def home():

    if not 'oauth_token' in session:
        session.clear()
        session['oauth_secret'] = ''
        session['oauth_token'] = ''
    return render_template('index.html')
```

这是一个简单的函数：我们要做的就是检查我们是否已经有oauth_token，如果没有，Flask会话中会创建这些属性，这样即使我们错误地访问它，也不会抛出错误。为了响应请求发送我们生成的模板，我们返回render_template（'index.html'）。

05 模板变量

可以选择使用render_template（'index.htm'，variableTwo= Value，variableOne=value）将变量发送到我们的模板，但在这个实例中不需要，因为每个模板都可以访问请求和会话变量。

打开**index.html**。Flask模板中要执行的所有代码都包含在{%%}中。由于这是主页，我们希望能够引导用户，所以检查一下是否有访问令牌（**图01**）。在模板的**ifs**和**else**之间是标准的HTML。如果我们想要包含一些数据，例如访问令牌，则只需在HTML中添加{{session['oauth_token']}}，它就会在页面中呈现。以前在/authorised的端点中，会显示我们从Twitter收到的OAuth令牌，但现在有了一个模板，可以将用户重定向到根目录URL并呈现一个页面，这就解释了我们所取得的进展。

```
{% if session['oauth_token'] != "" %}
    <h1>Already Authorised</h1>
    <div class="dialog">
<p>Hello, You've authenticated!<br>Let's <a href="/get-tweets">get some tweets</a></p>
    </div>
{% else %}
    <h1>Authorisation required</h1>
    <div class="dialog">
        <p>We need to <a href="/authenticate">authenticate</a></p>
    </div>

{% endif %}
```

图01

■获得BSD许可的Flask易于设置和使用——请访问网站了解更多信息。

overview // docs // community // snippets // extensions // search

Flask is a microframework for Python based on Werkzeug, Jinja 2 and good intentions. And before you ask: It's BSD licensed!

Flask is Fun

Latest Version: 0.10

```
from flask import Flask
app = Flask(__name__)


@app.route("/")
def hello():
    return "Hello World!"

if __name__ == "__main__":
    app.run()
```

And Easy to Setup

```
$ pip install Flask
$ python hello.py
* Running on http://localhost:5000/
```

Interested?

 Star 8,559

» Download latest release (0.10)
» Read the documentation or download as PDF and zipped HTML
» Join the mailinglist
» Fork it on github
» Add issues and feature requests

FileSilo 上的代码

06 迷路（然后又找到了）

对于每台服务器，有些东西可能会被放错位置，或者人们在网站中迷路了。这时该如何处理呢？ 我们可以定义处理丢失的处理程序，而不是定义路径。

```
@app.errorhandler(404)
def fourOhFour(error):
    return render_template('fourohfour.html')
```

如果请求页面或端点触发404，则将触发fourOhFour函数。在这种情况下，将生成一个告知用户的模板，但我们也可以重定向到另一个页面或转储错误消息。

07 静态文件

几乎每个网页都使用JavaScript、CSS和图像，但在哪里保存它们？使用Flask，我们可以定义一个用于静态内容的文件夹。对于Flask，我们在项目的根目录中创建一个静态文件夹，并通过调用/static/css/styles.css或/static/js/core.js来访问文件。教程资源包括用于为该项目设置样式的CSS文件。

08 我们来一些推特

现在我们知道了如何构建模板，下面我们抓一些推文来展示。在**server.py**中定义一个新route，**get-tweets**，如下所示。

```
@app.route('/get-tweets')
@app.route('/get-tweets/<count>')
def getTweets(count=0):
```

你会注意到，与我们的其他身份验证端点不同，我们做了两个声明。第一个是标准路由定义：它将拦截并处理路径**get-tweets**。第二个定义一个参数，我们可以在getTweets函数中将其用作值。通过在函数声明中包含count = 0，我们确保在执行函数时始终存在默认值，这样我们就不必在访问它之前检查值是否存在了。如果URL中包含值，它将覆盖函数中的值。**<variable name>**中的字符串确定变量的名称。如果希望传递给函数的变量具有特定类型，则可以包含具有变量名称的转换器。例如，如果我们想确保**<count>**总是一个整数而不是一个浮点数或字符串，就像下面这样定义我们的路由。

```
@app.route('/get-tweets/<int:count>')
```

"**现在我们知道了如何构建模板，下面让我们抓一些推文来展示**"

09 检查我们的会话 并构建我们的请求

在我们开始抓取推文之前，我们希望运行快速检查以确保拥有必要的凭据，如果没有，则将用户重定向回授权流程。我们可以通过让Flask使用重定向标头响应请求来实现这一点，如下所示。

```
if session['oauth_token'] == "" or
session['oauth_secret'] == "":
    return redirect(rootURL)
```

假设我们拥有所需的一切，就可以开始为我们的请求构建参数（**图02**）。你会注意到nonce值与之前的请求中的值不同。如果我们的身份验证和授权请求中的nonce值可以是唯一标识请求的任意字符的随机排列，则对于所有后续请求，nonce必须是仅使用字符a-f的32个字符的十六进制字符串。如果将以下函数添加到**helpers.py**文件中，我们可以为每个请求快速构建一个函数。

```
def nonce(size=32, chars="abcdef" +
string.digits):
    return ''.join(random.choice
(chars) for x in range(size))
```

10 签署并发送我们的请求

我们已经构建了参数，所以签署我们的请求，然后将签名添加到参数中（**图03**）。

在为need头创建授权之前，需要从tweetRequestParams字典中删除**count**和**user_id**值，否则刚刚创建的签名对请求无效。可以使用**del**关键字来实现。与令牌请求不同，此请求是GET请求，因此我们将它们定义为查询参数，而不是在请求正文中包含参数。

```
?count=tweetRequestParams['count']
&user_id=tweetRequestParams['user_id']
```

11 处理Twitter的回复

现在已准备好发出请求，我们应该从Twitter获得JSON响应。这是我们使用之前导入的json模块的地方。通过使用**json.loads**函数，可以将JSON解析为我们可以访问的字典，然后将传递给**tweets.html**

模板。

```
tweetResponse = json.
loads(httpResponse.read())
    return render_template('tweets.html',
data=tweetResponse)
```

之前我们访问了会话以将数据输入到模板中，这次我们明确地将值传递给我们的模板。

12 显示你的推文

现在让我们创建该模板，与**index.html**完全相同，但这一次我们将创建一个循环来生成收到的推文列表，而不是使用条件语句。

首先，我们检查实际上是否从Twitter请求中收到了一些数据。如果有渲染的进程，已准备好通过它，否则不只会打印出任何内容。

我们想要用来生成页面的任何模板逻辑都包含在**{%%}**之间。这次我们正在创建一个循环，在循环内部我们将能够访问该对象的任何属性并将其打印出来。在这个模板中，将为我们收到的每条推文创建一个**<li>**元素，并显示用户的个人资料图片和推文文本（**图04**）。在我们的模板中，我们可以使用点表示法（ . ）或方括号（**[]**）来访问属性。它们的行为基本相同，[]表示法将检查字典或对象定义的属性，而.符号将查找具有相同名称的项目。如果其中一个找不到指定的参数，则返回undefined。如果发生这种情况，模板不会抛出错误，它只会打印一个空字符串。如果你的模板没有呈现预期的数据，请记住这一点：你可能只是错误地定义了你尝试访问的属性。与传统的Python不同，我们需要告诉模板**for**循环和if/else语句的结束位置，所以我们使用{%endfor%}和{%endif%}来完成。

13 Flask过滤器

有时在从JSON解析时，Python可以生成错误的字符，这些字符在HTML中不能很好地呈现。你可能会注意到在**tweet ['text']**之后有| **forceescape**，这是一个Flask过滤器的例子，它允许我们在渲染之前影响输入。在这种情况下，它为我们

转义值。Flask附带了许多不同的内置过滤器，建议你完整阅读所有可能的选项。

14 打包

这与Flask的模板有关。正如我们所看到的，构建和部署动态站点非常快速和容易。Flask是任何希望运行Web服务的Python开发人员的理想工具。虽然我们使用Twitter来演示Flask的强大功能，但所描述的所有技术都可以与任何第三方服务或数据库资源一起使用。Flask可以与其他渲染引擎一起使用，例如Handlebars（非常棒），但是仍然需要使用Jinja2来运行Flask，并且两个引擎之间可能会发生冲突。由于Flask和Jinja2之间的这种很好的集成，使用另一个引擎是没有意义的。

图02
```python
tweetRequestParams = {
    "oauth_consumer_key" : consumer_key,
    "oauth_nonce" : helpers.nonce(32),
    "oauth_signature_method" : "HMAC-SHA1",
    "oauth_timestamp" : int(time.time()),
    "oauth_version" : "1.0",
    "oauth_token" : session[,Ààoauth_token'],
    "user_id" : session['user_id'],
    "count" : str(count)
}
```

图03
```python
tweetRequest = helpers.sign_request(tweetRequestParams, "GET", ↵
"https://api.twitter.com/1.1/statuses/user_timeline.json", consumer_secret, ↵
session['oauth_secret'])

tweetRequestParams["oauth_signature"] = tweetRequest

makeRequest=urllib2.Request("https://api.twitter.com/1.1/statuses/ ↵
user_timeline.json?count=" + tweetRequestParams['count'] + "&user_id=" ↵
+ tweetRequestParams['user_id'])

del tweetRequestParams['user_id'], tweetRequestParams['count']

makeRequest.add_header("Authorization", helpers.create_oauth_ ↵
headers(tweetRequestParams))

try:
    httpResponse = urllib2.urlopen(makeRequest)
except urllib2.HTTPError, e:
    return e.read()
```

图04
```html
{% if data %}

    <ul id="tweets">
        {% for tweet in data %}
            <li>
                <div class="image">
                    <img src="{{ tweet['user']['profile_image_url_https'] ↵
}}" alt="User Profile Picture">
                </div>
                <div class="text">
                    <a>{{ tweet['text']|forceescape }}</a>
                </div>
            </li>
        {% endfor %}
    </ul>

{% else %}
  <p>We didn't get any tweets :(</p>
{% endif %}
```

Django附带了一个轻量级的开发服务器，因此你可以在本地测试所有工作。

Django当然能够读写SQL数据库，但它需要一些前置的知识才能成功。

将HTML和CSS与Django结合使用非常简单明了；错误修复比PHP更容易。

Django带有一个通用的后端站点，可以在几秒钟内完成设置，之后可以轻松定制。

资源

Python Source Code
www.python.org/download/releases/2.7.2
Django Source Code
www.djangoproject.com/download

使用Django 创建自己的博客

了解如何使用这个功能强大的基于Python的Web框架，在创纪录的时间内从头开始创建完整的博客。

创建自己的博客总让人感觉像是一项非常有意义的事情。当然，如果你需要一个包含你现在需要的所有功能的完整博客，你可以使用梦幻般的WordPress。Tumblr适用于那些只想写点东西或者在空间张贴corgis图片的人。尽管如此，你从头到尾都没有对预制博客的完全控制，而且这些都不是用强大的Django编写的。Django当然基于Python，这是一种面向对象的编程语言，旨在具有清晰可读的语法。由于它的Python基础，它是一种非常强大且易于使用的语言，适用于具有大量应用程序的Web开发。

下面让我们用它来制作一个博客。在这个过程的第一部分中，我们将探讨如何设置Django，编写和读取数据库，创建前端和后端，以及与HTML的一些交互。

05 启动开发服务器

Django附带了一个轻量级的开发服务器，用于测试工作。我们也可以用它来检查我们的工作，所以使用cd命令切换到myblog文件夹，然后**使用如下命令**。

```
python manage.py runserver
```

如果一切顺利，它应该返回零错误。 可以使用快捷键Ctrl + C退出服务器。

06 配置数据库

数据库设置保存在settings.py文件中，用你熟悉的编辑器打开它，然后转到数据库部分。 **将ENGINE更改为如下。**

```
'ENGINE': 'django.db.backends.sqlite3',
```

在NAME中，放置绝对路径。例如：

```
'NAME': '/home/user/projects/myblog/sqlite.db',
```

保存并退出。

07 创建数据库

将使用以下命令**生成数据库文件**。

```
python manage.py syncdb
```

在创建过程中，会要求设置一个超级用户。SQLite数据库文件将在myblog文件夹中创建。

01 安装 Python

Django基于Python，需要安装Python才能开发。Python 2.7是推荐的版本，它与python包一起安装。如果要检查已安装的版本，请通过在终端中输入python来启动Python shell。

02 安装 Django

大多数操作系统都会在存储库中提供一个Django软件包，比如Debian中的python-django。Django网站有一个列表，如果找不到，可以从源代码安装它。确保安装1.3版。

03 验证你的 Django

要确保Django正确安装，并且拥有正确的版本，请输入python，并在Python shell**中输入以下内容。**

```
import django
print django.get_version()
```

如果指定的版本已正确安装，它将返回版本号，该版本号应为1.3。

04 开始一个新项目

在终端中，输入cd命令切换到要开发博客的文件夹，然后**运行下一个命令**。

```
django-admin startproject myblog
```

在这里，myblog可以替换为你想要的名字来命名的项目，我们将把这个名字用于即将介绍的这个例子。

使用预制式的博客，你无法从头到尾完全控制，但使用Django可以

08 创建你的博客
在你的项目中创建一个博客应用程序。**类型如下**。

```
python manage.py startapp blog
```

这将创建模型文件，这是你的所有数据所在的位置。你可以将blog更改为其他名称，但在本例中使用blog。

09 开始你的博客模型
我们现在可以迈出创建博客模型的第一步。打开models.py并更改它，使其**显示如下**。

```
from django.db import models
class Post(models.Model):
    post = models.TextField()
```

这将创建Post类，其中包含一个包含博客文本的子类。

10 自定义你的博客
现在让我们稍微扩展博客模型，使其类似于更经典的博客。

```
class Post(models.Model):
    post = models.TextField()
    title = models.TextField()
    author = models.CharField(max_
length=50)
    pub_date = models.DateTimeField()
```

CharField需要定义字符限制，Date-TimeField保存时间值。

11 安装你的应用
再次打开settings.py文件，转到INSTALLED_APPS部分并添加：
'blog',

然后运行以下命令来创建数据库表：

```
python manage.py sql blog
```

最后：

```
python manage.py syncdb
```

12 设置发布
现在可以创建一个帖子并测试我们的代码。首先，**输入Python shell**。

```
python manage.py shell
```

然后执行这些命令以添加所有必需的字段和数据。

```
from blog.models import Post
import datetime
```

13 让我们写博客
创建帖子。**对于此示例，我们将其称为test_post**。

```
test_post = Post()
```

现在让我们添加博客内容。

```
test_post.post = 'Hello World!'
test_post.title = 'First Post'
test_post.author = 'Me'
test_post.pub_date = datetime.
datetime.now()
```

然后保存。

```
test_post.save()
```

14 启动站点后端
要创建管理站点，请从myblog目录编辑urls.py，**并取消注释或添加以下行**。

```
from django.contrib import admin
admin.autodiscover()
url(r'^admin/', include(admin.site.
urls)),
```

保存并退出，然后编辑settings.py，并从INSTALLED_APPS取消注释该行。
'django.contrib.admin',

管理站点现在位于127.0.0.1:8000/admin/。

15 设置管理页面

管理页面具有通用模板，但你需要将其配置为查看、编辑、创建和删除帖子。首先，在博客目录中创建一个新文件admin.py并输入以下内容：

```
from blog.models import Post
from django.contrib import admin

admin.site.register(Post)
```

要使帖子在网站上显示良好，请编辑models.py并添加。

```
class Post (models.Model):
    …
    def __unicode__(self):
        return self.title
```

保存并运行。

```
python manage.py syncdb
```

管理页面现在可用了！能够看到其他帖子，并且可以更轻松地添加更多内容。

16 激活前端

从编辑器中的myblog目录打开urls.py，**并将以下内容添加到urlpatterns部分。**

```
url(r'^myblog/', 'blog.urls.index')),
```

文件中的一个示例也可以取消注释并编辑为这个示例。它指向我们现在要创建的模型。

17 创建另一个url文件

需要在app目录中创建另一个urls文件，在我们的示例中为blog/urls.py。创建它并**添加以下内容。**

```
from django.template import Context,
loader
from blog.models import Post
from django.http import HttpResponse
def index(request):
    post_list = Post.objects.all()
    t = loader.get_template('blog/
index.html')
    c = Context({
        'post_list': poll_list,
```

```
})
    return HttpResponse(t.render(c))
```

18 启动模板

刚刚编写的代码查找当前并不存在的模板。首先需要告诉Django在settings.py中查找模板的位置。

```
TEMPLATE_DIRS = (
    '/home/user/projects/templates',
)
```

你可以将模板目录放在任何位置，只要在此处引用即可。

19 写一个模板

现在编写网站模板。在我们的示例中，使用的是index.html。

```
{% for post in post_list %}
    {{ post.title }}
    {{ post.author }}
    {{ post.pub_date }}
    {{ post.post }}
{% endfor %}
```

这需要位于模板目录中与你的应用程序同名的文件夹中。

20 查看你的作品

启动开发人员**服务器**。

```
python manage.py runserver
```

然后导航到127.0.0.1:8000/myblog/。页面并不漂亮，但可以成功调用存储的数据。我们将在下一步来整理它。

21 格式化首页

返回到模板文件index.html，**并添加以下html标记。**

```
{% for post in post_list %}
    <h2>{{ post.title }}</h2>
```

127.0.0.1:8000/myblog/

First Post Rob Z March 14, 2012, 6:53 a.m. Hello World!

> **"Django是一种非常强大且易于使用的语言"**

```
    {{ post.author }} on {{ post.pub_
date }}
    <p>{{ post.post }}</p>
{% endfor %}
```

这只是一个简单的例子，帖子可以是任何顺序的任何标签。

22 修整管理员列表

我们将在博客目录的admin.py文件中执行此操作。在编辑器中打开它并**进行以下更改。**

```
from blog.models import Post
from django.contrib import admin
class Admin(admin.ModelAdmin):
    list_display = ['title', 'author',
'pub_date']
admin.site.register(Post, Admin)
```

在这种情况下，list_display是固定变量名称。

23 合理的帖子页面

网站上的新帖子可能不符合你的要求。我们现在将在admin.py中更改它，并**添加以下内容。**

```
class Admin(admin.ModelAdmin):
    list_display = ['title', 'author',
'pub_date']
    fields = ['title', 'pub_date',
'author', 'post']
admin.site.register(Post, Admin)
```

记得保存！

24 功能博客

所以你已经拥有它！导航到127.0.0.1:8000/admin/或127.0.0.1:8000/myblog/将显示你创建的精美作品。一旦你掌握Django，就很容易使用，并且在本教程之后你应该能够进行大量的调整。

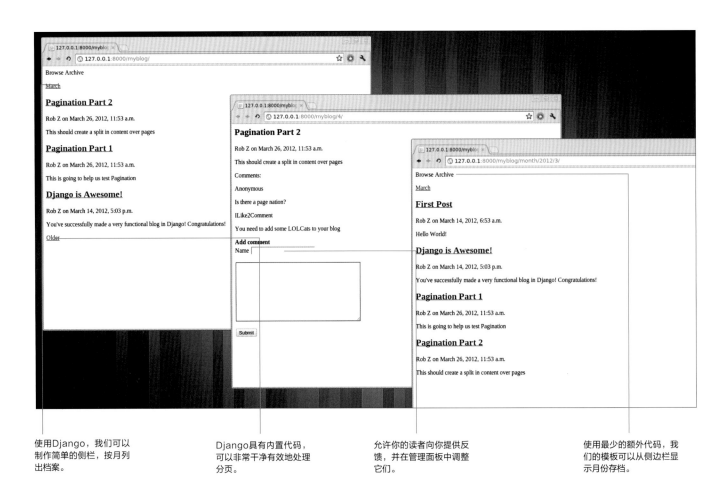

使用Django，我们可以制作简单的侧栏，按月列出档案。

Django具有内置代码，可以非常干净有效地处理分页。

允许你的读者向你提供反馈，并在管理面板中调整它们。

使用最少的额外代码，我们的模板可以从侧边栏显示月份存档。

向博客添加内容

我们继续使用强大的Django框架构建一个很棒的博客，本教程是关于前端内容交付的。

资源

Python base:
http://www.python.org/download/

Django source: https://www.djangoproject.com/download/

在上一篇文章中，我们构建了最基本的博客，并学习如何在这个过程中使用一些Django。我们现在可以设置一个新项目，创建一个数据库并编写基本代码来读写数据库，所有这些基础的内容都是构建Django的网站可能需要的核心。

在这里，我们将对网站的前端进行大修，使其更符合你对现代博客的期望。这将包括侧边栏、页面、帖子页面以及添加和审核评论的功能。在此过程中，我们将学习使用Django开发网站带来的更多好处。

像以前一样继续使用Django 1.3作为学习本教程练习。

01 新的博客顺序

我们上次停用了博客按时间顺序显示帖子，这对读者来说并不是很有帮助。要更正此问题，请在博客文件夹中打开urls.py并编辑以下行。

```
post_list = Post.objects.all().order_
by("-pub-date")
```

这可以确保帖子以倒序排序显示（最新的在前面）。

02 页面视图

希望能够链接特定的页面，为此我们首先必须在**博客文件夹**的urls.py文件中定义这些页面中的内容。

```
def post_page(request, post_id):
    post_page = Post.objects.
get(pk=post_id)
    return render_to_response('blog/
post.html', {'post_page': post_page})
```

03 清理你的代码

我们对索引定义使用了不同的返回命令——这是一种使代码编写更容易的快捷方式。要使其正常工作，**请添加以下内容**。

```
from django.shortcuts import render_
to_response
```

建议编辑索引代码以匹配post_page。

04 编辑网址

在myblog的urls.py中，我们需要对网站进行一些添加和修改，以便**正确地指**

```
from django.conf.urls.defaults import patterns, include, url

# Uncomment the next two lines to enable the admin:
from django.contrib import admin
admin.autodiscover()

urlpatterns = patterns('',
    # Examples:
    url(r'^myblog/$', 'blog.urls.index'),
    url(r'^myblog/(?P<post_id>\d+)/$', 'blog.urls.post_page'),
    # url(r'^myblog/', include('myblog.blog.urls')),

    # Uncomment the admin/doc line below to enable admin documentation:
    # url(r'^admin/doc/', include('django.contrib.admindocs.urls')),

    # Uncomment the next line to enable the admin:
    url(r'^admin/', include(admin.site.urls)),
)
```

向帖子。

```
url(r'^myblog/$', 'blog.urls.index'),
url(r'^myblog/(?P<post_id>\d+)/$',
'blog.urls.post_page'),
```

post_id是自动生成的帖子编号。 $对于重定向工作非常重要。

05 帖子模板

告诉post_page指向我们现在需要创建的模板。在与index.html相同的位置，使用以下格式创建post.html以**类似于首页**。

```
<h2>{{ post_page.title }}</h2>
{{ post_page.author }} on {{ post_page.
pub_date }}
<p>{{ post_page.post }}</p>
```

06 链接到页面

让我们从主页面获取这些链接。打开index.html文件并**进行以下更改**。

```
<h2><a href=/myblog/{{ post.pk }}>{{
post.title }}</a></h2>
```

这是使用绝对链接的非常简单的添加，并且不需要调整视图或模型。

07 分页

要在页面上分割博客文章，我们需要在**博客文件夹**中添加urls.py。

```
post_list = Post.objects.all().order_
by("-pub_date")
paginator = Paginator(post_list, 3)
try: list_page = request.GET.
get("list_page", '1')
except ValueError: list_page = 1
post_list = paginator.page(list_page)
return render_to_response('blog/index.
html', {'post_list': post_list})
```

08 请翻过来

现在我们需要将导航链接添加到博客，因此打开索引模板**进行编辑**。

```
{% if post_list.has_previous %}
    <a href="?list_page={{ post_list.
previous_page_number }}">Newer </a>
{% endif %}
{% if post_list.has_next %}
    <a href="?list_page={{ post_list.
next_page_number }}"> Older</a>
{% endif %}
```

09 页面错误

添加一些代码，如果得到错误的URL，就会返回到上一页。

```
from django.core.paginator import
Paginator, EmptyPage, InvalidPage
```

```
try:
    post_list = paginator.page(list_
page)
except (EmptyPage, InvalidPage):
    post_list = paginator.
page(paginator.num_pages)
```

最后一部分替换post_list=paginator.page（list_page）。

10 你有发言权

每个人都对互联网有自己的看法。你可以给你的读者评论，我们将**从编辑models.py开始**。

```
class Comment(models.Model):
    author = models.CharField(max_
length=50)
    text = models.TextField()
    post = models.ForeignKey(Post)
    def __unicode__(self):
        return (self.post, self.text)
```

他们可以在评论中加上名字。

11 回到评论

我们现在需要在myblog中的urls.py文件中添加一行，以便发布评论然后**返回原始页面**。

```
url(r'^myblog/add_comment/(\d+)/$',
'blog.urls.add_comment'),
```

此URL模式调用你所在页面的ID。

12 发表评论

我们需要能够处理表单中的数据和元数据，所以要在博客文件夹中添加一个类到urls.py，并**添加以下内容**。

```
from django.forms import ModelForm
from blog.models import Post, Comment
```

66 我们需要能够处理表单中的数据和元数据的功能 99

```
class CommentForm(ModelForm):
    class Meta:
        model = Comment
        exclude = ['post']
```

13 在文中

我们需要将评论归属于他们正在评论的帖子，因此更新**post_page定义**。

```
from django.core.context_processors
import csrf
def post_page(request, post_id):
    post_page = Post.objects.
get(pk=post_id)
    comments = Comment.objects.
filter(post=post_page)
    d = dict(post_page=post_page,
comments=comments, form=CommentForm())
    d.update(csrf(request))
    return render_to_response('blog/
post.html', d)
```

CSRF标记用于防止跨站点请求伪造。

14 评论模板

让我们将帖子页面添加到post.html，准备好发表评论。

```
<p>Comments:</p>
{% for comment in comments %}
```

```
    {{ comment.author }}
    <p>{{ comment.text }}</p>
{% endfor %}
<strong>Add comment</strong>
<form action="{% url blog.urls.
add_comment post_page.id %}"
method="POST">{% csrf_token %}
    Name {{ form.author }}
    <p>{{ form.text }}</p>
    <input type="submit"
value="Submit">
</form>
```

15 定义你的评论

最后一步是在blog/urls.py中定义评论，**这是一个很大的问题**。

```
def add_comment(request, comment_id):
    p = request.POST
    if p.has_key('text') and p['text']:
        author = 'Anonymous'
        if p['author']: author =
p['author']
        comment = Comment(post=Post.
objects.get(pk=comment_id))
        cf = CommentForm(p,
instance=comment)
        cf.fields['author'].required =
False
        comment =
cf.save(commit=False)
        comment.author = author
        comment.save()
    return HttpResponseRedirect(reverse
('blog.urls.post_page', args=[comment_
id]))
```

这样可确保输入文本时，如果未指定，则为"匿名"。在测试之前运行syncdb，以便可以创建注释表。

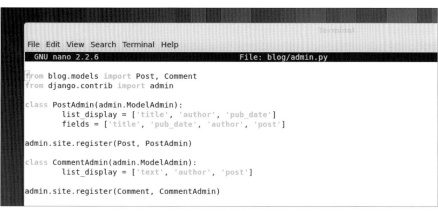

16 管理

可以通过管理页面查看评论。编辑 blogs/admin.py 以**添加此功能**。

```
from blog.models import Post, Comment
from django.contrib import admin
class PostAdmin(admin.ModelAdmin):
    list_display = ['title', 'author',
'pub_date']
    fields = ['title', 'pub_date',
'author', 'post']
admin.site.register(Post, PostAdmin)
```

17 针对评论的管理功能

现在我们可以添加针对评论的管理功能，而不会导致任何冲突。

```
class CommentAdmin(admin.ModelAdmin):
    list_display = ['text', 'author',
'post']
admin.site.register(Comment,
CommentAdmin)
```

这将显示管理网站上的评论，你可以看到评论、作者和它所连接的帖子。

18 边栏开头

Django可以按年和月来订阅帖子，但首先需要将一些新模型导入blog/urls.py。

```
import time
from calendar import month_name
```

我们将定义两个新函数month_time-line和month来制作侧边栏。

19 开始定义month_timeline

首先需要从帖子中获取所有信息。

```
def month_timeline():
    year, month = time.localtime()[:2]
    begin = Post.objects.order_by('pub_
date')[0]
    month_begin = begin.pub_date.month
    year_begin = begin.pub_date.year
    month_list = []
```

代码"[:2]"确保只获得所需的时间信息。

20 完成你的定义

现在将从第一个月开始按月排序。

```
for y in range(year, year_begin-1, -1):
    start, end = 12, 0
    if y == year: start = month
    if y == year_begin: end = month_
begin-1
    for m in range(start, end, -1):
        month_list.append((y, m,
month_name[m]))
    return month_list
```

21 回到读者

定义月份，以便在博客上显示。

```
def month(request, year, month):
    post_list = Post.objects.
filter(pub_date__year=year, pub_date__
month=month)
    return render_to_response('blog/
index.html', dict(sidebar_list=post_
list, month_list=month_timeline()))
```

将它链接到索引模板。

22 完成侧边栏定义

编辑索引函数的return命令以包含侧栏信息。

```
return render_to_response('blog/index.
html', dict(post_list=post_list,
sidebar_list=post_list.object_list,
month_list=month_timeline()))
```

然后将此行添加到myblog中的urls.py，以便可以呈现月份页面。

```
url(r'^myblog/month/(\d+)/(\d+)/$',
'blog.urls.month'),
```

在网站上显示信息。

23 侧边栏在网络上

转到索引模板，更改post第一行。

```
{% for post in sidebar_list %}
```

添加侧边栏信息。

```
{% for month in month_list %}
    <p><a href="{% url blog.urls.month
month.0 month.1 %}">{{ month.2 }}</
a></p>
{% endfor %}
```

24 边栏终结篇

边栏不在一边，可以通过HTML和CSS调整。但你可以随心所欲地操作了，博客页面更友好了。

资源

Python base:
http://www.python.org/download/

Django source: https://www.djangoproject.com/download/

完善博客，添加更多功能

书接上文，我们将介绍一些可以利用Django强大功能的更高级的功能。

我们一直在构建Django博客来创建和显示帖子，允许人们发表评论，并按月过滤帖子，就像经典博客侧边栏一样。我们仍然有一段路要走，直到它的外观和功能更像是一个经典的博客。

在本教程中，我们将添加摘要、摘录、类别以及最终的RSS提要。这使我们可以更好地理解跨模型引用以及它在管理站点中的工作原理。我们还将介绍如何更改数据库，以及Django如何在创建SQL查询时提供帮助。

最后，RSS提要是Django本身的标准库的一部分。我们将学习如何导入和使用它来创建点击帖子的最新条目的简单列表。在本教程结束时，你的Django博客将最终完成！

01 总结

在普通的博客上，我们会有更长的文章。我们可以在索引页面模板上生成摘要，如下所示。

```
<p>{{ post.post|truncatewords:3 }}</p>
```

这会自动获取帖子的前三个单词－当然，你可以使用任意数字。

02 手册摘录

如果你不想要自动摘要，我们可以

在我们的帖子模型中添加一个摘录字段，以便你可以手动制作一个。

```
excerpt = models.TextField()
```

要限制摘录中的字符，请使用CharField，例如作者部分。

03 写一个节选

要编写摘录，或将其附加到以前的帖子，我们必须将其添加到管理页面。打开admin.py并编辑AdminPost类的fields部分以添加摘录。

```
fields = ['title', 'pub_date',
'author', 'post', 'excerpt']
```

> **我们将添加摘要、摘录和RSS提要**

为你的博客文章提供自动摘要或手动摘录。

创建和管理父类别和子类别作为博客的单独功能。

了解如何更改数据库以创建包含类别的帖子，并将其添加到其他帖子。

使用内置的Django函数创建自定义RSS源。

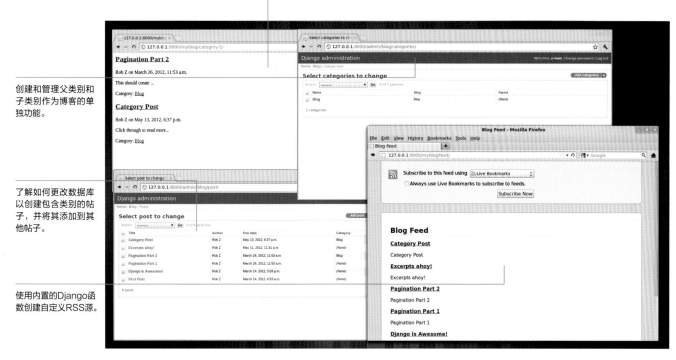

04 摘录或摘要

可以使用摘录替换索引模板中的帖子内容。如果摘录为空，可以将其保留为备份：

```
{% if post.excerpt %} <p>{{ post.
excerpt }}</p> {% else %} <p>{{ post.
post|truncatewords:3 }}</p> {% endif %}
```

05 数据库错误

如果你决定测试更改，你会注意到

Web服务器已停止工作，这是因为我们的数据库中没有摘录列，因此我们需要添加摘录列。要了解具体方法，请运行以下代码。

```
$ python manage.py sqlall blog
```

06 数据库查询

输出将向你显示将模型添加到数据库的SQL代码是什么。我们要添加节选字段，如下所示。

```
"excerpt" text NOT NULL
```

把它记下来。

07 更改表

要进入数据库shell并添加字段，请运行：

```
$ python manage.py dbshell
```

然后我们需要使用ALTER TABLE查询。

```
ALTER TABLE "blog_post".
```

然后输入我们记下的代码，如下所示。

```
ADD "excerpt" text;
```

08 保存更改

我们删除了NOT NULL，因为已经有了没有摘录的条目，以便可以进行自动摘要。使用COMMIT;命令保存更改，然后使用.quit命令退出shell。

09 测试一下

现在我们可以测试摘录代码——创建新帖子或编辑现有帖子以获取摘录。如果正确地按照前面所讲的步骤进行操作，它应该工作；如果没有，可能需要修复一些bug。

10 类别模型

我们可以为博客类别添加模型。

```
class Categories(models.Model): name
= models.CharField(unique=True,
max_length=200) slug = models.
SlugField(unique=True, max_length=100)
parent = models.ForeignKey('self',
blank=True, null=True, related_
name='child') def __unicode__(self):
return (self.name)
```

这允许父类和子类。

11 管理类别

我们可以通过在admin.py中创建"类别"部分将其添加到管理网站。

```
class CategoriesAdmin(admin.
ModelAdmin): list_display = ['name',
'slug', 'parent'] fields = ['name',
'slug', 'parent'] admin.site.register
(Categories, CategoriesAdmin)
```

在创建类别之前，需要创建数据库表。

```
$ python manage.py syncdb
```

12 对帖子进行分类

希望将一个ForeignKey添加到Post模型，以便可以将一个帖子归属到一个类别。添加此行：`category = models.ForeignKey(Categories)`

并将类别移到models.py的顶部。

13 数据库类别

找到改变表所需的SQL：`$ python manage.py sqlall blog`。对于我们的示例，返回与以前不同的代码："category_id" integer NOT NULL REFERENCES "blog_categories" ("id")

这是我们从类别表中获得的ID而不是文本。

14 更改表——第2部分

再次进入数据库shell：`python manage.py dbshell`，但使用新代码：ALTER TABLE "blog_post" ADD "category_id" integer REFERENCES "blog_categories" ("id")；最后保存：COMMIT;

15 管理类别——第2部分

现在我们可以回到admin.py并将新的类别字段添加到PostAdmin模型：`list_display = ['title', 'author', 'pub_date', 'category'] fields = ['title', 'pub_date', 'author', 'post', 'excerpt', 'category']`。之前没有类别的博客文章已经消失！要解决此问题，请返回models.py并对Post模型进行此更改：`category = models.ForeignKey(Categories, blank=True, null=True)`。因此，我们现在可以创建，将它们分配到帖子，以及查看没有类别的帖子。

我们现在可以单独创建类别

16 类别显示

当在博客目录中的urls.py获取所有帖子字段时，我们只需添加以下索引模板：`<p>Category: {{ post.category }}</p>` 添加以下到帖子模板：`<p>Category: {{ post_list.category }}</p>`

17 分类页面

首先，我们需要在blog/urls.py中定义我们的类别。导入类别然后添加：`def blog_categories(request, category_id): categories = Categories.objects.get(pk=category_id)`。我们需要category_id来调用相应的帖子。

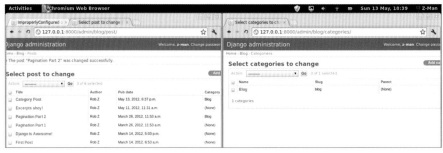

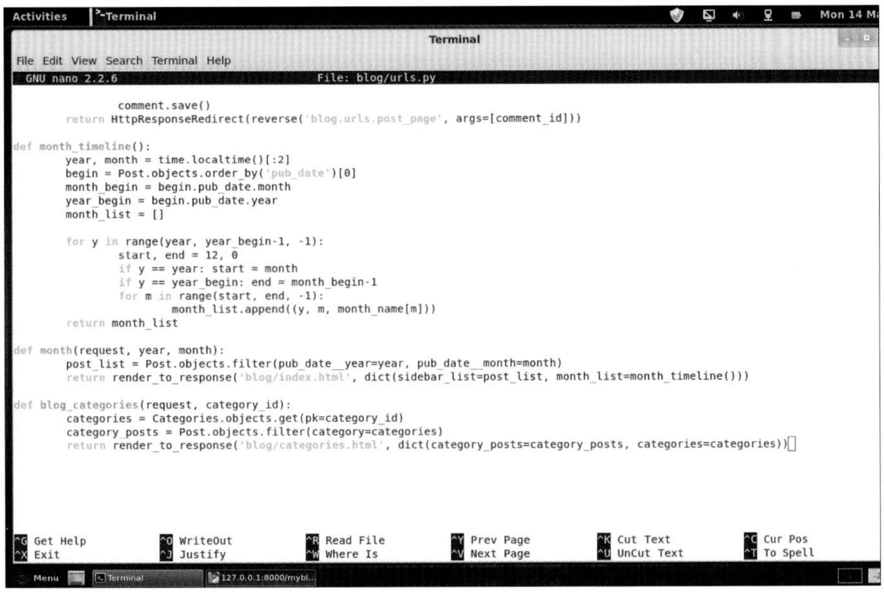

18 类别定义

通过使用parent_id过滤正确的帖子来完成定义，然后呈现响应。category_posts = Post.objects.filter(category=categories) return render_to_response('blog/categories.html', dict(category_posts=category_posts, categories=categories))

我们再次调用一个即将构建的新模板。

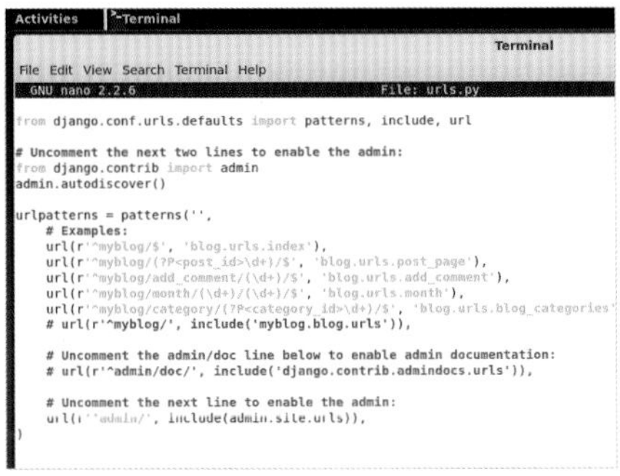

19 类别网址

将在urls.py中为帖子页面创建URL，只是它会在链接中给出类别的slug而不是ID：url(r'^myblog/category/(?P<category_id>\d+/$', 'blog.urls.blog_categories'),

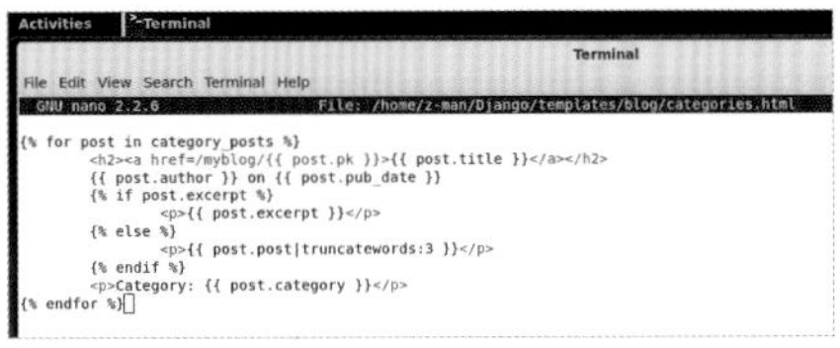

20 类别模板

我们将使用类似于Index和Post模板的内容来创建类别页面模板：{% for post in category_posts %} <h2><a href=/myblog/{{ post.pk }}>{{ post.title }}</a></h2> {{ post.author }} on {{ post.pub_date }} % if post.excerpt %} <p>{{ post.excerpt }}</p> {% else %} <p>{{ post.post|truncatewords:3 }}</p> {% endif %} <p>Category: {{ post.category }}</p> {% endfor %}

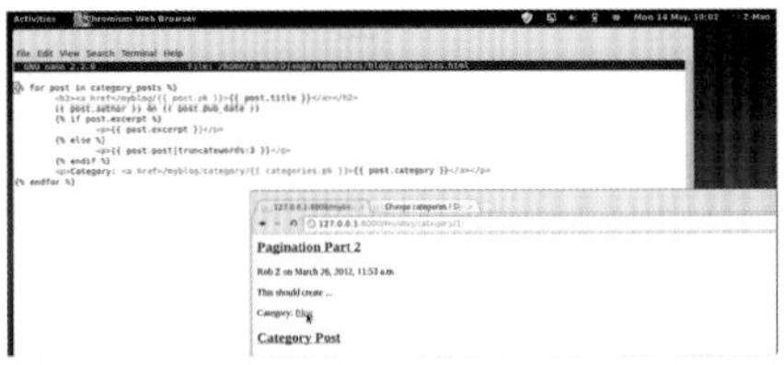

21 点击类别

最后，让我们通过更改类别显示来使点击类别进入相关页面：<p>Category: <a href=/myblog/category/{{ categories.pk }}>{{ post.category }}</a></p>。这可以在类别、帖子和索引模板上进行。

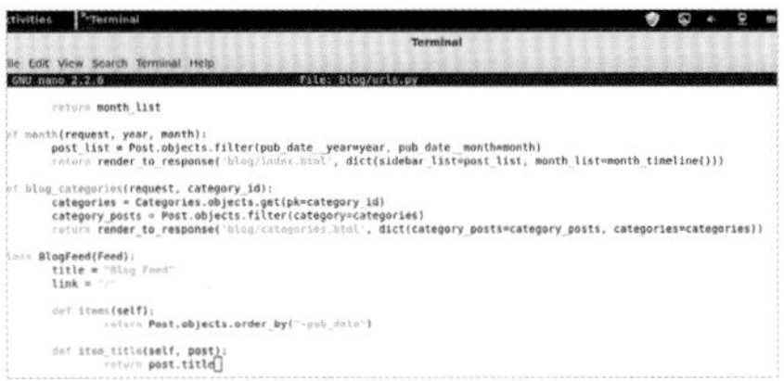

22 RSS

Django有一个内置的RSS框架。在blog/urls.py中添加：from django.contrib.syndication.views import Feed class BlogFeed(Feed): title = "Blog Feed" link = "/" def items(self): return Post.objects.order_by("-pub_date") def item_title(self, post): return post.title。

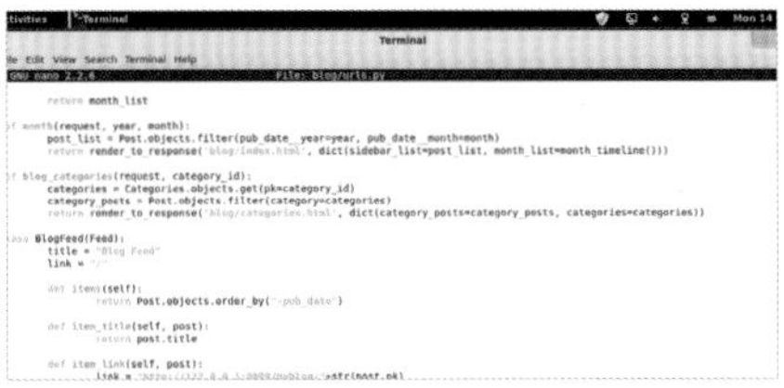

23 RSS链接

我们需要为Feed定义item_link，以便Feed项可以链接到正确的位置。我们必须为其提供完整的URL和帖子ID：def item_link(self, post): link = "http://127.0.0.1:8000/myblog/"+str(post.pk) return link。

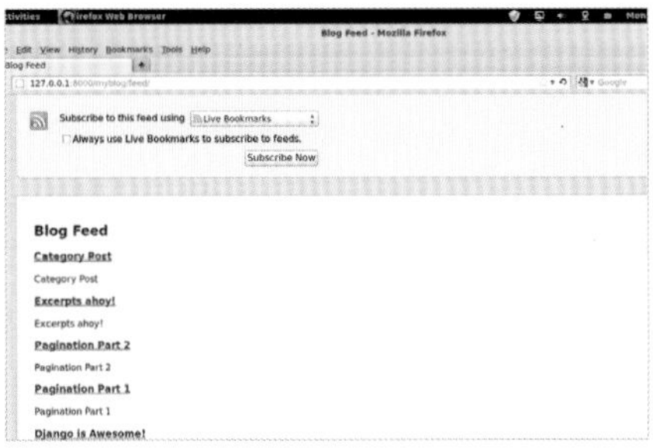

24 RSS 网址

最后一步是将feed URL添加到urls.py：url(r'^myblog/feed/$', BlogFeed()), 。现在你的博客已经功能齐备了。再加上一些调整和主题化，你就可以上网和发表博客了！

“最后，让我们通过点击类别进入相关页面”

使用 Python 与树莓派

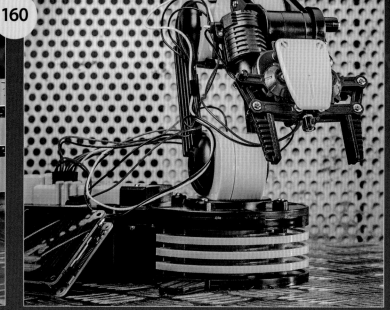

160

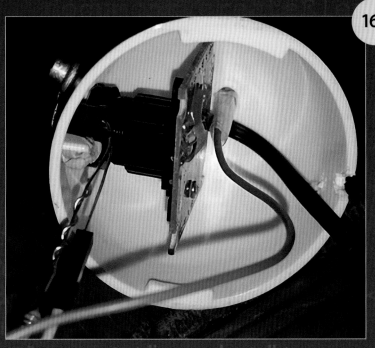

树莓派：
构建自动新闻机器

使用Python代码将最新消息下载到一个简单的演示文稿中，并附带每个故事的超链接。

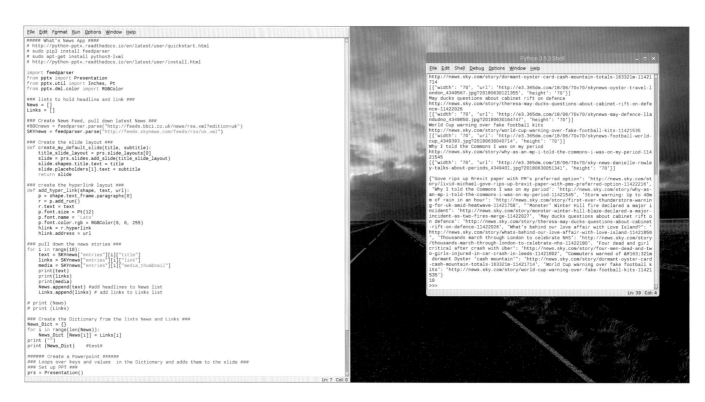

新闻无处不在。通过移动设备、平板电脑、笔记本电脑、电视和收音机，我们不断受到新闻报道的轰炸。 你也可能无意中听到人们谈论新闻故事。一般来说，你读的报纸类型会表明你可能是什么类型的人——是你的收入、政治观点、社会地位等的一个展现方面。例如，IBT曾发表的一篇文章发现，40%的《纽约客》读者的年收入超过75000美元。

如今，新闻能够迎合所有人的兴趣，包括八卦、娱乐、统计分析、摄影等。还有"假新闻"，这绝对不是一个现代概念——它的根源可以追溯到第二次世界大战。

无论你喜欢什么新闻，本教程都将引导你完成构建自己定制的自动化"新闻机器"。选择你最喜欢的新闻源，并使用FeedParser下拉5个、10个、15个或更多新闻故事。然后使用python pptx将新闻数据写入演示文稿并保存到文件夹中。打开文件，你有自己的定制报纸，包括最新的新闻标题和每个故事

的超链接。如果不喜欢所选的内容，只需更改源代码并再次运行程序重新获取。

资源

feedparser:

github.com/kurtmckee/feedparser

Python-pptx

github.com/scanny/python-pptx

上面是从新闻网站上收集故事来创建你自己的订阅源

01 安装feedparser

该程序使用一个名为feedparser的Python库。解析的过程是从字符串中获取输入，然后返回一些数据。FeedParser将此过程应用于Web提要，如RSS、Atom和RDF。在我们的程序中，feedParser用于从新闻网站收集新闻，然后下载并用于提取数据，例如标题和指向存储新闻报道的网站的超链接。打开LXTerminal窗口，输入sudo pip3 install feedparser，将下载所需的Python库。

02 安装Python-pptx

Python-pptx是一个通过Python代码创建自定义演示文稿的程序。来自网页、Twitter、数据库等的数据可以自动捕获并写入幻灯片。pythonpptx libaray可用于定制幻灯片布局、颜色、字体和样式。返回LXTerminal窗口，输入命令sudo pip3 install pythonpptx以下载所需的库。

03 导入所需的模块

打开Python3编辑器并启动新文件。首先导入FeedParser，用于从新闻网站下载数据。接下来的三行使程序能够创建演示文稿。

从Python-pptx库导入演示文稿，然后导入pptx实用程序，使你能够自定义字体的点大小。这对于设置新闻标题和超链接的大小很有用。最后，导入第四行的颜色模块，以便更改字体的颜色。

```
import feedparser
from pptx import Presentation
from pptx.util import Inches, Pt
from pptx.dml.color import RGBColor
```

04 创建列表

现在创建两个列表来保存Feed-Parser从新闻网站收集的数据。列表是编程语言的一个有用特性，与购物列表非常相似。你可以向其中添加项目、删除、编辑甚至合并列表。接下来，创建一个变量并使用FeedParser收集新闻标题。下面的代码包含两个不同的新闻网站，你可以尝试其中一个。这些在**步骤10**中用于访问新闻数据。

```
News = []
Links = []
```

```
#BBCnews = feedparser.parse("http://
feeds.bbci.co.uk/news/rss.
xml?edition=uk")
SKYnews = feedparser.parse("http://
feeds.skynews.com/feeds/rss/uk.xml")
```

05 创建幻灯片布局——第1部分

为了制作演示文稿，我们需要创建一个定制和构建幻灯片的函数。首先定义函数名，然后添加参数标题和副标题。当程序运行时，这些将替换为新闻标题和网页的超链接。在第二行，将幻灯片布局设置为0，这是标准的默认演示文稿幻灯片布局，带有标题和副标题文本框。接下来，创建一个变量，该变量保存包含其布局、标题和副标题的幻灯片信息。

```
def create_my_default_slide(title,
subtitle):
  title_slide_layout = prs.slide_
layouts[0]
  slide = prs.slides.add_slide(title_
slide_layout)
```

06 创建幻灯片布局——第2部分

为了完成这个函数，我们声明需要将解析的信息放在哪里。在第一行，添加pptx代码，将标题变量中的新闻标题分配给单个幻灯片。命令形状允许你选择幻灯片上的空标题文本框，并将新闻标题写入其中。第二行的作用相同，只是它将Weblink分配给幻灯片上的第二个占位符，即"副标题"文本框。

```
  slide.shapes.title.text = title
  slide.placeholders[1].text =
subtitle
  return slide
```

07 创建超链接——第1部分

接下来，我们需要编写一个函数来创建和编辑超链接。每个超链接都需要显示一个指向网页的链接，单击该链接时，应将用户带到网站上的特定新闻报道。

首先命名函数第一行，然后添加以下参数。**shape**用于选择超链接写入到幻灯片上的哪个框，**text**将字符串添加到文本框。最后一个参数是url，它添加并启用超链接地址。

在第二行，将**shape.text_frame**赋给名为**p**的变量。这些属性使你能够操作该页中的文本。

最后一行代码将文本写入文本框。

```
def add_hyper_link(shape, text,
url):
  p = shape.text_frame.paragraphs[0]
  r = p.add_run()
```

08 创建超链接——第2部分

函数的中间部分定义字体属性。第一行将**步骤10**中从新闻网站收集的文本添加到文本框中。在第二行，我们使用**p.font.size**来设置字体的大小。它使用标准点大小，缩写为**pt**，后跟实际大小——这里使用的是12pt，当然也可以更改它。在第三行，我们指定要使用的字体，在下面的代码中，它被设置为**lato**。也可以将其替换为首选字体的名称。请注意使用上一步中的**r.**和**p.**来添加和操作文本框中的文本。

Click to add title

Click to add subtitle

```
### create the hyperlink layout ###
def add_hyper_link(shape, text, url):
    p = shape.text_frame.paragraphs[0]
    r = p.add_run()
    r.text = text
    p.font.size = Pt(12)
    p.font.name = 'Lato'
    p.font.color.rgb = RGBColor(0, 0, 255)
    hlink = r.hyperlink
    hlink.address = url
```

为每张幻灯片添加图像

在某些网站上，可以下载图像并将其添加到幻灯片中。只需将图像的文件位置添加到变量中，然后使用slide.shapes.add_pictures(img_path, left, top)添加图像并定义图像在幻灯片中的位置。更多详细信息，请访问http://bit.ly/lud_pptx

```
r.text = text
p.font.size = Pt(12)
p.font.name = 'Lato'
```

09 创建超链接——第3部分

函数的最后一部分，允许你自定义幻灯片上显示的超链接的颜色。这将使用标准的RGB颜色值。添加第1行，将文本字体设置为纯蓝色，或者可以更改值以添加自己的自定义颜色。在第二行中，使用代码**r.hyperlink**将文本转换为工作超链接，再将其分配给一个名为**hlink**的变量。然后第三行使用这个变量将下载数据的URL转换成一个超链接。

```
p.font.color.rgb = RGBColor(0, 0,
255)

    hlink = r.hyperlink
    hlink.address = url
```

10 抓取新闻故事

程序的主要部分在第一行使用**for**循环来抓取新闻数据。值10表示程序将抓取多少条新闻。同样，如果你希望更多或更少，可以更改此值。在第二行，我们创建

了一个变量来保存Sky News网站的标题，这个变量访问并使用我们在**步骤4**中创建的FeedParser。

在下一行中，我们对超链接执行同样的操作，这将返回前10个新闻故事的网站超链接。在这个步骤的最后，可以保存并运行程序，看看它是否正常工作。此时还不会创建演示文稿，但会提供10个新闻故事和10个链接。

```
for i in range(10):
    text = SKYnews["entries"][i]
["title"]
    links = SKYnews["entries"][i]
["link"]
    print(text)
    print(links
```

11 将数据追加到列表中

在**步骤4**中，我们创建了两个名为news和links的列表。在这一步中，我们将存储在变量中的新闻标题添加到新闻列表的第一行，即上一步中的命名文本。这将使用**append**函数，该函数将每个标题添加到列表的末尾。接下来，对超链接执行

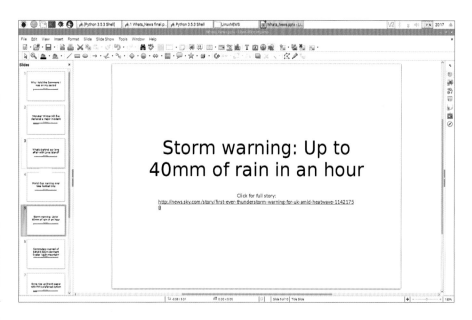

相同的操作，将它们附加到我们在**步骤4**中创建的链接列表中。

```
News.append(text) #add headlines to News list
Links.append(links) #add links to Links list
```

12 创建新闻和链接词典

现在我们有了一个标题列表和一个超链接列表，我们可以将它们组合成一个字典。这与任何一本字典的工作原理都是一样的：你查找一个词，它会给你一个定义。但在这个程序中，关键字是标题，定义是超链接。第1行创建一个名为news_dict的新字典。

然后，第3行对于新闻列表中的每个条目，将其添加到字典中，为新闻标题指定超链接。最后一行代码可以省略，但对于测试代码很有用。

```
News_Dict = {}
for i in range(len(News)):
    News_Dict [News[i]] = Links[i]
print (News_Dict)
```

13 创建演示文稿——第1部分

程序的最后一部分创建演示文稿。首先将**presentation()**类赋给变量**prs**。接下来创建一个**for**循环，对于字典中的每个条目，该循环使用**步骤5**中的函数创建一个新的幻灯片。这会将标题放在幻灯片的标题占位符中，然后将超链接放在副标题占位符中。由于超链接地址不总是对用户友好的，而且可能是任何长度，所以在第三行中我们应该将超链接地址分配给文本"**Click for full story:** "。

```
prs = Presentation()
for key, value in News_Dict.
items():
    this_slide = create_my_
default_slide("%s" % key, "Click for
full story: ")
```

14 创建演示文稿——第2部分

我们需要为每个幻灯片编写超链接。在**步骤8**和**步骤9**中，函数将文本字符串转换为可操作的超链接。第一行使用添加方法将每个唯一的超链接写入每张幻灯片上的文本标签。使用此幻灯片的代码选

择标签。

shapes[1]，其中**[1]**引用幻灯片上的第二个文本框。最后一行代码实际上是可选的，并打印出演示文稿中的幻灯片总数。这对于检查程序是否正确很有用——10个新闻故事应该创建10张幻灯片。

```
add_hyper_link(this_slide.shapes[1],
value, value)
```

```
print(len(prs.slides))
```

15 创建演示文稿——第3部分

程序的最后一行**prs.save()**生成并保存演示文稿。表示文件保存到存储和执行Python程序的同一文件夹中。如果需要，可以更改文件位置和文件名。

```
prs.save('Whats_News.pptx')
```

16 运行程序

保存代码，然后按**F5**键运行它。该程序将连接到新闻网站并下载故事。可以通过编辑步骤10中的值来调整所需的数字。

然后，该程序将幻灯片捆绑在一起，并将其作为扩展名为.pptx（Microsoft PowerPoint的默认格式）的文件导出。可以使用libre office在树莓派上直接查看演示文稿，或者将文件传输到其他设备，并使用大多数标准的演示软件打开它。

当然，如果由于某种原因下载数据失败，可以添加一些错误检查代码来进一步改进程序。■

■ 创建"有什么新闻？"应用程序

为什么不创建一个自动化的新闻机器，并添加电子邮件功能和一个按钮来触发最新的新闻提要？只需按下红色大按钮，程序就会运行，下拉新闻，创建演示文稿，然后将其发送到预选账户。这样形式非常适合教育环境，请参阅**http://www.tecoed.co.uk/whats-news-app.html**。

可用的教程文件：

filesilo.co.uk

只需用指尖控制机器人手臂

使用轻弹、手指动作和手势构建破解和移动机器人手臂。

资源

Maplin Robotic Arm
Pimoroni Skywriter
Raspberry Pi 2 or 3

本教程结合了Maplin机器人手臂和Pimoroni的Skywriter HAT，让你只需轻触指尖即可控制机器人。手臂可以通过三个关节点移动，并以夹子结束，以便在移动时提供最大的灵活性。手臂可以在手腕上转动120°，在肘部上转动300°，在垂直基部转动180°，在水平转动270°。它易于组装，是一款优秀的初学者机器人。在本教程中，将首先安装Python模块以使树莓派与USB端口交互，然后学习如何使用Python代码向机器人手臂发送命令并从中接收命令。接下来我们将编写一个简单的程序来控制手臂。实际上这非常有趣，你可以开始练习拾取对象，然后尝试将它们移动到另一个位置。Skywriter是一款电子近

场3D感应板，可识别多种手势，包括点击、双击和轻击。这些手势可以在板上的特定位置（北、南、东、西或中心）进行，然后编程以特定方式响应。本教程的后半部分将展示如何安装和设置Skywriter并编写一些手势代码。最后，将arm和Skywriter代码组合在一起创建一个程序，你可以在其中为特定手势指定特定的手臂动作，通过指尖控制手臂。例如，在北点击可以向上移动手臂，底部点击（南方位置）可以向下移动它。观看此视频，了解项目的实际效果：https://www.youtube.com/watch?v=SVDXbcSi08I

01 建立机器人手臂
机器人手臂是一套套件，附有详细的说明，包括如何构建零件并将它们组合成最终的手臂。这将花费你大约3个小时，这是一个完美的体验。手臂套件包括除电池外的所有必需部件，最棘手的部分是确保布线方式正确。虽然布线错误不会损坏手臂，但会导致机械臂沿与编程方向相反的方向移动。

02 更新你的树莓派
在构建手臂后，插入树莓派并启动它。此时不要插上手臂。首先更新软件和操作系统，确保你的树莓派已连接到Internet，打开LX终端窗口并输入：

```
$ sudo apt-get update
$ sudo apt-get upgrade
```

等待软件下载并安装，然后重新启动，输入sudo reboot。

03 安装PyUSB软件
要使用Python编程语言与机器人手臂交互，请先安装PyUSB模块。它提供了与Python的连接，并且可以轻松访问插入手臂的树莓派的通用串行总线（USB）。

在终端窗口中输入以下内容。

```
sudo git clone https://github.com/walac/pyusb.git
```

安装完成后移动到pyusb文件夹，输入cd pyusb，然后输入代码sudo python setup.py install，安装所需的模块。最后，使用sudo reboot重新启动树莓派。

04 将机器人手臂连接到树莓派
现在你已经安装了所需的软件来编程机械臂，请将机械臂插入树莓派。为此，只需从臂上取下USB导线并将其插入树莓派上的一个可用USB插槽即可。

通过位于手臂底座上的电源开关打开手臂。你可以通过打开LX终端并输入sudo lssub来测试连接是否正常，并且是否可以识别手臂。这将返回连接到USB端口的硬件列表。

05 控制手臂
通过USB将一行代码发送到手臂来控制手臂。此代码包括每次移动的持续时间以及用于识别要转动和打开或关闭的电机的坐标以及转动它们的方向。移动arm的实际代码冗长，但Python将它们简化为单行代码。

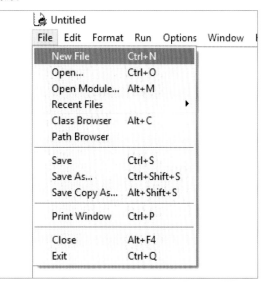

06 打开 Python
从任务栏的菜单中选择并打开LX终端，双击图标。通过Python访问arm需要管理权限，因此打开Python作为sudo用户。LX终端属于sudo idle类型，并按Return键。加载IDLE后，打开一个新窗口，单击File菜单，然后选择New File选项。

07 导入所需的库
在窗口的顶部创建程序。在第1行导入time、usb.core和usb.util，使你可以将命令发送到USB端口并控制臂。USB是一种复杂的协议，但PyUSB对大多数常见配置都有很好的默认设置，最大限度地减少了我们需要输入的代码量。time库允许你在机械臂的每次移动之间添加短延迟。添加如下代码行。

```
import usb.core, usb.util, time
```

机器人手臂动作

使用下面的列表来参照机器人的各种动作。每个 # 之后的文本是注释，用于标识命令。

```
MoveArm(1,[0,1,0]) #rotate base anti-clockwise
MoveArm(1,[0,2,0]) #rotate base clockwise
MoveArm(1,[64,0,0]) #shoulder up
MoveArm(1,[128,0,0]) #shoulder down
MoveArm(1,[16,0,0]) #elbow up
MoveArm(1,[32,0,0]) #elbow down
MoveArm(1,[4,0,0]) #wrist up
MoveArm(1,[8,0,0]) #wrist down
MoveArm(1,[2,0,0]) #grip open
MoveArm(1,[1,0,0]) #grip closed
MoveArm(1,[0,0,1]) #light on
MoveArm(1,[0,0,0]) #light off
```

08 命名USB设备

现在使用Python找到USB机械臂。在下一行创建一个名为RoboArm的变量来存储有关机械臂位置的信息——这就是它插入的USB端口。现在命名插入树莓派USB端口的设备。为此，请输入ID供应商编号和产品ID详细信息以搜索手臂。如果你使用不同的手臂或型号，则需要找到这两个细节并在代码行中替换它们。

```
RoboArm=usb.core.find(idVendor=0x1267,idProduct=0x0000)
```

09 找到机器人手臂

下一步是搜索机械臂，以确保它已插入USB端口并打开。使用一个简单的if语句来进行此检查。如果找不到arm，则会向Python窗口返回一条错误消息，告知你将其插入，打开它。请注意代码的第二行是缩进的。

```
if RoboArm is None:
    raise ValueError("Arm not found")
```

```
*robotarm.py - C:\Users\Dan\Documents\1 Freelance Work\Linux Tutorials\Robot Arm 2409\robotarm.py (2.7.9)
File  Edit  Format  Run  Options  Windows  Help
#!/usr/bin/env python

#import the USB abd time libraries
import usb.core, usb.util, time

#allocate the name 'RoboArm' to the USB device
RoboArm=usb.core.find(idVendor=0x1267,idProduct=0x0000)

#Check to see if arm is detected
if RoboArm is None:
    raise ValueError("Arm not found")
```

10 创建一个函数——第1部分

在每次手臂移动之间要稍有延迟。在第1行创建一个名为Duration的新变量，并指定值1。在下一行中，创建一个包含刚刚创建的持续时间值的函数，以及一个停止手臂移动的代码。在第3行添加代码以将移动命令传输到USB端口并将它们转发到机械臂。请再次注意，此行是缩进的。

```
Duration = 1
```

```
def MoveArm(Duration, ArmCmd):
    #start the movement
    RoboArm.ctrl_transfer(0x40,6,0x100,0,ArmCmd,1000)
```

11 创建一个函数——第2部分

在下一行中，添加一个较短的持续时间来设置操作持续时间的限制。在示例中，持续时间设置为1，表示每个移动或动作将发生一次。你可以通过更改在步骤10中设置的值来试验持续时间。每次移动后都需要停止，使用代码ArmCmd=（0,0,0）行来停止电机转动并结束运动。

```
#stop the movement after specified duration
    time.sleep(Duration)
    ArmCmd=(0,0,0)
```

```
*robotarm.py - C:\Users\Dan\Documents\1 Freelance Work\Linux Tutorials\Robot Arm 2409\rob
File  Edit  Format  Run  Options  Windows  Help
#!/usr/bin/env python

#import the USB abd time libraries
import usb.core, usb.util, time

#allocate the name 'RoboArm' to the USB device
RoboArm=usb.core.find(idVendor=0x1267,idProduct=0x0000

#Check to see if arm is detected
if RoboArm is None:
    raise ValueError("Arm not found")

#Create a variable for duration
Duration=1

#Define a procedure to execute each movement
def MoveArm(Duration, ArmCmd):
    #start the movement
    RoboArm.ctrl_transfer(0x40,6,0x100,0,ArmCmd,1000
    #stop the movement atfer specified duration
    time.sleep(Duration)
    ArmCmd=(0,0,0)
```

```
File  Edit  Format  Run  Options  Windows  Help

#!/usr/bin/env python

#import the USB abd time libraries
import usb.core, usb.util, time

#allocate the name 'RoboArm' to the USB device
RoboArm=usb.core.find(idVendor=0x1267,idProduct=0x0000)

#Check to see if arm is detected
if RoboArm is None:
        raise ValueError("Arm not found")

#Create a variable for duration
Duration=1

#Define a procedure to execute each movement
def MoveArm(Duration, ArmCmd):
        #start the movement
        RoboArm.ctrl_transfer(0x40,6,0x100,0,ArmCmd,1000)
        #stop the movement atfer specified duration
        time.sleep(Duration)
        ArmCmd=(0,0,0)
        RoboArm.ctrl_transfer(0x40,6,0x100,0,ArmCmd,1000)
```

12 创建一个函数——第3部分

该函数的最后一部分是将stop命令发送到机械臂。这将连接到机械臂，然后转移到你在上一步中设置的ArmCmd=（0,0,0）代码。请注意，它存储在名为ArmCmd的变量中，这意味着你可以更改传送到机械臂的命令。这行也缩进了。

```
RoboArm.ctrl_transfer(0x40,6,0x100,0,ArmCmd,1000)
```

13 运动和动作代码

完成该功能后，现在可以使用它来控制手臂。每个动作或动作都有一组唯一的数字，用于确定动作持续的时间、需要打开或关闭的电机以及需要转动的方向。每个命令都开始MoveArm，然后第一个数字是运动持续的时间。例如，'1'基本上是执行此指令或移动一秒钟。然后是所需的电机信息来转它：**MoveArm（1，[0,1,0]）#基于底座的逆时针旋转。**

14 开灯

在下一行，在函数下方添加代码以打开灯。输入命令**MoveArm（1，[0,0,1]）#开灯**。#开灯是注释，不会控制手臂，帮助用户识别代码。当程序中有多个命令时，这非常有用。

15 运行程序

现在你有一个完整的程序，它将连接到USB端口，搜索机器人手臂，准备一个功能，然后传输控制手臂的指令——打开灯。将程序保存到你的主文件夹中。一种简单的方法是按键盘上的F5键，命名并保存文件，按Enter键运行。看看手臂上的灯，会亮起来！

16 关灯

除非你将其编程为关闭，否则指示灯将保持亮起状态。如果你在turn on命令后直接添加这行，那么灯将会快速打开和关闭，将看不到它。在下一行添加短暂的两秒延迟，然后关闭灯。按F5键保存并运行程序。查看完整的代码列表，查看所有可用于运动的代码。你可以使用这些代码行来构建运动并尝试使用机械臂的功能。

"使用这些代码行来建立运动并试验机械手臂的功能"

手势控制

17 Skywriter运动

Pimoroni Skywriter HAT是一款电动近场3D手势感应板,采用4层PCB,可实现最佳感应性能,最远可达5cm!它能够收集完整的3D位置数据和手势信息(滑动、轻击、双击、轻弹和旋转),然后通过你设置的动作对其进行响应。它也完全组装好了。

18 安装软件

Pimoroni使你可以非常轻松地为Skywriter HAT安装软件。加载LX终端并输入:

```
sudo curl -sS get.pimoroni.com/skywriter | bash
```

按照屏幕上显示的说明进行操作,这些涉及授权安装软件并同意库所需的更改。现在你将下载所需的库和一系列Skywriter示例和程序供你试用。安装完成后,重新启动树莓派,然后你就可以开始使用该过程的下一部分了。

19 你的第一个Skywriter计划

打开一个新的Python文件,(记得使用步骤6中使用的LX终端方法,因为需要管理权限)并添加下面的代码。首先导入库以及Skywriter,接下来创建一个名为move的函数,它将感知手指在Skywriter的位置。接下来读取x、y和z坐标,最后将这些打印到Python窗口。保存程序并运行,将手指移过Skywriter。请注意,因为它具有触摸电容功能,所以你无需实际接触电路板,只悬停在电路板上方即可。

```python
import signal
import skywriter


@skywriter.move()
def move(x, y, z):
    print( x, y, z )
```

```
login as: pi
pi@192.168.1.219's password:

The programs included with the Debian GNU/Linux system are free software;
the exact distribution terms for each program are described in the
individual files in /usr/share/doc/*/copyright.

Debian GNU/Linux comes with ABSOLUTELY NO WARRANTY, to the extent
permitted by applicable law.
Last login: Sun Sep 18 07:27:00 2016 from dan-pc.default
pi@raspberrypi:    sudo curl -sS get.pimoroni.com/skywriter | bash

This script will install everything needed to use
the Pimoroni Skywriter


Always be careful when running scripts and commands
copied from the internet. Ensure they are from a
trusted source.

If you want to see what this script does before
running it, you should run:
\curl -sS https://get.pimoroni.com/skywriter

Note: Skywriter requires I2C communication

Do you wish to continue? [y/N]
```

新Sky——writer板

Pimoroni开发了一款更大的Skywriter手势板，可以三维工作。它可以感知距离最远15cm的手势，这意味着你可以将其嵌入非导电材料下方。这使其适用于你想要隐藏电路板的可穿戴设备和项目。所有常见的手势都被识别，如单击、轻弹和双击，但这些可以从更远的地方操作，你甚至可以其用作鼠标或键盘。通过以下网址了解更多详情：http://bit.ly/2dJF0sw。

20 双击

在此程序中，你可以双击Skywriter板的一部分，它将告诉你点击的位置。这使用了一个名为position的变量，它将你的点击位置存储为北、东、南、西或中心，具体取决于你点击它的位置。在第4行打印出你双击的位置。例如，如果你在电路板顶部双击，它将打印**Double tap!North**。在第5行点击后清除所有信号，以确保清楚地识别每个点击。保存并运行程序，点击，点击。

```python
import signal
import skywriter
def doubletap(position):
    print('Double tap!', position)
signal.pause()
```

21 单击一下

在进行任何手势（如点击、双击、触摸、轻弹等）时，你可以在Skywriter板上识别手势的位置并以特定操作进行响应。例如，你可以触摸顶部的电路板，这是北；右边是东边，南边是底边，西边是左边。条件可用于检查触摸Skywriter的物理位置，然后返回五个响应中的一个。

22 感觉到一个位置

创建一个新功能，用于检测用户何时敲击电路板，然后等待敲击并记录用户触摸它的电路板上的位置。它存储在名为position1的变量中。添加if语句以检查和比较位置。如果在电路板顶部，北方位置轻敲，则打印North。使用elif语句检查电路板底部（南侧位置）的点击。保存程序并运行。

```python
import signal
import skywriter
```

```python
@skywriter.tap()
```

```python
def tap(position1):
    print('Tap!', position1)
    if position1 == 'north':
        print ("North")
    elif position1 == 'south':
        print ("South")
```

23 减慢响应速度

双击是指快速连续按下Skywriter两次。点击是按下一次，但如果按一次然后再次按下，将被解释为双击。你可能想知道如何区分点击与双击。要解决此问题，请在点按代码中添加重复率。这意味着动作即轻击，仅重复一次。如果你仍然觉得两个手势不够明显，请增加重复率值。

```python
@skywriter.tap(repeat_rate=1)
```

24 感觉到一闪一闪

你可以检测到的另一个有用的手势是轻弹。只需设置Skywriter等待轻弹，然后创建一个识别轻弹的功能并记录轻弹的方向，例如从南到北或从东到西。然后打印确认轻弹，包括轻弹方向的开始和结束位置。

```python
@skywriter.flick()
def flick(start,finish):
    print('Got a flick!', start, finish)
```

25 编辑机器人代码

现在你已经尝试了一些Skywriter命令,你可以使用并调整这些命令来控制机器人手臂。从步骤16打开上一个机器人手臂文件,然后在程序窗口的顶部导入其他所需的库。

```
import skywriter
import signal
```

26 添加Skywriter动作来抬高肘部

接下来添加基于它感知的Skywriter手势,控制机器人的代码。在该功能下,设置触摸命令以注册触摸,并创建一个变量来保持你按下电路板的位置,北、南、东等。现在检查位置并使用if语句,检查你是否触摸了北方位置。如果触摸它,则使用机器人手臂代码移动手臂。最后打印一条快速消息,通知用户肘部现在已经抬起。

```
@skywriter.touch(repeat_rate=1) ###Raise / lower
the wrist
def touch(position2):
    if position2 == 'north':
        MoveArm(1,[16,0,0]) #elbow up
        print "Elbow Up"
```

27 添加更多触摸动作

现在添加一些动作到程序。添加一个elif语句,以检查是否触及南位。如果你触摸底部也就是南位置,那么它就会记录反映,将肘部向下移动。按F5键保存程序,然后运行并测试。

```
elif position2 == 'south':
    MoveArm(1,[32,0,0]) #elbow down
```

28 添加对手柄的控制

继续建立并将手臂动作分配给你所做的各种手势。在下方,检查是否是位置西,然后使用夹点。通过触摸Skywriter上的位置东来关闭手柄,然后添加代码以关闭手柄。

```
elif position2 == 'west':
    MoveArm(1,[1,0,0]) #grip close
elif position2 == 'east':
    MoveArm(1,[2,0,0]) ##grip open
```

29 使用点击

任何Skywriter手势都可用于控制手臂。在新行上,创建一个新功能以识别点击。请注意,重复率设置为值1以消除双击的可能性。接下来创建一个名为position1的新变量,这是为了防止手势覆盖前一个变量(例如如果灯打开,你可能希望移动手臂但保持灯亮起)。检查点击的位置,然后打印手臂将进行的运动(这是可选的)。与前面的步骤一样,为手臂分配移动代码,例如将肩膀向上移动。

```
@skywriter.tap(repeat_rate=1)
def tap(position1):
    print('Tap!', position1)
    if position1 == 'north':
        print "Shoulder Up!"
        MoveArm(1,[64,0,0]) #shoulder up
```

30 肩膀向下

要向下移动肩部,请使用与步骤27中类似的格式。在下一行,与if语句的缩进级别一致,添加一个elif语句以检查南部位置的点击。添加一个可选的print语句以显示已经收到了点击,然后添加命令以向下移动肩部。保存并运行程序。

```
elif position1 == 'south':
    print "Shoulder Down!"
    MoveArm(1,[128,0,0]) #shoulder down
```

31 把它们放在一起

继续按照步骤26到步骤30中演示的类似方式创建程序。首先选择要使用的手势/输入类型,然后设置一个功能以识别手势和手势在Skywriter上的位置,例如北、南、西等。接下来使用if和elif语句,检查位置,然后使用完整代码列表中的代码响应机器人手臂移动。使用教程资源中的示例程序作为你的想法的基本设置,然后展开和自定义以添加你自己的手势和动作。

用树莓派破解一个玩具——第一部分

学习如何掌握四个简单的黑客并将它们嵌入玩具中

资源

一个玩具

电阻

小盘电机

LED指示灯

一台收音机

小型网络摄像头

母头对母头的跳线

结合旧玩具和树莓派，你可以嵌入一系列组件来创建自己的增强型玩具，以响应用户输入。例如，使用3英镑的R2-D2甜饮机，点亮它，播放音乐并将实时网络信息流传输到你的移动设备。这个教程的第一部分设置四个基本功能：用于眼睛的LED，用于模拟电击的触觉电机，来自隐藏摄像机的网络摄像头流以及广播到收音机的星球大战主题曲。你可以选择将这些与你自己的黑客相结合，或将它们用作其他项目中的独立功能。

不要仅限于使用星球大战玩具——我们使用R2D2，是因为它便宜、高可用且受欢迎，这里对要尝试的玩具并没有限制。动作人物（假设它们可以拆卸和/或有可用于固定电子设备的支架或空腔）、毛绒玩具或可爱的玩具都非常适合这种项目，特别是如果它们是电影或电视中的角色，而且具有流行的主题音乐或声音效果，则可以播放。第二部分介绍如何设置玩具和设置触发器以启动功能。

R2D2 is © LucasFilm

01 设置LED灯

LED非常易于设置和控制。它们为你的玩具添加了一个很好的附加物，可以用作眼睛、闪烁的按钮，或者像本例中用作R2-D2的雷达眼。用LED最长的针脚，即正极连接到输入，将电阻缠绕在针脚上，并连接到母头跳线。再将负极连接到另一根跳线上。

02 连接指示灯

将带有电阻的正极线连接到GPIO 17，即物理引脚号11（查看最左侧的顶部引脚并向下计数6个引脚）。该引脚将提供为LED供电的电流。将另一根导线连接到任何接地引脚，（GND）6,9,14,20,390为其他组件连接更多电线，稍后可能需要移动它。

03 点亮指示灯

要打开和关闭LED，请使用gpiozero库，该库是为简化代码与物理计算机之间的交互而开发的。打开LX终端并输入以下内容。

```
sudo apt-get install python3-gpiozero
```

以安装库（如果要在Python 2中使用它，请删除"3"）。安装完成后，打开一个新的Python窗口并导入LED模块（以下代码的第2行）。分配LED的引脚编号（第3行），最后打开和关闭它（第6和第8行）。保存代码并运行它以使LED闪烁。更改时间以适合你自己的项目。

```
import time
from gpiozero import LED
led = LED(17)
led.off()

while True:
    led.on()
    time.sleep(0.5)
    led.off()
    time.sleep(0.5)
```

04 添加振动

你可能希望玩具在触摸时振动或摇晃。R2-D2以发出电击而闻名，安全的模拟方法是添加触觉反馈，类似于按下手机屏幕上的按键时的反馈。Pimoroni有一个合适的圆盘马达（bit.ly/29hIEla），它会产生短暂的振动。取下每根电线，将每根电线连接到母对母跳线上。

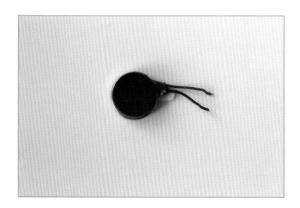

05 连接光盘电机

从电机上取正极导线（通常为红色）并将其连接到GPIO引脚9，这是物理引脚21。黑线连接到接地引脚，最近的是物理引脚25。从引脚21开始，左侧向下的两个引脚就是25号。启动一个新程序或将代码添加到现有程序中。导入RPi.GPIO库（第1行）并将板设置为BCM，这可确保使用GPIO编号系统。

```
import RPi.GPIO as GPIO
GPIO.setmode(GPIO.BCM)
import time
```

06 打开电机

要启用电机，首先设置输出引脚9，这会告诉程序GPIO引脚9是输出。接下来，将GPIO引脚设置为HIGH（第2行），这与将其打开相同。电流流过，电机将打开。在将输出设置为LOW之前添加一个短暂停顿（第3行），这会关闭电机。修改时间，找到满足你需求的完美时间。

```
sudo apt-get install python3-gpiozero
GPIO.output(9, GPIO.HIGH)
time.sleep(5)
GPIO.output(9, GPIO.LOW)
```

07 破解网络摄像机

小型网络摄像机可以作为一只眼睛隐藏在玩具内，或者更隐蔽地隐藏在玩具的主体内。这可用于拍摄照片或将实时信息流传输到笔记本电脑或移动设备。小心地拆掉网络摄像头的塑料外壳，这样你就可以拿到电路板和镜头了，根据玩具的大小调整外壳使其适合并隐藏。

R2-d2 在起作用

查看已完成的R2-D2玩具黑客的视频，并查看实际功能。这可能会为你自己的玩具提供一些想法hack.youtu.be/VnOsUaS5jSY。

08 设置静态IP地址

每次连接到互联网时，你的树莓派都将获得一个新的IP地址，即动态IP地址。这可能会导致问题，因为当它发生变化时，其他设备将无法再找到你的树莓派。要创建一个静态IP地址，请加载LX终端，输入ifconfig并记下inet addr、Broadcast和Mask号。然后输入route -n并记下网关地址。现在输入sudo nano / etc / network / interfaces，找到iface wlan0 inet dhcp行并将其更改为如下。

```
iface wlan0 inet static
address 192.168.1.5
netmask 255.255.255.0
gateway 192.168.1.1
network 192.168.1.0
broadcast 192.168.1.255
```

用你记下的号码替换原号码。同时按Ctrl+X保存并退出nano文本编辑器。当重新启动Pi时，它将具有静态IP地址。当重新启动或重新连接时，该IP地址不会更改。

09 安装 web 服务器

要设置Web服务器，请打开LX终端并通过输入sudo apt-get update、sudo apt-get upgrade来更新树莓派。接下来输入sudo apt-get install motion安装控制网络摄像头的Motion软件。完成后，连接USB网络摄像头并输入lususb，可以看到网络摄像头已被识别。

10 配置软件——第1部分

现在有七种配置需要更改才能从相机获得最合适的输出。你可以试验这些以查看哪种效果最佳。在LX终端中输入以下内容。

```
sudo nano /etc/motion/motion.conf
```

……加载配置文件。找到守护程序行（可以通过按Ctrl+W找到行，这将加载关键字搜索）并确保将其设置为ON。当你启动树莓派时，这将启动Motion作为服务。接下来，找到webcam_localhost并将其设置为OFF，以便你可以从其他计算机和设备访问动画。

11 配置软件——第2部分

接下来找到stream_port，设置为8080，这是视频的端口，如果你在查看feed时遇到问题，可以更改它。8081提供稳定的feed。然后找到control_localhost行并将其设置为OFF。访问Web配置界面的端口位于control_port行，默认值为8080。如果有任何流媒体问题，可以更改它。帧速率是网络摄像头捕获的每秒帧数。帧速率越高，质量越好，但设置高于6fps会降低树莓派的性能并产生滞后。最后，设置post_capture并指定在检测到运动后要捕获的帧数。

12 将Motion作为守护进程运行

守护程序是在后台运行的程序，提供服务。在这个项目中，要运行Motion。每次加载树莓派时，都不希望手动启动，它最好在启动时自动启动。在LX终端中，输入sudo nano / etc / default / motion来编辑文件。要将Motion设置为从启动运行为服务，需要将start_motion_daemon更改为yes。

```
start_motion_daemon=yes
```

使用Ctrl+X保存并退出文件，然后重新启动树莓派。

13 启动web源

在查看Feed之前，请记下你的IP地址。在LX终端中，输入sudo ifconfig，然后通过输入sudo service motion start来启动Motion。等待几秒钟才能启动，然后打开设备上的浏览器窗口。输入树莓派的IP地址，包括你在步骤11中设置的端口号。如果你使用的是VLC播放器，请转到"File>Open"打开网络，然后输入树莓派的IP地址，再输入stream_port，例如192.168.1.50：8080。此示例中的端口号为8080，但可以在步骤11中将其设置为8081或其他值。

14 安装树莓派无线电软件

PiFM是一个简洁的小型库，可以让你的树莓派广播到收音机。请注意，这仅用于实验，如果你想要进行公共广播，则必须获得合适的许可。设置很简单：加载LX终端并创建一个新目录以将文件解压缩到如下。

```
start_motion_daemon=yes
mkdir PiFM
cd PiFM
```

然后下载所需的Python文件。

```
sudo apt-get update,
sudo apt-get upgrade,
wget http://www.omattos.com/pifm.tar.gz
```

最后使用代码解压缩文件。

```
sudo tar xvzf pifm.tar.gz
```

15 添加一个简单的天线然后播放

设置硬件非常简单。无须附加任何东西，因为Pi可以直接从物理引脚7传输而无需改变任何设置。但你可能希望通过向GPIO 4（引脚号7）添加线路来扩展广播范围。令人惊讶的是，这可以将广播的范围扩展到100m！确保你位于PiFM文件夹中，然后使用代码行广播WAV文件。

```
sudo ./pifm name_of_wav_file.wav 100.0
```

在此示例中，将播放星球大战主题曲，你也可以创建和添加自己的声音文件。100.0是指广播的FM频率，这可以在88~108MHz之间变化。打开收音机，调整到相应的频率，你将听到正在播放的信息。

16 停止广播

如果你希望在歌曲或语音结束之前结束广播，

则需要终止传输。在新的终端窗口中输入top，将列出所有正在运行的程序。在列表开头附近的某处查找PiFM并记下ID号。返回LX终端并输入sudo kill 2345，用适当的进程ID号替换2345。这将确保每个广播都是新内容，并且树莓派会尝试一次仅传输一个WAV文件。

17 下次……

现在有四个迷你黑客项目，并且可以调整和组合。下面我们尝试嵌入你自己创建的一些黑客项目，在页面中将介绍如何连接和部署它们！

R2D2©LucasFilm

用树莓派破解一个玩具——第二部分

将黑客嵌入你的玩具中并创建代码以使其更加生动。

资源

一个玩具
电阻
小型盘式电机
LED指示灯
一台收音机
小型网络摄像头
母头对母头的跳线
触控按钮

在这个"黑客玩具"教程的第一部分中创建了四个黑客，这些黑客最初用于增加一个3英镑的R2D2，使其点亮、振动、播放音乐并将实时网络视频信息流传输到移动设备，你可能已经尝试过使用自己想要的功能重新定义你的玩具。本教程的第二部分，首先介绍了设置和使用按钮触发黑客攻击的两种不同方法，一种方法是添加和编码你自己的按钮，第二种方法是利用玩具自己的内置按钮。下一部分将指导你如何连接、编码和测试每个功能，然后再将它们组合到一个程序中，从而让你的玩具变得更生动。

01 准备按钮

按钮是触发你在本教程第一部分中所创建的黑客最简单有效的方法。取一个4 x 6mm的按钮或类似产品，并在每个侧面焊接/连接电线。取出每根电线并将其连接到母对母跨接线的一端。你可以将这些焊接到位或去除塑料涂层，并将它们包裹在每个金属触点周围。

02 设置按钮

接下来设置并测试按钮，以确保它能正常工作。取一根导线并将其插入GPIO

引脚17，即电路板上的物理引脚编号11。第二根导线连接到接地引脚，用减号或字母GND表示。GPIO引脚17正上方的引脚是接地引脚，物理引脚编号为9。这将完成电路并使按钮起作用。

03 测试按钮

打开Python编辑器并开始一个新文件。使用下面的测试程序检查按钮是否正常工作。为确保按键响应，请在第4行

使用上拉电阻代码GPIO.PUD_UP。这将删除多个触点，这意味着每次按下按钮时只会注册一个"Press"。保存并运行该程序。如果正常工作，将返回消息"Button works"。

```
import RPi.GPIO as GPIO
GPIO.setmode(GPIO.BCM)
GPIO.cleanup()
GPIO.setup(17, GPIO.IN, GPIO.PUD_UP)

while True:
    if GPIO.input(17) == 0:
        print "Button works"
```

04 使用玩具上的按钮

可以利用玩具上的现有按钮触发事件，而不是添加自己的按钮。在R2D2示例中，这是前面的按钮，释放糖果并播放经典的R2D2哔声。使用螺丝刀或合适的工具打开玩具的外壳，然后找到按钮的电子设备，找到负极导线并将其切成两半，将跳线连接到每个端部。你可以通过将两根跳线连接在一起并按下按钮来测试连接是否仍然有效。

05 连接你的按钮

如果你的玩具有一个按钮来触发声音或移动，那么它将使用电池。这些仍将用于为玩具供电，但你在步骤4中添加的额外电路会产生次级电路。当按下按钮时，连接两个触点，闭合电路，这会在电路周围产生一个小电流，可以通过树莓派上的GPIO引脚检测到。取一根导线并将其连接到GPIO引脚1，3.3V电压将提供电流。

将另一根导线连接到GPIO引脚15，物理引脚编号10。引脚15会检查电流的变化。

当按钮处于正常状态时，即它没有被按下，电路断开时，没有电流从3.3V引脚流出。按下按钮时，它会连接触点，电路闭合，电流流动。引脚15记录用于触发事件的状态变化。

06 测试按钮

打开一个新的Python文件，然后在下面输入测试代码。在第4行，下拉用于检查状态的变化。玩具按钮闭合电路，GPIO引脚15接收一点电流。它的状态变为True或1，第6行，然后它会触发显示确认消息。每次按下按钮时，最后一行打印出确认消息。

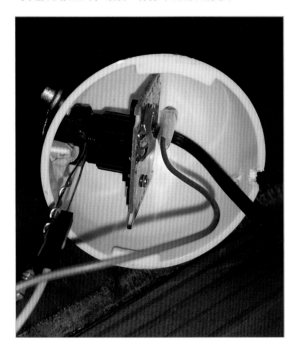

```
import time
import RPi.GPIO as GPIO
GPIO.setmode(GPIO.BCM)
GPIO.setup(15, GPIO.IN, GPIO.PUD_DOWN) #checks for
a change on pin 7
while True:
  if GPIO.input(15) == 1:
    print ("You touched R2D2!")
```

07 连接LED

现在将各个黑客连接到玩具，这些黑客的示例基于本教程的第一部分，当然也可以替换为你自己的黑客。关闭你的树莓派并拔掉电源。假设LED连接到跨接导线上，则将LED的正极线（带有电阻的线）连接到GPIO引脚21，这是物理引脚40，位于右下角的针脚。黑线连接到接地引脚。最近的一个是位于引脚40左侧的物理引脚39，把它附在这里。

08 把马达连接起来

接下来从电机上取正极线，通常为红色，并将其连接到GPIO 09，这是物理引脚21。然后需要将另一根线连接到任何接地引脚，（GND）6,9,14,20,39。你可能会发现稍后需要重新定位此线路，因为你需要为其他组件添加更多线路。

09 添加PiFM天线

树莓派可以直接从物理引脚7广播到你的无线电，而无需改变任何设置。但是，你可能希望通过向GPIO 04（物理引脚编7）添加天线来扩展广播范围。令人难以置信的是，这可以将广播范围扩展到100m。你必须使用物理引脚编7进行广播，如果有其他黑客项目占用了该引脚，则需要进行移动。

LED GPIO 40,

Motor GPIO 09

LED GPIO 40,

fritzing

10 添加网络摄像机

网络摄像头是最简单的连接组件，因为它使用其中一个USB端口。插入后，使用命令sudo lsusb列出与端口的连接。如果显示网络摄像头的名称，则表示已成功识别并准备就绪。考虑拆去塑料外壳，只剩下板子和镜头，便于调整，并可隐藏在你的玩具中。

11 设置程序

假设你已经为你的黑客安装了所有必需的软件模块和库，你现在可以创建程序来控制玩具的新增功能。

在Python编辑器中打开一个文件并导入操作系统，这将控制PiFM和网络摄像头。接下来导入PiFM库，当你启动树莓派时，网络摄像头会自动运行。在第6行将GPIO引脚设置为BCM，然后为你正在使用的按钮设置定义PUD。第一个选项，第7行，用于已经连接

gpiozero

这是一个智能的Python库，它使与GPIO引脚的交互非常简单，例如你可以使用代码led.on()控制LED，它涵盖了大量的组件、硬件和加载件。你可以在以下网址找到更多信息https://gpiozero.readthedocs.io/en/v1.2.0/#。

»

到玩具的按钮，第二个选项是在添加了自己的按钮时使用。

```
import os
```

```
import sys
import time
import RPi.GPIO as GPIO
import PiFm
GPIO.setmode(GPIO.BCM)

GPIO.setup(15, GPIO.IN, GPIO.PUD_DOWN) #checks for a change on pin 7
GPIO.setup(17, GPIO.IN, GPIO.PUD_UP)
```

12 设置其他输出
接下来准备另外两个GPIO输出，在本例中为LED和电机。使用代码GPIO.setup（9，GPIO.OUT），第1行将它们设置为输出，然后使用代码GPIO.output（21，GPIO.LOW）关闭LED。这可以确保在启动程序时运行LED，并在按下触发按钮之前电机不会运行。

```
GPIO.setup(9, GPIO.OUT)
GPIO.output(9, GPIO.HIGH)

GPIO.setup(21, GPIO.OUT)
GPIO.output(21, GPIO.LOW)
```

13 设置指示灯
创建一个函数来存储控制LED的代码，使其打开5秒钟，然后再次关闭，第2行、3行和4行。然后设置一个简单的消息显示在程序的开头，让你知道玩具已准备就绪并且针脚已经准备好了。这对于调试程序非常有用。

```
def LED_Eye():
  GPIO.output(21, GPIO.HIGH)
  time.sleep(5)
  GPIO.output(21, GPIO.LOW)

print ("Welcome to R2D2")
```

14 触发事件
设置while循环以连续检查是否按下了按钮，第1行。使用IF语句检查按钮何时被按下，以及输入是否为HIGH，通过GPIO.input(15)== 1：行实现。在这种情况下，1指的是等效值True或On，这与闭合的电路和流过的电流有关，如步骤6所述。然后使用第5行GPIO.output（9，GPIO.LOW）触发电机开启，并调用功能LED_Eye()执行，点亮 LED，第6行。

```
while True:
  if GPIO.input(15) == 1:
    print ("You touched R2D2!")
    '''Enable LED and Motor'''
    GPIO.output(9, GPIO.LOW)
    LED_Eye()
```

15 触发网络摄像头和无线电广播
最后，使用行os.system（'service motion start'）启动网络摄像头流媒体，并查看你的查看设备上的feed。当网络摄像头正在运行时，使用第4行PiFm.play_sound（"sound.wav"）开始无线电广播。
默认FM电台设置为100FM，调节收音机以听到正在播放的声音。然后在声音结束后使用行os.system（'service motion stop'）停止Web Feed。请注意，此代码在与前一行相同的级别上缩进。

```
'''start webcam'''
os.system('service motion start')
'''Play the Star Wars Theme'''
PiFm.play_sound("sound.wav")
'''Stop the Webcam'''
os.system('service motion stop')
```

16 将黑客嵌入玩具中
一旦你在代码中触发所有黑客，会将电线和Pi嵌入你的玩具中。你可以选择显示硬件并创建一个"增强版"的玩具，或仔细隐藏这些功能，让潜在用户在与它们互动时感到惊讶。

R2D2 is © LucasFilm

> 动作人物和毛茸茸或可爱的玩具都很适合这种制作项目，特别是如果它们是主题电影或电视节目的角色

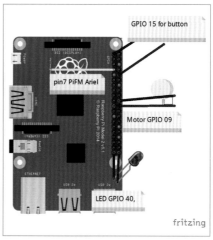

完整的代码列表

```python
import os
import sys
import time
import RPi.GPIO as GPIO
import PiFm
GPIO.setmode(GPIO.BCM)
import time

GPIO.setup(15, GPIO.IN, GPIO.PUD_DOWN) #checks for a
change on pin 7

###Reset Motor
GPIO.setup(9, GPIO.OUT)
GPIO.output(9, GPIO.HIGH)

###Reset LED
GPIO.setup(21, GPIO.OUT)
GPIO.output(21, GPIO.LOW)

###Controls the LED eye
def LED_Eye():
    GPIO.output(21, GPIO.HIGH)
    time.sleep(5)
```

```python
    GPIO.output(21, GPIO.LOW)

print ("Welcome to R2D2")

while True:
    if GPIO.input(15) == 1:
        print ("You touched R2D2!")

        '''Enable LED'''
        GPIO.output(9, GPIO.LOW)

        LED_Eye()

        '''Enable the Haptic Motor'''
        GPIO.output(9, GPIO.HIGH)

        '''start webcam'''
        os.system('service motion start')
        '''Play the Star Wars Theme'''
        PiFm.play_sound("sound.wav")

        '''Stop the Webcam'''
        os.system('service motion stop')
```

如何使用

这里提供了你需要了解的
有关访问本书配套数字内容的一切信息。

要在FileSilo上访问本书，请访问filesilo.co.uk/bks-1387

01 按照屏幕上的说明使用安全FileSilo系统创建一个账户，通过回答简单问题登录并解锁book-azine，就可以随时免费访问上面的内容了。

02 登录后，可以自由探索FileSilo上丰富的内容，从精彩的视频教程和在线指南到精心准备的可下载资源应有尽有。购买的书籍越多，可访问的数字内容集合就越多。

03 可以使用任何浏览器（如Safari、Firefox或Google Chrome）在台式机、平板电脑或智能手机设备上访问FileSilo。但我们建议使用台式机下载内容，手机或平板电脑可能无法下载。

04 在访问或注册过程中遇到任何问题，请在线查看常见问题解答，或发送电子邮件至filesilohelp@futurenet.com。

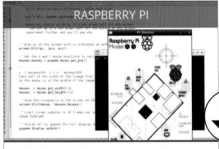

Making a PyGame – An introduction to Game Development
Learn how to make games with Raspberry Pi....

GUI with GTK
In these videos, Liam shows us how to produce a GUI with...

Hack a toy with Raspberry Pi
Transform a cheap R2D2 sweet dispenser into a fully featured interactive toy!...